Материалы III международной научно-практической конференции

21 век: фундаментальная наука и технологии

23-24 января 2014 г.

Москва

УДК 4+37+51+53+54+55+57+91+61+159.9+316+62+101+330

ББК 72

ISBN: 978-1495407482

В сборнике представлены материалы докладов III международной научно-практической конференции " 21 век: фундаментальная наука и технологии "

Все статьи представлены в авторской редакции.

© Авторы научных статей

Содержание

Биологические науки

Сизых А.П.
СОВРЕМЕННЫЕ ТЕНДЕНЦИИ РАЗВИТИЯ ЭКОТОНОВ И СООБЩЕСТВ, ОТРАЖАЮЩИХ ПАРАГЕНЕЗ В СТРУКТУРЕ РАСТИТЕЛЬНОСТИ БАЙКАЛЬСКОГО РЕГИОНА 1

Кулагин А.Ю., Тагирова О.В.
ОЦЕНКА ИНФОРМАТИВНОСТИ МОРФОЛОГИЧЕСКИХ ПРИЗНАКОВ БЕРЕЗЫ ПОВИСЛОЙ (Betula pendula Roth.). НА ТЕРРИТОРИИ УФИМСКОГО ПРОМЫШЛЕННОГО ЦЕНТРА 7

Sadrtdinova I.I., Khismatullina Z.R.
THE CHARACTERISTICS OF ELECTROENCEPHALOGRAM OF THE ANTERIOR CORTICAL NUCLEUS OF THE BRAIN AMYGDALA BEFORE AND AFTER OVARIOECTOMY 13

Есауленко Е.Е.
ВЛИЯНИЕ МАСЛА ЧЕРНОГО ОРЕХА (JUGLANDS NIGRA L.) НА МЕТАБОЛИЗМ ЛИПИДОВ У КРЫС С ОСТРЫМ ТОКСИЧЕСКИМ ПОРАЖЕНИЕМ ПЕЧЕНИ ТЕТРАХЛОРМЕТАНОМ 16

Кайтмазов Т.Б., Цугкиев Б.Г., Гагиева Л.Ч.
ИДЕНТИФИКАЦИЯ НЕКОТОРЫХ ОРГАНИЧЕСКИХ СОЕДИНЕНИЙ В ШАЛФЕЕ МУТОВЧАТОМ - SALVIA VERTICILLATA L, ПРОИЗРАСТАЮЩЕМ НА ТЕРРИТОРИИ РСО – АЛАНИЯ 22

Искусствоведение

Кузнецов О.В.
ЗАРОЖДЕНИЕ "НОВОЙ" КНИГИ И ИЛЛЮСТРАЦИИ В РОССИИ В КОНЦЕ XIX ВЕКА 27

Исторические науки

Долидович О.М.
ЖЕНЩИНЫ В ДЕЙСТВУЮЩЕЙ АРМИИ РОССИИ ВО ВРЕМЯ ПЕРВОЙ МИРОВОЙ ВОЙНЫ 34

Князький И.О.
ПОЛИТИЧЕСКИЕ КОРНИ ВЕЛИКОГО РАСКОЛА 39

Культурология

Жуков А.В., Жукова А.А.
РЕЦЕПЦИЯ ОБРАЗОВ КИТАЯ НА ТЕРРИТОРИИ ЗАБАЙКАЛЬЯ 43

Прудников А.А.
ТЕХНОЛОГИЧЕСКИЕ ОСОБЕННОСТИ ПОСТАНОВОЧНОГО ПРОЦЕССА В УЛИЧНОМ ТЕАТРЕ 48

Содержание

Медицинские науки

Тодорико Л.Д.
ГЕНЕТИЧЕСКИЕ АСПЕКТЫ ФОРМИРОВАНИЯ ЛЕКАРСТВЕННОЙ УСТОЙЧИВОСТИ MYCOBACTERIUM TUBERCULOSIS 52

Сюсюка В.Г., Плотник В.А., Колокот Н.Г.
ОЦЕНКА ВЗАИМОСВЯЗИ ПСИХОЛОГИЧЕСКОГО СТАТУСА ЖЕНЩИН В ПЕРИОД БЕРЕМЕННОСТИ И АНТРОПОМЕТРИЧЕСКИХ ПОКАЗАТЕЛЕЙ ИХ НОВОРОЖДЕННЫХ 55

Микуляк В.Р.
ИЗМЕНЕНИЯ ЭНДОТЕЛИАЛЬНОЙ ФУНКЦИИ У БОЛЬНЫХ ОСТРЫМ ИНФАРКТОМ МИОКАРДА 58

Ткачик С.В., Горицкий Я.В., Кузняк Н.Б.
МАРКЕТИНГОВАЯ СТРАТЕГИЯ ПРОМОЦИОННОЙ АКТИВНОСТИ СРЕДИ СТОМАТОЛОГОВ УКРАИНЫ ДЛЯ ПРОДВИЖЕНИЯ НА РЫНКЕ УКРАИНЫ ЗУБНЫХ ПАСТ ПРОИЗВОДИТЕЛЯ «СПЛАТ-КОСМЕТИКА» 62

Кузняк Н.Б., Гаген Е.Ю.
ПУТИ ПРОФЕССИОНАЛЬНОГО УСОВЕРШЕНСТВОВАНИЯ ПРЕПОДАВАТЕЛЯ ВЫСШЕЙ МЕДИЦИНСКОЙ ШКОЛЫ 69

Спасич Т.А., Решетник Л.А., Анциферова О.В.
СТОМАТОЛОГИЧЕСКИЙ СТАТУС ПОЛОСТИ РТА ПРИ ЦЕЛИАКИИ У ДЕТЕЙ 74

Медведева М.Б.
КАНДИДОЗ ПОЛОСТИ РТА: ЭТИОПАТОГЕНЕТИЧЕСКИЕ АСПЕКТЫ КОМПЛЕКСНОЙ ТЕРАПИИ 80

Долгих В.В., Абашин Н.Н., Геллер Л.Н., Скрипко А.А.
АНАЛИЗ ПЕРВИЧНОЙ ЗАБОЛЕВАЕМОСТИ И СОСТОЯНИЕ ЗДОРОВЬЯ ПОДРОСТКОВ НА ТЕРРИТОРИИ ИРКУТСКОЙ ОБЛАСТИ 84

Акамбатова А.Х., Мещеряков В.В.
БОДИПЛЕТИЗМОГРАФИЯ В ОЦЕНКЕ РЕЗУЛЬТАТОВ БРОНХОДИЛАТАЦИОННОГО И БРОНХОПРОВОКАЦИОННОГО ТЕСТОВ У ДЕТЕЙ 87

Педагогические науки

Пантюхова П.В.
СИНКВЕЙН КАК ИНТЕРАКТИВНЫЙ МЕТОД ОБУЧЕНИЯ АНГЛИЙСКОМУ ЯЗЫКУ СТУДЕНТО-ЛИНГВИСТОВ 91

Смирнова М.А., Кошенко Т.О.
СИСТЕМНО-ДЕЯТЕЛЬНОСТНЫЙ ПОДХОД К ФОРМИРОВАНИЮ ПРОЕКТНЫХ И ИСЛЕДОВАТЕЛЬСКИХ УМЕНИЙ УЧАЩИХСЯ ОБЩЕОБРАЗОВАТЕЛЬНЫХ ШКОЛ 94

Востриков В.А.
ЗАДАТКИ И СПОСОБНОСТИ ЧЕЛОВЕКА КАК ФАКТОР ПРЕДРАСПОЛОЖЕННОСТИ К ЗАНЯТИЯМ СПОРТОМ 98

Содержание

Меркулова О.О.
РЕГИОНАЛЬНАЯ ОСОБЕННОСТЬ МАТЕМАТИЧЕСКОЙ ПОДГОТОВКИ БАКАЛАВРОВ ЕСТЕСТВЕННЫХ НАУК: НА ПРИМЕРЕ САХАЛИНСКОГО ГОСУДАРСТВЕННОГО УНИВЕРСИТЕТА 101

Подкопаева Е. Г., Корбукова Н. А.
АКТУАЛЬНОСТЬ АНТРОПОМЕТРИЧЕСКОГО ИССЛЕДОВАНИЯ У СТУДЕНТОВ БАКАЛАВРОВ ВСЕХ СПЕЦИАЛЬНОСТЕЙ 105

Pivina LM., Maukayeva SB, Kerimkulova AS, Belikhina TI, Kuanysheva AG, Zhumadilova ZK, Batenova GB, Urazalina ZhM, Muzdubaeva ZhE, Kaskabaeva ASh., Kurumbaev RR
INTEGRATION OF SCIENTIFIC RESULTS AND EDUCATIONAL PROCESS AS AN INSTRUMENT FOR IMPROVING THE COMPETENCE OF MEDICAL STUDENTS 116

Яхутль Е.В., Науменко О.В.
ГРАФИЧЕСКОЕ МОДЕЛИРОВАНИЕ КАК СРЕДСТВО ФОРМИРОВАНИЯ УНИВЕРСАЛЬНОГО УЧЕБНОГО ДЕЙСТВИЯ «ОБОБЩЁННЫЙ СПОСОБ РЕШЕНИЯ ЗАДАЧ» 119

Киракосян М.Ж.
МЕХАНИЗМЫ СОЗДАНИЯ ТЕХНОЛОГИЧНОЙ СРЕДЫ ДЛЯ ЭЛЕКТРОННОЙ ОБУЧАЮЩЕЙ ПРОГРАММЫ 123

Бороненко Т.А., Федотова В.С.
ИНФОРМАЦИОННО-МЕТОДИЧЕСКОЕ СОПРОВОЖДЕНИЕ НАУЧНО-ИССЛЕДОВАТЕЛЬСКОЙ РАБОТЫ МАГИСТРАНТОВ ПЕДАГОГИЧЕСКОГО ОБРАЗОВАНИЯ С ИСПОЛЬЗОВАНИЕМ ДИСТАНЦИОННЫХ ОБРАЗОВАТЕЛЬНЫХ ТЕХНОЛОГИЙ 126

Аркадьева Т.Г., Васильева М.И., Владимирова С.С., Шарри Т.Г., Федотова Н.С.
ОЦЕНКА УРОВНЯ СФОРМИРОВАННОСТИ ПРОФЕССИОНАЛЬНЫХ КОМПЕТЕНЦИЙ ИНОСТРАННОГО ВЫПУСКНИКА – БАКАЛАВРА ЛИНГВИСТИКИ 131

Политические науки

Черных Н.С., Желенков А.М.
ФОРМИРОВАНИЕ «ИННОВАЦИОННОЙ ЛИЧНОСТИ» КАК СПОСОБ ПРОФИЛАКТИКИ МОЛОДЕЖНОГО РАДИКАЛИЗМА В СОВРЕМЕННОЙ РОССИИ 137

Лукьянов В.Ю.
ООН В ПОСТБИПОЛЯРНУЮ ЭПОХУ (ПРОБЛЕМЫ РЕФОРМИРОВАНИЯ) 140

Психологические науки

Орехов А.Н., Паламонов И.Ю.
ВНЕДРЕНИЕ СОЦИАЛЬНО-ПСИХОЛОГИЧЕСКОЙ ТЕХНОЛОГИИ ПОВЫШЕНИЯ ЦЕННОСТИ СОБСТВЕННОЙ ЖИЗНИ НЕСОВЕРШЕННОЛЕТНИХ 145

Содержание

Социологические науки

Мозговая Т.П., Сычук М.А.
ВОССТАНОВИТЕЛЬНЫЕ ТЕХНОЛОГИИ КАК РЕСУРС В ДЕЯТЕЛЬНОСТИ ПО ПРОФИЛАКТИКЕ ПРАВОНАРУШЕНИЙ НЕСОВЕРШЕННОЛЕТНИХ 151

Технические науки

Исмагилов М.Ф., Порунов А.А., Ягудина Р.О., Ягудин А.М.
СОВРЕМЕННОЕ СОСТОЯНИЕ И РАЗРАБОТКА НЕЙРОЭЛЕКТРОСТИМУЛЯТОРОВ ДЛЯ КОРРЕКЦИИ СОСТОЯНИЯ ГОЛОВНОГО МОЗГА 154

Смирнов А.Б., Гедько П.Ю., Зиеп Хуанг Фи
ПЬЕЗОЭЛЕКТРИЧЕСКИЕ МИКРОМАНИПУЛЯЦИОННЫЕ И ПОЗИЦИОНИРУЮЩИЕ УСТРОЙСТВА С ПАРАЛЛЕЛЬНОЙ КИНЕМАТИКОЙ 161

Шутов Е.А., Бабинович Д.Е., Турукина Т.Е.
РОЛЬ ПРОГНОЗИРОВАНИЯ В ЭНЕРГОЭФФЕКТИВНОСТИ ПРЕДПРИЯТИЙ 164

Мирюк О.А.
ФОРМИРОВАНИЕ МАГНЕЗИАЛЬНОГО ЯЧЕИСТОГО КОМПОЗИТА С ПЕРЕМЕННОЙ ПЛОТНОСТЬЮ 167

Тетиор А.Н.
НОВАЯ СПЕЦИАЛЬНОСТЬ «ПРИРОДООХРАННОЕ ПРОМЫШЛЕННОЕ И ГРАЖДАНСКЛЕ СТРОИТЕЛЬСТВО» 170

Тетиор А.Н.
ЭКОЛОГИЗАЦИЯ МЫШЛЕНИЯ И ДЕЯТЕЛЬНОСТИ – АКТУАЛЬНАЯ ЗАДАЧА 21 ВЕКА 174

Якубович Е.А.
ОЦЕНКА ТРЕЩИНООБРАЗОВАНИЯ В НЕПРЕРЫВНОЛИТЫХ СЛИТКАХ НА ОСНОВЕ МОДЕЛИРОВАНИЯ НАПРЯЖЕННО-ДЕФОРМИРОВАННОГО СОСТОЯНИЯ 177

Boiprav O.V., Belousova E.S., Lynkou L.M., Borbotko T.V.
ELECTROMAGNETIC SHIELDING PROPERTIES OF COMPOSITE MATERIALS BASED ON PERLITE AND SHUNGITE 179

Бабенко А.Е., Боронко О.А., Лавренко Я.И.
МЕТОДИКА ОПРЕДЕЛЕНИЯ ДИНАМИЧЕСКИХ ХАРАКТЕРИСТИК ЦЕНТРИФУГИ 183

Фармацевтические науки

Гравченко Л.А., Геллер Л.Н., Коженко М.А.
ОЦЕНКА ЛОКАЛЬНОГО ФАРМАЦЕВТИЧЕСКОГО РЫНКА ИММУНОМОДУЛЯТОРОВ, ПРИМЕНЯЕМЫХ В КОМПЛЕКСНОЙ ФАРМАКОТЕРАПИИ ЗАБОЛЕВАНИЙ РЕПРОДУКТИВНОЙ СИСТЕМЫ 186

Содержание

Физико-математические науки

Зайцева Н.В.
СМЕШАННАЯ ЗАДАЧА ДЛЯ НЕОДНОРОДНОГО ГИПЕРБОЛИЧЕСКОГО УРАВНЕНИЯ С ОПЕРАТОРОМ БЕССЕЛЯ 191

Касумов Е.В.
РАСЧЕТ РАЦИОНАЛЬНЫХ ПАРАМЕТРОВ ТОНКОСТЕННЫХ КОНСТРУКЦИЙ МЕТОДОМ КОНЕЧНЫХ ЭЛЕМЕНТОВ 194

Филологические науки

Белякова Л.Ф.
БЕЗЭКВИВАЛЕНТНАЯ ЛЕКСИКА И АНТРОПОНИМЫ В РОМАНЕ Р. ХАРРИСА «АРХАНГЕЛ» (MISCELLANEA) 205

Заболотских А.А.
НЕОЛОГИЗМЫ КАК СРЕДСТВО ОБОГАЩЕНИЯ ЯЗЫКА (НА ПРИМЕРЕ ТЕРМИНОЛОГИИ ФРАНЦУЗСКОГО ЯЗЫКА) 209

Философские науки

Тетиор А.Н.
ФИЛОСОФИЯ БИНАРНОЙ МНОЖЕСТВЕННОСТИ РАЗВЕТВЛЯЮЩЕГОСЯ И СХОДЯЩЕГОСЯ МИРА 212

Экономические науки

Савельева М.Н.
МОНИТОРИНГ КАК КРИТЕРИЙ ЭФФЕКТИВНОСТИ ДЕЯТЕЛЬНОСТИ ВУЗОВ РОССИИ 215

Ситник Н.С.
МОДЕРНИЗАЦИЯ ТРУДОВОГО ПОТЕНЦИАЛА И ТРУДОВЫХ ОТНОШЕНИЙ В УКРАИНЕ 220

Гурьянова И.А.
ВЕНЧУРНЫЙ БИЗНЕС КАК ОДИН ИЗ ЭЛЕМЕНТОВ ЭКОНОМИЧЕСКОГО РАЗВИТИЯ 228

Матюшевская С.В., Бутко Г.П.
РАЗНОВИДНОСТИ СТРАТЕГИЙ И ИНСТРУМЕНТЫ ОРГАНИЗАЦИОННО-ЭКОНОМИЧЕСКОГО МЕХАНИЗМА СТРАТЕГИЧЕСКОГО УПРАВЛЕНИЯ УСТОЙЧИВЫМ РАЗВИТИЕМ ПРЕДПРИЯТИЯ 232

Бармашова Л.В., Матисов А.А.
ВОСПРОИЗВОДСТВО ИНТЕЛЛЕКТУАЛЬНОГО ЧЕЛОВЕЧЕСКОГО ПОТЕНЦИАЛА В УСЛОВИЯХ ПЕРЕХОДА К ИННОВАЦИОННОЙ ЭКОНОМИКЕ 237

Абрамова О.С., Гусева М.С.
ЭКОНОМИКО-СТАТИСТИЧЕСКАЯ ОЦЕНКА РЕГИОНАЛЬНОЙ БЕДНОСТИ (НА ПРИМЕРЕ САМАРСКОЙ ОБЛАСТИ) 242

Содержание

Кошкина Г.М., Жукова Е.М.

ФИНАНСОВЫЙ АСПЕКТ ОЦЕНКИ ПОТЕНЦИАЛЬНОЙ ФИНАНСОВОЙ УСТОЙЧИВОСТИ ОРГАНИЗАЦИИ 247

Юридические науки

Волостных Р.С.

ПРАВОВАЯ ИДЕОЛОГИЯ: ТЕОРЕТИЧЕСКИЕ ВОПРОСЫ ИНТЕРПРЕТАЦИИ ПОНЯТИЯ 252

Комаров С.А., Панадин И.Е.

ПРАВОВОЕ РЕГУЛИРОВАНИЕ ОТНОШЕНИЙ В РОССИЙСКОЙ КИНЕМАТОГРАФИИ 256

Подковыров Е.А., Попова Н.А.

КОРРУПЦИОННАЯ ПРЕСТУПНОСТЬ КАК УГРОЗА НАЦИОНАЛЬНОЙ БЕЗОПАСНОСТИ ГОСУДАРСТВА 261

Дмитриев В.К.

КОНЦЕПЦИЯ ИНФОРМАЦИОННОГО ПРАВОВОГО ГОСУДАРСТВА 264

Вавилов Н.С.

ПРОБЛЕМЫ ОСУЩЕСТВЛЕНИЯ МЕСТНОГО ОБЩЕСТВЕННОГО КОНТРОЛЯ В РОССИИ 267

Сизых А.П.
старший научный сотрудник, кандидат биологических наук,
Сибирский институт физиологии и биохимии растений СО РАН,
лаборатория биоиндикации экосистем,
664033, г. Иркутск, ул. Лермонтова, 132
E-mail: alexander.sizykh@gmail.com

СОВРЕМЕННЫЕ ТЕНДЕНЦИИ РАЗВИТИЯ ЭКОТОНОВ И СООБЩЕСТВ, ОТРАЖАЮЩИХ ПАРАГЕНЕЗ В СТРУКТУРЕ РАСТИТЕЛЬНОСТИ БАЙКАЛЬСКОГО РЕГИОНА

Для гор Сибири [1, 53-58] и Южного Урала [2, 16-45] были характерны сдвиги границ между лесом и горной тундрой, между лесом и степью. Прогнозов развития растительности переходных природных условий существует достаточно много, от изменения границ зональной растительности [3, 323-331] до выхода леса на водоразделы в экотонах «лес-горная тундра», а также лес будет заменяться степными растительными группировками на контакте зональных лесов и степей [4, 125-127]. В последнее время публикуются результаты исследований возможных изменений пространственной структуры растительности со сдвигом зональных и подзональных границ растительности [5, 449-458] для различных регионов при разных сценариях изменений климатической обстановки. Утверждается, что сдвиги границ подзон растительности связанно с термическими условиями вегетационных периодов в разных физико-географических условиях конкретных территорий.

На фоне динамики климата, а в Байкальском регионе отмечены тенденции на существенные его изменения на протяжении последних десятилетий [6, 187], следует отметить основные его параметры – неоднородность пространственной и временной динамики осадков (повышение или понижение по разным районам Прибайкалья), с устойчивым ростом среднегодовых температур со скоростью 0,2-0,5 °C за период в 10 лет. Это на порядок выше, чем отмечено для всего Северного полушария. Одновременно отмечается уменьшение континентальности климата региона за счет годовых амплитуд температур. Индикатором изменения климата в регионе на протяжении голоцена (в течение последних 11 500 лет) послужил состав остатков диатомовых водорослей в донных отложениях замкнутого водоема в Забайкалье, на примере оз. Котокель [7, 76-80]. Здесь показано, что увеличение концентрации диатомей за счет усиления поступления объемов талых вод в озеро, индицирует повышение среднегодовых температур в разные периоды голоцена в регионе. Для Байкальского региона в целом также отмечаются процессы роста толщины снежного покрова и максимальных снегозапасов за последние 40 лет для лесостепных территорий Прибайкалья и за последние 50 лет в таежной зоне [8, 40-47]. Снижение времени залегания снежного покрова свидетельствует о повышении зимних температур в регионе. Такие тенденции коррелируют с данными исследований динамики климата для всей Северной Евразии [9, 43-57].

В основу работы легли материалы многолетних (1987-2013) геоботанических исследований на ключевых участках разных районов Прибайкалья и Забайкалья. Основными методами наших исследований стали - геоботаническая съемка в комплексе с полевым дешифрированием крупномасштабных космических снимков разных лет с составлением картосхем (в масштабе 1: 100 000) пространственно-временной изменчивости растительных сообществ контакта сред на ключевые участки. Направленность изменений структуры растительности на фоне динамики климата возможно определить, исследуя пространственно-временную изменчивость структуры растительных сообществ экотонов, изучение которых имеет давнюю историю [10, 252-284; 11, 90-95].

В Байкальском регионе выявлено формирование межзональных и межвысотно-поясных экотонов. Для Южного Прибайкалья характерно продвижение *Abies sibirica*, а для Северо-Западного большей частью *Larix dahurica*, реже *Abies sibirica* и *Pinus sibirica* вподгольцовый пояс и горную тундру. Здесь надо также отметить и то, что сходные тенденции в формировании экотонов «лес-горная тундра» были ранее отмечены и для Приморского хребта (Юго-Западное Прибайкалье), где *Pinus sibirica* активно внедряется в подгольцовый пояс с выходами деревьев в горную тундру. Вероятно, такие процессы следует связывать с изменением гидрологических и температурных режимов вегетационных периодов последних десятилетий, что способствовало формированию более благоприятных условий для роста древесных пород в высокогорьях Байкальского региона.

В условиях контакта зональной лесостепи и зональной степи в (бассейн р. Селенги) повышение среднегодовых температур и осадков, а также характер антропогенных воздействий последних десятилетий оказывают влияние на пространственное перераспределение площадей, занятых степными и лесными сообществами в пользу последних в пределах зональной растительности, с тенденциями «размыва» границ между зонами. В данном случае, территориальное расширение **«межзонального экотона»** способствует «размыву» границы между зонами, посредством облесения степных территорий как внутри зональной лесостепи, так и в местах перехода степи в лесостепь. Это современные тенденции развития растительного покрова региона на фоне изменчивости климата последних десятилетий.

На примерах сообществ перехода высотных поясов с формированием «межвысотно-поясных экотонов» на контакте «лес – подгольцовый пояс», «лес-горная тундра» выявлены процессы продвижения леса в подгольцовый пояс и горную тундру в современных климатических условиях региона. Экотоны на контакте «лес-подгольцовый пояс», «лес-горная тундра» (хр. Хамар-Дабан, Южное Прибайкалье) и экотон на контакте «лес-горная тундра» (Байкальский хребет) отражают современные тенденции формирования растительности горных систем окружения Байкала с продвижением древесных пород в подгольцоый пояс и горную тундру в целом по региону. Пространственно-временная изменчивость структуры и тенденции развития сообществ перехода высотных поясов также отражены и в «межвысотно-поясном экотоне» на контакте полидоминантного темнохвойно-светлохвойного леса и темнохвойной тайги в центральной части восточного побережья оз. Байкал и характеризуется сменой лесообразующих пород со светлохвойной на темнохвойную составляющую повсеместно. Пространственно-временные изменения в структуре растительных сообществ экотонов «лес-горная тундра» свойственны также для Уральской горной системы и Хибин в сторону проникновения древесных растений в подгольцовый пояс и горную тундру.

Если в конкретных условиях среды мы наблюдаем разнонаправленные процессы – степи среди тайги, чаще всего регионального или топологического уровней организации среды, как проявления неоднородности ее условий, то вероятно, следует говорить о «**парагенезе**» как о реально существующем объекте [12, 271-275]. **Парагенез** – растительные сообщества, которые по составу и структуре не относятся к зональному типу (или горному поясу) растительности. Растительные сообщества контрастных природных условий – экстразональные образования внутри природных зон – как **парагенез** (объект) - являются естественным процессом развития сопряженных, связанных общностью происхождения растительных сообществ конкретной территории в течении определенного времени. Для Байкальского региона **парагенез** характерен для разных районов Прибайкалья и Забайкалья, в Приольхонье (центральной части западного побережья Байкала, Тункинской и Баргузинской котловин. Здесь следует отметить, что почвы этих районов классифицируются как криоаридные (то есть – экстразональные в данных условиях). Для этих территорий не характерны почвы зональной степи и лесостепи. Котловинные эффекты локальных климатических условий под воздействием антропогенных факторов в течение десятилетий способствовали формированию экстразональных степных сообществ. Поскольку в этих районах нет зональной лесостепи и степи, то сообщества, формирующиеся в условиях взаимовлияний лесов и степных (экстразональых) сообществ названы нами как таежно-степные сообщества, отражающие **парагенез** в структуре растительности, как результат климатогенных сукцессий на регионально-локальном уровне организации растительности. В последние десятилетия в связи с изменением климатической обстановки в регионе наметились тенденции на облесение экстразональных степей, что характерно для всей Байкальской Сибири. И то, что степи здесь имеют временный характер, подтверждает геоэлементный, экотипологический (экотипы) составы флоры и состав поясно-зональных групп растений в структуре сообществ региона.

По характеру тенденций развития сообществ ключевых участков Байкальского регина можно констатировать, что сообщества бассейна р. Селенги (Юго-Западное Прибайкалье), а это территория на стыке горной лесостепи и степной зоны Центральноазиатской (Даурско-Монгольской) подобласти степной области, отражают развитие **«межзонального экотона»**. Изменение климата последних десятилетий в этом регионе – повышение среднегодовой температуры и перераспределение осадков по временам года способствуют облесению степных пространств как внутри лесостепной зоны, так и продвижению древесных пород в зону степей. То есть, наметилась тенденция смещения зоны лесостепей в широтном направлении с формированием светлохвойных лесов зонального типа.

Растительные сообщества ключевых участков хребта Хамар-Дабан (Южное Прибайкалье) и северной оконечности Байкальского хребта являются примерами **«высотно-поясных экотонов»**. Они характеризуют изменение верхней границы леса вследствие климатогенных сукцессий растительности в переходных природных условиях, связанных с изменением влажности и температуры. Это способствует процессам продвижения древесных пород в подгольцовый пояс и горную тундру с формированием экотонов на контакте «лес-подгольцовый пояс», «лес-горная тундра».

Для растительности ключевых участков, отражающих **парагенез** в структуре растительности разных районов Прибайкалья и Забайкалья (Приольхонье, Тункинская и Баргузинская котловины) характерно то, что на долю ведущих семейств (*Asteraceae, Poaceae, Cyperaceae, Fabaceae, Apiaceae, Brassicaceae, Ranunculaceae, Caryophyllaceae*) приходится большинство видов растений, отмеченных в геоботанических описаниях разных лет и вегетационных периодов. Такой набор ведущих семейств свойственен для **бореальных флор** и схож с семейственным спектром для флоры Восточной Сибири [13, 17-40]. Родовой спектр в целом также показывает **бореальный характер** флоры и в большей степени отражает провинциальные особенности флоры сообществ контакта тайги и экстразональных степей Байкальского региона. А высокое положение (видовая насыщенность сообществ) таких родов как *Allium* и *Astragalus* (их роль усиливается к югу Сибири) отражает специфику регионально-топологических условий среды формирования растительных сообществ. Почвы (в приведенных районах почвы экстразональные, именуемые в научной литературе как криоаридные) не имеют прямых связей с типами растительных сообществ. На одних и тех же почвах развивиты и лесные и степные ценозы, что выявило совмещенное почвенно-геоботаническое профилирование на ключевые участки. Светлохвойные леса в комплексе со степными сообществами в Приольхонье (центральная часть западного побережья оз. Байкал), в Тункинской (Юго-Западное Прибайкалье) и в Баргузинской котловинах (Северо-Восточное Прибайкалье) являются единым целым в процессе фитоценогенеза. В структуре растительности Байкальского региона «**парагенез**» проявляется в двух формах: 1-ая - в границах таежной зоны с формированием степных сообществ, образованных видами растений, которые характерны для двух зональных типов растильности – лесной (таежной) и степной, и 2-ая форма, когда в границах зональной растительности в составе растительных сообществ присутствуют растения, характерные для многих типов растительности (и высотных поясов) разных природных зон Центральной Сибири.

В условиях «парагенеза» (объекты внутри природных зон и высотных поясов) при изменении климатических условий происходит территориальное «сжимание» этих природных объектов (к примеру, облесение экстразональных степей внутри зональной тайги) на конкретный период времени на определенном пространстве. Тогда как повышение сухости климата, вызывающее ксерофитизацию растительности, в сообществах происходит усиление позиций растений-ксерофитов (к примеру, растительные сообщества северного и центральной части восточного побережий Байкала). Здесь, в составе сообществ зональной полидоминантной тайги присутствуют виды растений, характерные для подгольцового пояса (*Pinus pumila, Rhododendron aureum*), горной тундры (*Phyllodoce coerulea, Cassiope ericoides, Empetrum nigrum*) и сухих псаммофитных (*Achnatherum splendens, Festuca lenensis*) степей северо-азиатского типа в комплексе.

Парагенез, как и экотоны – это реально существующие природные объекты в структуре растительности Байкальского региона, как системы пространственно-смежных, регионально-топологически обусловленных растительных сообществ, связанных общностью происхождения на данной территории в определенных физико-географических условиях на конкретный период времени.

Литература

1. Герасимов Д.А. Геоботаническое исследование торфяных болот Урала (краткое предварительное сообщение) // Торфяное дело, 1926. № 3. С. 53-58.
2. Крашенинников И.М. Анализ реликтовой флоры Южного Урала в связи с историей растительности и палеогеографией плейстоцена // Сов. ботан., 1937. № 4. С. 16-45.

3. Харук В.И., Рэнсон К.Ж., Им С.Т., Наурзбаев М.М. Лиственничники лесотундры и климатические тренды // Экология, 2006. № 5. С. 323–331.
4. Уткин А.И. О возможной динамике лесной растительности в экотонах Северной Евразии при глобальном потеплении // Классификация и динамика лесов Дальнего Востока. Владивосток, 2001. С. 125-127.
5. Румянцев В.Ю., Малхазова С.М., Леонова Н.Б., Солдатов М.С. Прогноз возможных изменений зональных границ растительности Европейской России и Западной Сибири в связи с потеплением // Сибирский экологический журнал, 2013. № 4. Том 20. С. 449-458.
6. Воропай Н.Н., Гагаринова О.В., Ильичева Е.А., Кичигина Н.В., Максютова Е.В., Балыбина А.С., Осипова О.П. Гидроклиматические исследования Байкальской природной территории. Новосибирск: Академическое изд-во «Гео», 2013. 187 с.
7. Кострова С.С., Майер Х., Чаплыгин Б., Безрукова Е.В., Тарасов П.Е., академик Кузьмин М.И. Реконструкция климата Забайкалья в голоцене на основе изотопно-кислородного анализа створок ископаемых диатомовых водорослей оз. Котокель // Доклады Академии Наук, 2013. Том 451. Номер 1. С. 76-80.
8. Максютова Е.В. Многолетние колебания толщины снежного покрова и максимальныхснегозапасов на территории Предбайкалья // Лед и Снег, 2013. № 2 (122). С. 40-47.
9. Шмакин А.Б. Климатические характеристики снежного покрова Северной Евразии и их изменения в последние десятилетия // Лед и Снег, 2010. № 1 (109). С. 43-57.
10. Clements F. E. Natural and structure of the climax // Journal of Ecology, 1936.Vol. 24. № 1. PP. 252 – 284.
11. Экотоны различных природных зон. М.: Наука, 2001. С. 90-95.
12. Alexander Sizykh, Victor Voronin, Michail Azovsky, Svetlana Sizykh. Paragenese of the vegetation in ecosystems contact zones (in Lake Baikal basin) // Natural Science, 2012. Vol. 4. No. 5. P. 271-275.
13. Малышев Л. И. Флористические спектры Советского Союза / История флоры и растительности Евразии. Л.: Наука, 1972. С. 17- 40.

Кулагин А.Ю., Тагирова О.В.
профессор, доктор биологических наук, ФГБУН Институт биологии Уфимского научного центра РАН, г. Уфа
кандидат биологических наук, ФГБОУ ВПО «Башкирский государственный педагогический университет им.М.Акмуллы», г. Уфа

ОЦЕНКА ИНФОРМАТИВНОСТИ МОРФОЛОГИЧЕСКИХ ПРИЗНАКОВ БЕРЕЗЫ ПОВИСЛОЙ (Betula pendula Roth.). НА ТЕРРИТОРИИ УФИМСКОГО ПРОМЫШЛЕННОГО ЦЕНТРА

Одной из основных проблем промышленных центров являются выбросы загрязняющих веществ в атмосферу, с чем связана деградация лесных насаждений, снижение продолжительности жизни отдельных деревьев и насаждений.

Уфимский промышленный центр (УПЦ) – насыщенный промышленными предприятиями город с населением 1071634 человек, где расположено свыше 700 предприятий. Основной вклад в выбросы от стационарных источников вносят предприятия нефтеперерабатывающей промышленности (83,6%) и электроэнергетики (7,6%), которые, в основном, сосредоточены в северной части города [2, 184].

На территории УПЦ на сети пробных площадей (ПП) был проведен анализ относительного жизненного состояния насаждений и дендрохронологические исследования березы повислой (Betula pendula Roth.). Установлено, что в условиях выраженного техногенного загрязнения насаждения березы относятся к категории «здоровые», «ослабленные» и «сильно ослабленные» [4, 237; 1, 49].

При определении морфологических признаков, используемых для оценки стабильности развития березы повислой были выделены две пробные площади из 14 с достоверными отличиями морфометрических признаков. ПП №1 расположена вблизи Новоуфимского нефтеперерабатывающего завода на территории Орджоникидзевского района и ПП №11 расположена на территории Ленинского района в сквере «Волна» (рис. 1,2,3).

Относительное жизненное состояние березы повислой ПП1 оценено как «ослабленное». Густота кроны на территории ПП №1 составляет 55 – 65%. Наличие на стволе мертвых сучьев от 20% до 40%. Степень повреждения листьев токсикантами и насекомыми составляет 30-40%. Также имеются энтомопоражения стволов деревьев (кладка яиц, стволовые заселения), фитопатологические повреждения (образование на стволе плодовых тел грибов) и суховершинность. На данном участке древесные породы имеют плохо сформированную крону, стволы плохо очищаются от мертвых сучьев.

Относительное жизненное состояние березы повислой ПП №11 оценено как «здоровое». Густота кроны составляет 85-90%. Наличие на стволе мертвых сучьев от 10% до 15%. Степень повреждения листьев токсикантами и насекомыми составляет 5-10%. Суховершинность деревьев не выражена.

Для определения морфологических признаков, используемых для оценки стабильности развития березы повислой на каждой ПП было пронумеровано 10 деревьев и с каждого дерева в течение вегетационного сезона ежемесячно отбирались образцы листьев (по 20-30 шт.) [3].

Был проведен факторный дисперсионный анализ для выбора величин флуктуирующей асимметрии отдельных метрических признаков листовых пластин характерных для выбранных пробных площадей.

Наибольший интегральный показатель стабильности ПП №1 (табл. 1) в октябре месяце соответствует категориям 3-4-м баллам (величина асимметрии равна 0,065), что означает – переход от среднего уровня отклонения от нормы к значительным отклонениям от нормы. Наименьший интегральный показатель стабильности ПП №1 в августе и сентябре месяцах соответствует 1 баллу, что характеризует качество среды для этого периода, как условно нормальное. С июня по июль месяц также выявлен переход от среднего уровня отклонения от нормы к значительным отклонениям от нормы. Значение показателя асимметричности для деревьев ПП №11 в течение вегетационного 1 балл, что также характеризует качество среды, как условно нормальное.

Таблица 1
Показатели асимметрии листовых пластин березы повислой за 2013г.

Месяц	Величина асимметрии ПП №1	Значение показателя асимметричности (баллы)	Величина асимметрии ПП №11	Значение показателя асимметричности (баллы)
Июнь	0,064	3	0,042	1
Июль	0,067	4	0,047	1
Август	0,053	1	0,045	1
Сентябрь	0,054	1	0,040	1
Октябрь	0,065	3-4	0,053	1

Таблица 2
Анализ с использованием непарного критерия Стьюдента

Признак	Июнь	Июль	Август	Сентябрь	Октябрь
1	+	-	-	-	+
2	+	-	-	+	-
3	+	+	+	+	+
4	-	-	-	+	-
5	+	+	-	-	-

При анализе полученных данных с помощью непарного критерия Стьюдента при выявлении различий признаков в течение вегетационного периода, наибольшее количество признаков выявлено в июне месяце. Проявление 4-го признака (расстояние между концами первой и второй жилок второго порядка) происходит в сентябре месяце, тогда как другие признаки в течение исследований то появляются, то исчезают (табл. 2).

Рассмотренные различия дисперсий сравниваемых групп (ПП №1, ПП №11) с помощью F–критерия показали, что различия явно выражены в июле месяце (по 2-му, 3-му, 4-му, 5-му признакам). Первый признак не проявляется на протяжении вегетационного периода (табл. 3).

Таблица 3
Различия дисперсий сравниваемых групп (ПП №1 и ПП №11) с помощью F–критерия

Признак	Июнь	Июль	Август	Сентябрь	Октябрь
1	-	-	-	-	-
2	-	+	-	+	+
3	+	+	-	-	+
4	-	+	-	+	-
5	+	+	-	-	-

Анализ результатов исследований свидетельствует о том, что сезонная динамика формирования листа березы повислой (Betula pendula Roth.) нарушена. Лист формируется с отклонениями, что характеризует реакцию растений на комплекс стресс-факторов УПЦ.

К числу наиболее информативных следует отнести 3 признак листовой пластинки березы повислой (Betula pendula Roth.).- расстояние между основаниями первой и второй жилок второго порядка.

Исследования выполнены при поддержке Программы фундаментальных исследований Президиума РАН «Биологические ресурсы» (2012-2013 гг.); гранта РФФИ №11-04-97025, гранта Академии наук Республики Башкортостан № 40/28-П (2011-2013 гг.), гранта МОН РФ № 5.4747.2011 (2012-2013 гг.).

ЛИТЕРАТУРА

1. Алексеев В.А. Некоторые вопросы диагностики и классификации поврежденных загрязнением лесных экосистем // Лесные экосистемы и атмосферное загрязнение. - Л.: Наука, 1990. - С.38-54.

2. Государственный доклад о состоянии природных ресурсов и окружающей природной среды Республики Башкортостан в 2012 году. Уфа: МПР РБ, 2013. 319 с.

3. Захаров В.М., Крысанов Е.Ю. 1996 (ред.). Последствия Чернобыльской катастрофы: Здоровье среды. М., 170 с.

4. Тагирова О.В., Кулагин А.Ю. Современное состояние и перспективы расширения лесных насаждений зеленой зоны Уфимского промышленного центра // Известия Самарского научного центра Российской академии наук. 2011. Т. 13. № 5(2). С. 235-238.

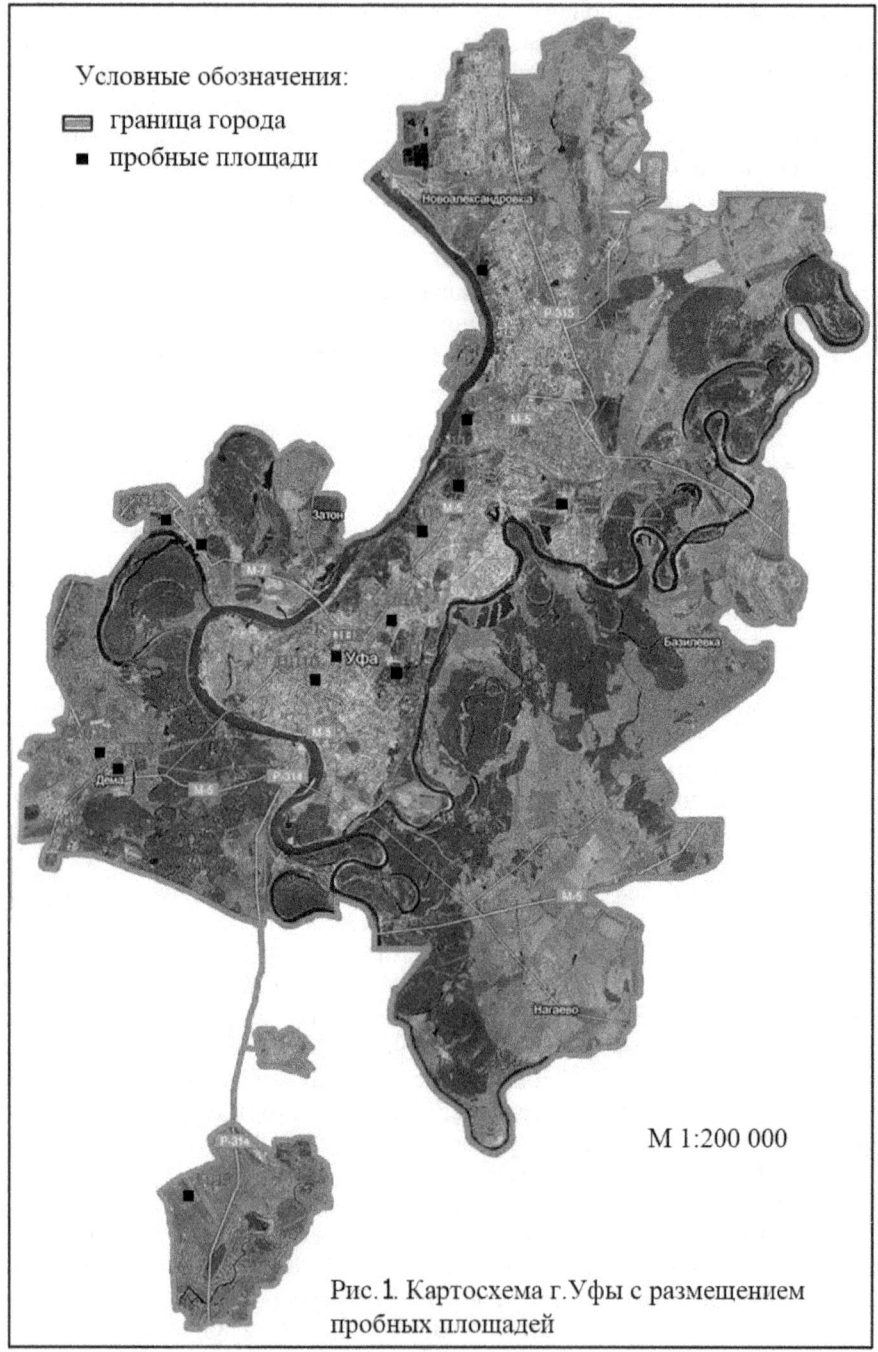

Рис. 1. Картосхема г. Уфы с размещением пробных площадей

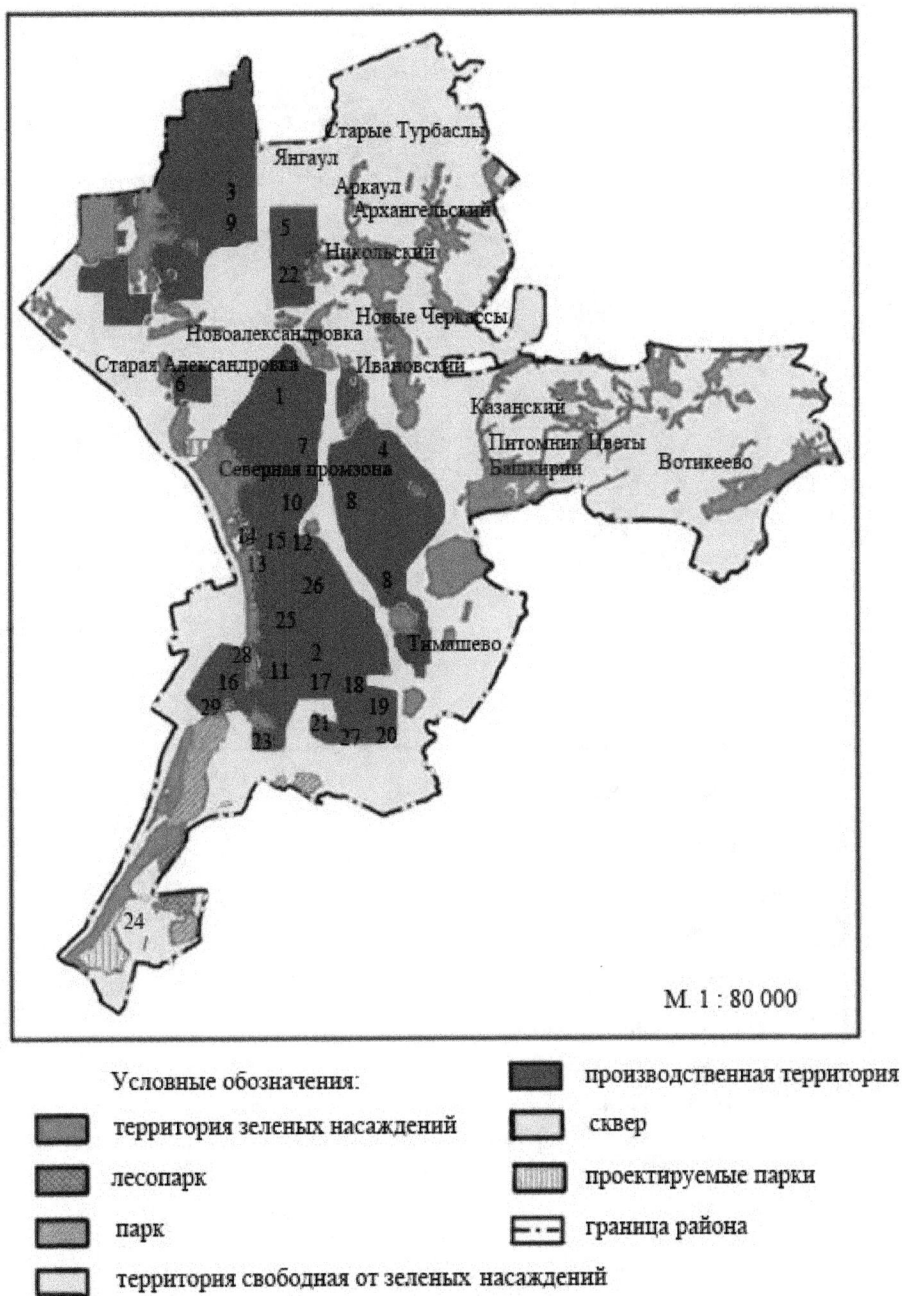

Рис. 2. Картосхема Орджоникидзевского района г.Уфы.

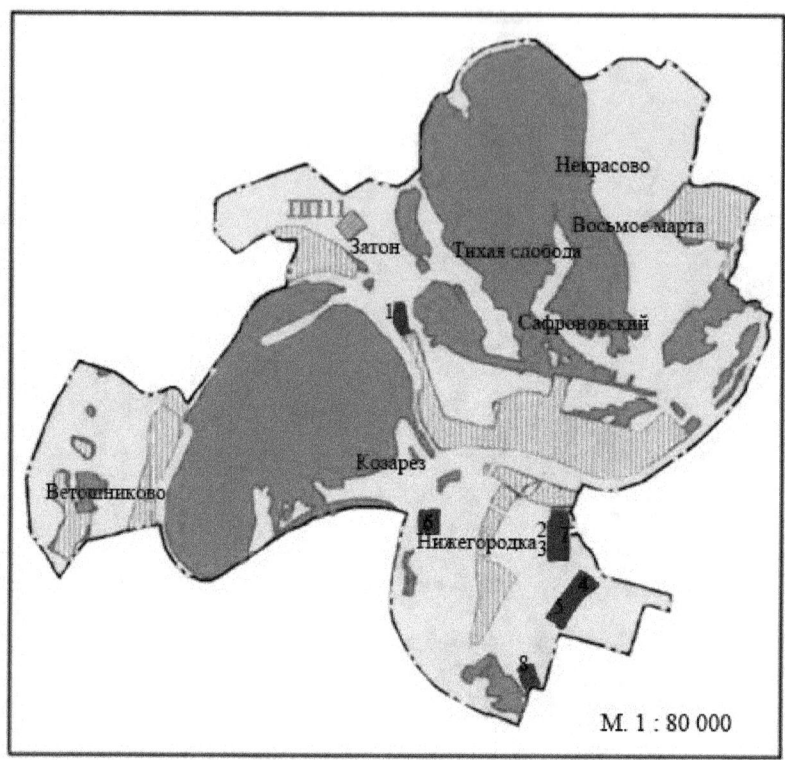

Рис.3. Картосхема Ленинского района г.Уфы.

Sadrtdinova I.I.[1], Khismatullina Z.R.[2]
[1]Post-graduate student, Bashkir state university
[2]Professor, Doctor of Biology science, Bashkir state university
indira-asp@yandex.ru

THE CHARACTERISTICS OF ELECTROENCEPHALOGRAM OF THE ANTERIOR CORTICAL NUCLEUS OF THE BRAIN AMYGDALA BEFORE AND AFTER OVARIOECTOMY

The amygdaloid complex of the brain has a low convulsive threshold and so it is a source of certain forms of epilepsy. In some structures of amygdala there are convulsive categories which vary in genesis, duration and frequency [1, 95]. The rats of the WAG/Rij line is an experimental model of absence epilepsy. This line of rats was obtained as a result of crossing of the Wistar line rats (Wistar Albino Glaxo, Great Britain). The Dutch researchers suggested to use this line of rats as a model of absence epilepsy of the man and have proved its adequacy in electrographic, behavioural and biochemical experiments.

Now the rats of the WAG/Rij line are widely used in basic researches of the mechanisms of convulsive activity of absence epilepsy. One of the most important symptomatic characteristics of absence epilepsy is a spike-wave discharge (SWD). The mechanisms of spike-wave discharges at rats of the WAG/Rij line involve sex steroids [2, 297-301]. Proceeding from the above told the assessment of quantitative characteristics and duration of spike-wave discharges in the anterior cortical nucleus (COa) of the amygdala of the brain before and after ovarioectomy became the research objective.

Experiments were conducted on female rats of the WAG/Rij line (n=40). During all the experiment the animals had a free access to food and drinking water. The experimental group of females was subjected to surgical ovarioectomy. The control of the estrous cycle stage was exerted by investigating the cellular structure in smears of vaginal liquid which corresponded to the diestrus stage.

Implantation of electrodes into the anterior cortical nucleus of the forward department of amygdala of control and experimental groups of rats was carried out by means of stereotaxis [3, 26]. After the healing period (5-7 days) the recording of electroencephalogram (EEG) of female rats under the conditions of free behavior was made. All records were carefully analyzed, the sites of EEG containing artifacts were excluded from further analysis. Then the visual analysis and calculation of the quantity of spike-wave discharges and their duration over the whole period of registration (50 epochs on 10 sec) was carried out. Determination of the peak-wave duration was conducted in the Universal Desktop Ruler 2.5 program. At the beginning of measuring the duration of wave the scale equal in duration to 1 epoch of EEG record and making up 10 sec was prescribed. Peak-wave duration was calculated by means of the «Distance Measurement» function. Calculation of the average quantity and average duration was conducted for each experimental animal of each group.

Carrying out morphological control for the purpose of checking the localization of the electrode tip was obligatory before EEG analysis.

All the results obtained were subjected to statistical processing and dispersive analysis.

The results of the visual analysis of EEG received before ovarioectomy showed that EEG of COa has rhythms of various frequencies and amplitude of fluctuations (Fig. 1). Frequent patterns were: β – rhythm superimposed on Δ – fluctuations with the amplitude up to 50 μV, changes of the amplitude of β – rhythm from 10 to 40 μV. In Fig. 1 B one can see rhythmic spike activity with the amplitude up to 90 μV. In all the analyzed EEG of rats of the WAG/Rij line there were spike-wave discharges (Fig. 1 D).

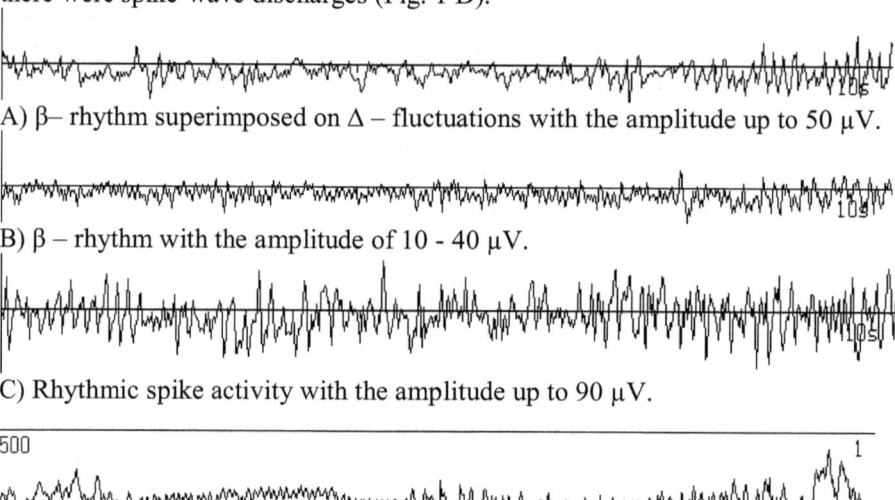

A) β– rhythm superimposed on Δ – fluctuations with the amplitude up to 50 μV.

B) β – rhythm with the amplitude of 10 - 40 μV.

C) Rhythmic spike activity with the amplitude up to 90 μV.

D) Rhythmic spike -wave complexes from COa on background EEG of the control group.

Fig. 1 EEG before ovarioectomy.

In EEG after carrying out the ovarioectomy operation we saw sites of flattening of low-amplitude dysrhythmia and the rhythmic spike activity, hyper synchronization of α-rhythm (8-13 Hz) was determined (Fig. 2 A-C).

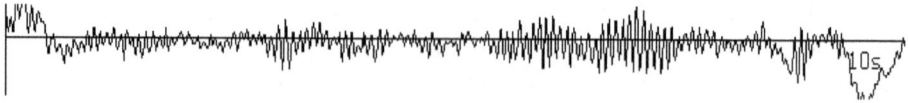

A) The sites of hypersynchronous α – rhythm with the amplitude from 10 to 65 μV.

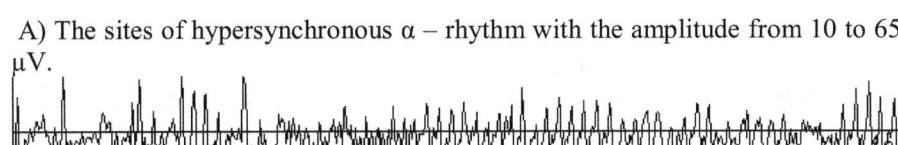

B) Rhythmic spike activity with the amplitude up to 90 μV in β-range.

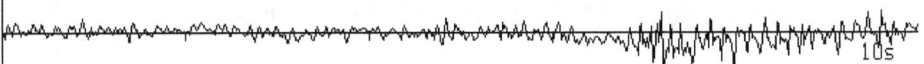

C) Flattening sites (amplitude up to 10 μV) of EEG in β – rhythm.
Fig. 2. Background EEG after ovarioectomy.

The results of statistical data processing showed the following: the average number of SWD before ovarioectomy in COa is equal to 5,5±0,11. After carrying out the ovarioectomy operation the decrease in the number of spike-wave discharges from 5,5±0,11 to 3,35±0,23 is observed (at $p<0,05$). Thus, the deficiency of sex hormones leads to SWD quantity decrease.
After carrying out calculation of the number of SWD and their changes during the experiment the study of each complex duration and of the general duration in the course of the whole record (500 sec) was of interest.

The analysis of changes of the average duration of spike-wave discharges in the course of experiment showed that SWD duration at females of the control group is equal to 2,37±0,06. Rats with experimentally caused deficiency of sex hormones have the average duration of SWD of COa equal to 1,01±0,053. Thus there is a decrease in the number of spike-wave discharges and simultaneous reduction of duration.

The general duration of SWD in the control group was equal to 13,08±1,67, after carrying out the operation we observed a decrease in SWD duration in EEG records - 3,41±0,33.

The results obtained reflect the involvement of sex hormones into the mechanisms of emergence of spike-wave discharges at rats of the WAG/Rij line, which is confirmed by the decrease in SWD quantity with simultaneous reduction of their duration.

References

1. Chepurnov S. A. Chepurnova N. E. Amygdaloid complex of the brain. M.: MGU, 1981. 255 pp.
2. Coenen A.M.L., Van Luijtelaar E.L.J.M. The WAG/Rij rat model for absence epilepsy: age and sex factors // Epilepsy Res. 1987. V. 1. P. 297-301.
3. Paxinos G., Watson C. The Rat Brain in Stereotaxic Coordinates. San Diego: Acad. Press, 1998.

Есауленко Е.Е.
доцент, кандидат биологических наук
ГБОУ ВПО «Кубанский государственный медицинский университет»
Минздрава России

ВЛИЯНИЕ МАСЛА ЧЕРНОГО ОРЕХА (JUGLANDS NIGRA L.) НА МЕТАБОЛИЗМ ЛИПИДОВ У КРЫС С ОСТРЫМ ТОКСИЧЕСКИМ ПОРАЖЕНИЕМ ПЕЧЕНИ ТЕТРАХЛОРМЕТАНОМ

Моделируемые с использованием четыреххлористого углерода экспериментальные поражения печени по биохимическим изменениям и морфологическим характеристикам достаточно близки к острым поражениям печени различной этиологии у человека. В механизме действия CCl_4 на мембраны гепатоцитов одним из ведущих моментов является активация процессов перекисного окисления липидов.

При метаболизме четыреххлористого углерода в эндоплазматическом ретикулуме гепатоцитов под влиянием микросомальных ферментных систем, в том числе цитохрома P_{450}, образуются свободные радикалы, окисляющие микросомальные липиды, что и обуславливает гепатотоксический эффект $CCl_4.$

Активация процесса перекисного окисления липидов гепатоцитов приводит к разрушению мембран микросом, митохондрий, лизосом, высвобождению активных ферментов, распаду белков с последующей гибелью клетки.

При воздействии тетрахлорметана на организм повреждается не только печень, но и другие органы и системы, нарушается метаболизм белков, жиров и углеводов на фоне измененного водно-электролитного баланса. При этом симптоматика поражения печени занимает ведущее место и определяет в целом тактику лечения, направленную на нормализацию морфофункционального состояния гепатоцитов и детоксикационной функции печени, коррекцию гомеостаза, восстановление метаболического статуса организма [1, 296; 5, 44]. В последнее время большое внимание привлекают новые эффективные средства природного происхождения, способные нормализовать функции печени [2, 71; 3, 24; 4, 570]. К таким средствам относятся масло семян тыквы (преперат «Тыквеол») и льняное масло, имеющее уникальный жирнокислотный состав и обладающее выраженными антиоксидантными свойствами. Наше внимание привлекли сведения о черном орехе (Juglands nigra L.). Издавна на североамериканском континенте считается, что в природе нет растений, равных черному ореху по разнообразию спектра лечебного действия. В США широко применяется настойка ядра ореха молочной спелости, из кожуры ореха изготавливают экстракт, из листьев – таблетки, используемые при многих заболеваниях. В России выпускается средство на основе плодов черного ореха – эликсир «Нуксен», использующийся в качестве иммуностимулятора и адаптогена. Биологические эффекты масла из плодов черного ореха ранее практически не исследовались. В этой связи представлялось актуальным исследование метаболических эффектов масла черного ореха в условиях экспериментального токсического поражения печени и его потенциальных гепатопротективных свойств.

В экспериментах было использовано 125 белых беспородных крыс самцов с массой тела 170-220 грамм. Животные были одного возраста, содержались в стандартных условиях университетского вивариума. Использование животных в эксперименте проводилось в соответствии с правилами, регламентированными законодательством Российской Федерации и международными рекомендациями Европейской конвенции о защите позвоночных животных, используемых для экспериментов в научных или иных целях (1986).

Подопытные животные были разделены на группы: первая (I) группа – контрольная, включавшая 50 интактных животных: 25 животных этой группы выводились из эксперимента на 7-е сутки, а еще 25 – на 30-е сутки. Вторая (II, n=25), третья (III, n=25) и четвертая (IV, n=25) группы – животные с моделированием экспериментального токсического поражения печени, вызванного трехкратным введением 50%-го масляного раствора четыреххлористого углерода (0,5 мл/100 г массы тела). Крыс II группы выводили из эксперимента на 7-е сутки, а животных III и IV групп на 30-е сутки. Крысам IV группы в течение 27 дней вводили внутрижелудочно масло черного ореха в количестве 0,2 мл в сутки с помощью зонда в утренние часы до основного кормления животных. Эвтаназию крыс проводили в соответствии с нормативными документами, регулирующими экспериментирование с использованием лабораторных животных.

Биохимические исследования были выполнены в день забора крови. Метаболизм липидов характеризовали по определению в сыворотке крови содержания общего холестерина (ОХС), триацилглицеринов (ТАГ), эфиров холестерина (ЭХС), неэтерифицированного холестерина (НЭХС), холестерина липопротеидов высокой плотности (ХС ЛПВП), низкой (ХС ЛПНП) и очень низкой плотности (ХС ЛПОНП).

Из экспериментальных данных, представленных в табл. 1, следует, что у животных II опытной группы на 7-е сутки после введения CCl_4 содержание ОХС превысило этот показатель животных контрольной группы на 7,6% ($p<0,02$), а количество ХС ЛПНП было выше аналогичного показателя у интактных животных на 55,7% ($p<0,05$).

На 30-е сутки эксперимента концентрация ОХС у крыс III опытной группы составила (3,77±0,06) ммоль/л, что на 20,8% превысило этот показатель у крыс II группы, а по сравнению с содержанием ОХС у крыс контрольной группы этот показатель оказался выше на 30,0% ($p<0,05$).

Еще более выраженными оказались изменения содержания ХС ЛПНП и ХС ЛПВП. Концентрация ХС ЛПНП на 7-е сутки эксперимента превысила соответствующий показатель у крыс контрольной группы на 55,7% ($p<0,05$), а содержание ХС ЛПВП при этом было меньше на 25,3% ($p<0,05$). На 30-е сутки наблюдения изменения спектра липопротеидов в крови крыс с токсическим поражением печени было следующим: концентрация ХС ЛПНП у животных III группы на 41,3% превысила этот показатель животных II группы на 7-й день эксперимента. Содержание ХС ЛПВП в сыворотке крови крыс III группы на 30-е сутки эксперимента было меньше концентрации ХС ЛПВП, чем во II опытной группе на 7-е сутки наблюдения на 26,5% ($p<0,05$). По сравнению с контрольной группой крыс содержание ХС ЛПНП в сыворотке крови было больше на 120,0% ($p<0,05$), а концентрация ХС ЛПВП меньше на 45,1% ($p<0,05$).

Таким образом можно констатировать, что у подопытных крыс с моделированием токсического поражения печени тетрахлорметаном развилась выраженная гиперхолестеринемия, связанная с увеличением содержания ХС во фракции ЛПНП, при одновременном снижении ХС во фракции ЛПВП, а также было выявлено угнетение процесса этерификации ХС (табл. 1). По сравнению с контролем содержание в сыворотке крови НЭХС увеличилось на 7-е сутки эксперимента на 55,9% ($p<0,05$), а содержание ЭХС снизилось на 22,3% ($p<0,05$).

Значение коэффициента ЭХС/НЭХС при этом уменьшилось. В контрольной группе этот коэффициент имел значение ($1,81\pm0,14$), а у крыс II группы он стал меньше на 54,7% ($p<0,05$). На 30-е сутки эксперимента у животных III опытной группы содержание НЭХС на 46,8% превысило этот показатель у крыс II опытной группы. Концентрация ЭХС в III группе животных ($1,23\pm0,01$, ммоль/л) по сравнению с аналогичным показателем во II группе крыс ($1,39\pm0,02$, ммоль/л) уменьшилась на 11,5% ($p<0,05$). На 30-е сутки эксперимента содержание ЭХС в сыворотке крови крыс с токсическим поражением печени было на 31,1% меньше, чем в сыворотке крови крыс контрольной группы, а концентрация НЭХС возросла на 128,8% ($p<0,05$). Величина коэффициента ЭХС/НЭХС в эти сроки наблюдения уменьшилась до ($0,49\pm0,01$), что на 40,2% ($p<0,05$) ниже значения этого расчетного показателя у животных II опытной группы и на 72,9% меньше соответствующего коэффициента по данным, полученным в группе интактных крыс.

По-видимому, причиной таких изменений липидного метаболизма может быть угнетение процесса этерификации холестерина, накопление продуктов перекисного окисления липидов в липопротеидах и последующее нарушение распределения ОХС в липопротеидных частицах, а также нарушение взаимодействия ЛПНП с клеточными рецепторами и угнетение процессов выведения ХС из организма.

Таблица 1

Динамика биохимических показателей метаболизма липидов в сыворотке крови крыс при острой интоксикации тетрахлорметаном (M±m)

Исследуемый показатель	Группы животных			
	I (контрольная)	II (7 суток от начала эксперимента)	III (30 суток от начала эксперимента)	IV (30 суток от начала эксперимента) +масло черного ореха
ОХС, ммоль/л	2,90±0,08	3,12±0,05 $p_{2-1}<0,02$	3,77±0,06 $p_{3-1}<0,05$ $p_{3-2}<0,05$	3,24±0,08 $p_{IV-III}<0,05$ $p_{IV-I}>0,05$
ТАГ, ммоль/л	1,29±0,07	0,55±0,02 $p_{2-1}<0,05$	0,43±0,02 $p_{3-1}<0,05$ $p_{3-2}<0,05$	1,27±0,04 $P_{IV-III}<0,05$ $p_{IV-I}>0,05$
ХС ЛПВП, ммоль/л	0,91±0,04	0,68±0,02 $p_{2-1}<0,05$	0,50±0,02 $p_{3-1}<0,05$ $p_{3-2}<0,05$	0,83±0,03 $p_{IV-III}<0,05$ $p_{IV-I}>0,05$
ХС ЛПНП, ммоль/л	1,40±0,08	2,18±0,06 $p_{2-1}<0,05$	3,08±0,07 $p_{3-1}<0,05$ $p_{3-2}<0,05$	1,83±0,07 $p_{IV-III}<0,05$ $p_{IV-I}<0,05$
ХС ЛПОНП, ммоль/л	0,59±0,03	0,25±0,01 $p_{2-1}<0,05$	0,20±0,01 $p_{3-1}<0,05$ $p_{3-2}<0,05$	0,58±0,02 $p_{IV-III}<0,05$ $p_{IV-I}>0,05$
ЭХС, ммоль/л	1,79±0,03	1,39±0,02 $p_{2-1}<0,05$	1,23±0,01 $p_{3-1}<0,05$ $p_{3-2}<0,05$	1,47±0,02 $p_{IV-III}<0,05$ $p_{IV-I}<0,05$
НЭХС, ммоль/л	1,11±0,08	1,73±0,05 $p_{2-1}<0,05$	2,54±0,06 $p_{3-1}<0,05$ $p_{3-2}<0,05$	1,77±0,05 $p_{IV-III}<0,05$ $p_{IV-I}<0,05$
Коэффициент соотношения ЭХС/НЭХС	1,81±0,14	0,82±0,03 $p_{2-1}<0,05$	0,49±0,01 $p_{3-1}<0,05$ $p_{3-2}<0,05$	0,83±0,01 $p_{IV-III}<0,05$ $p_{4A-1}>0,05$

Примечание: ТАГ – триацилглицерины; ОХС – общий холестерин; ХС ЛПВП – холестерин липопротеидов высокой плотности; ХС ЛПОНП – холестерин липопротеидов очень низкой плотности; ХС ЛПНП – холестерин липопротеидов низкой плотности; ЭХС – эфиры холестерина; НЭХС – неэтерифицированный холестерин

Исследования содержания ТАГ у крыс с токсическим поражением печени в тех же условиях эксперимента показали, что на 7-е сутки наблюдалось снижение концентрации ТАГ в сыворотке крови крыс на 57,4% (p<0,05). На 30-е сутки наблюдения содержание триацилглицеринов было ниже на 21,8% (p<0,05) по сравнению с данными, полученными на 7-й день исследования у животных II группы, а по сравнению с уровнем содержания ТАГ в крови интактных крыс – на 66,7% (p<0,05). Вероятно, наблюдаемое снижение концентрации ТАГ в крови подопытных крыс связано с блокированием синтеза эндогенных ТАГ в печени, являющегося следствием ее токсического поражения. Это предположение находит подтверждение фактом снижения содержания ХС ЛПОНП на 57,6% (p<0,05) у крыс II опытной группы и на 66,1% (p<0,05) у животных III группы на 30-й день эксперимента по сравнению с контрольной группой крыс. Поскольку ЛПОНП синтезируются в печени, и в их состав входит значительное количество триацилглицеринов, то блокирование синтеза ТАГ сопровождается уменьшением образования ЛПОНП.

Результаты исследования содержания ОХС в сыворотке крови крыс, получавших масло черного ореха, позволили зафиксировать снижение его концентрации по сравнению с данными III опытной группы на 14,1% (p<0,05).

У животных, получавших масло черного ореха, уровень НЭХС в сыворотке крови был на 30,3% меньше уровня НЭХС в III подопытной группе крыс. Анализ распределения ХС между липопротеидами показал, что снижение содержания ХС в ЛПНП у крыс, получавших масло черного ореха, было на 40,6% (p<0,05) ниже его содержания в крови крыс группы сравнения (III). В липопротеидах очень низкой плотности сыворотки крови крыс, получавших масло черного ореха, уровень холестерина на 30-е сутки наблюдения был выше, чем у животных группы сравнения на 190% (p<0,05). Содержание холестерина в липопротеидах высокой плотности в группе подопытных животных, получавших масло черного ореха, было выше на 66,0% по сравнению с аналогичным показателем III группы крыс.

В группе экспериментальных животных, которым вводили масло черного ореха, величина коэффициента, отражающего соотношение эфиров холестерина и неэтерифицированного холестерина (ЭХС/НЭХС), позволяющего судить о свойствах ЛПВП, превысила данные по III группе на 69,3% (p<0,05).

Анализ результатов исследования уровня ТАГ в крови крыс, получавших масло черного ореха, позволил констатировать повышение этого показателя по сравнению с III группой животных. Содержание триацилглицеринов в сыворотке крови крыс группы сравнения имело значение (0,43±0,02) ммоль/л, по отношению к которому концентрация ТАГ в сыворотке крови животных, получавших масло черного ореха, превысила это значение на 202% (p<0,05). Следует отметить, что полученные результаты по содержанию ТАГ в крови крыс с интоксикацией тетрахлорметаном, получавших масло черного ореха, на 30-е сутки эксперимента статистически не отличались от содержания ТАГ в сыворотке крови крыс контрольной группы

Сказанное позволяет констатировать, что изменения липидного метаболизма в организмах животных, получавших исследуемое растительное масло на фоне моделирования токсического поражения печени CCl_4, были значительно меньшими по сравнению с животными, не получавшими изучаемого вещества.

Под влиянием масла черного ореха проявилась явная тенденция к уменьшению выраженности нарушений и тенденция к нормализации метаболизма липидов в организме.

Таким образом, результаты исследования влияния масла черного ореха на состояние метаболических процессов в организме подопытных животных позволяют заключить, что введение изучаемого липофильного вещества крысам с экспериментальным острым токсическим поражением печени способствовало существенной коррекции нарушений обмена липидов в организме животных

Литература:

1. Машковский, М.Д. Лекарственные средства: –16-е изд., (перераб., испр. и доп.). – М.: Новая волна, 2010. – 1216 с.

2. Перевозчикова, Т.В. Влияние водорастворимых полиса- харидов звездчатки средней на иммунологическую реактивность крыс с токсическим гепатитом / Т.В. Перевозчикова, Э.В. Сапрыкина, Я.В. Горина, Е.А. Файт, Е.А. Краснов // Вопросы биол. мед. и фармацевт. химии. – 2013. - №1. – С. 68-71.

3. Петров, А.Ю. Сравнительная оценка реамберина и мафусола на моделях острого токсического поражения печени / А.Ю. Петров, В.А. Заплутанов, Д.С. Суханов, М.Г. Романцов, А.Л. Коваленко // Эксперим. и клинич. фармакология. – 2012. – Т.75,№3. – С. 21-25.

4. Удут, В.В. Влияние гепатопротекторов фосфолипидной природы на процессы апоптоза при экспериментальной патологии печени, вызванной изониазидом и парацетомолом / В.В. Удут, А.И. Венгеровский, А.М. Дыгай // Бюл. эксперим. биологии и медицины. – 2012. –Т.154, №11. - С. 568-571.

5. Широкова, Е.Н. Аутоиммунный гепатит: новое в диагностике, патогенезе и лечении / Е.Н. Широкова, К.В.Ивашкин, В.Т.Ивашкин // Рос. журн. гастроэнтерологии, гепатологии и колопроктологии. – 2012. – Т.XXII, № 5. – С. 37-45.

Биологические науки

Кайтмазов Т.Б.
аспирант кафедры биотехнологии Горский ГАУ
Цугкиев Б.Г.
д. с.-х. н., профессор Горский ГАУ
Гагиева Л.Ч.
к. б. н., доцент Горский ГАУ
ФГБОУ ВПО г.Владикавказ

ИДЕНТИФИКАЦИЯ НЕКОТОРЫХ ОРГАНИЧЕСКИХ СОЕДИНЕНИЙ В ШАЛФЕЕ МУТОВЧАТОМ - SALVIA VERTICILLATA L, ПРОИЗРАСТАЮЩЕМ НА ТЕРРИТОРИИ РСО – АЛАНИЯ

В статье приведены данные, полученные при идентификации органических соединений в зеленой массе шалфея мутовчатого (Salvia verticillata L.). Установлено, что содержание органических соединений в данном растении существенно зависит от места его произрастания.

Ключевые слова: органические соединения, шалфей мутовчатый, хроматограф.

Шалфей мутовчатый (Salvia verticillata L) — многолетнее растение семейства яснотковые — *Lamiaceae,* произрастающее в европейской части России, на Кавказе, в Западной Сибири и Средней Азии, Западной Европе и Малой Азии [4].

Соцветия шалфея мутовчатого содержат эфирное масло, цветки – склареол, в плодах найдено жирное масло (до 31%). Эфирного масла, характеризующегося резким запахом, в зелёных частях данного растения содержится 0,05 – 0,08%. В состав масла входят камфора и цедрен. Также растение содержит дубильные вещества, алкалоиды, урсуловую и олеиновую кислоты, уваол, парадифенол. Данные компоненты хорошо влияют на ткани с доброкачественными и злокачественными опухолями, останавливают воспалительные процессы, благотворно влияют на легкие при туберкулезе и т.д. Содержащиеся в шалфее вещества обладают спазмолитическим, обеззараживающим, ветрогонным и вяжущим действием. В соответствии с этими свойствами, шалфей широко используется в средствах нормализации работы желудка, дыхательных путей, а также в составе противовоспалительных препаратов для полости рта. Кроме того, в листьях найдены также такие активные вещества как: флавоноиды, и хлорогеновая кислота, витамин Р, никотиновая кислота, горечи, фитонциды. Из семян выделено жирное масло, содержащее глицерид линолевой кислоты. В корнях найдены хиноны – ройлеаноны [5].

Нами в результате изучения химического состава зеленой массы шалфея мутовчатого установлено, что содержание в ней сухих веществ составляет 23,6–34,80%; уровень в сухом веществе клетчатки варьирует от 21,83 до 30,21% , жира - 1,05–1,87%, золы - 5,85–8,98%; содержание протеина колебалось от 13,79 до 24,08%, а БЭВ от 31,67 до 51,73%. Также мы изучили минеральный состав. В исследуемых образцах шалфея мутовчатого было исследовано содержание Cu, Mn, Pb, Co, Fe, Cd, K, Ni и установлено, что их концентрация не превышает ПДК [1, 318; 3, 324].

Целью нашего исследования явилось изучение химического состава шалфея мутовчатого, произрастающего в разных районах Северной Осетии, как на равнине, так и в высокогорье.

Объектом исследования явились образцы шалфея мутовчатого отобранные в Алагирском, Пригородном и Дигорском районах РСО-Алания, так как данное растение широко распространено в этих районах.

В отобранных образцах с помощью хроматографии изучено содержание биологически активных соединений. Полученные результаты приведены в таблице 1.

Из анализа данных таблицы 1 следует, что содержание биологически активных веществ в образцах шалфея мутовчатого увеличивается в зависимости от высоты расположения над уровнем моря участков отбора образцов. Так, в образце шалфея мутовчатого № 6, отобранного в окрестностях селения Гусыра на высота 910 м над уровнем моря, идентифицированы насыщенные и ненасыщенные жирные кислоты в виде эфиров: этилового эфира линолевой кислоты - 3,26%, этилового эфира пальмитиновой кислоты -11,40%; так же идентифицирован витамин Е - 21,38% от общего числа обнаруженных компонентов.

В то же время, в образце № 2, отобранном над селением Харисджын, на высоте 1680 м над уровнем моря, идентифицированы следующие биологически активные соединения (в процентах от общего числа идентифицированных компонентов): этиловые эфиры полиненасышенных жирных кислот (ПНЖК): линолевой - 6,83% и линоленовой - 17,01%, этиловые эфиры незаменимых жирных кислот (НЖК): стеариновой - 3,00%, арахиновой - 6,01% и пальмитиновой - 11,40%, относящиеся к жирным маслам; а также компоненты эфирных масел (терпеновые соединения): кариофиллен - 0,62%, бетулин - 9,14%.

Фитол, на долю которого в анализированном нами образце шалфея мутовчатого приходится 6,47%, широко распространён в природе, входит в состав молекул хлорофиллов зелёных растений, красных водорослей, а также в состав витамина Е (а-токоферола) и других токоферолов и витамина K_1. Биологическая роль фитола состоит в увеличении липофильности порфириновых или хиноидных структур, участвующих в процессах переноса электронов в клетке. Для молочнокислых бактерий фитол служит стимулятором роста.

В образце №2 также были обнаружены компоненты эфирных масел: 1метил-5-метилен-8-(1-метилэтил)-1,6-циклодекадиен - 0,60%; 1-гексадецен-2,74 %; ди-N-октил фталат - 9,69% от числа обнаруженных компонентов.

В образце № 1 (с. Тменикау, 1710 м над уровнем моря) обнаружены этиловые эфиры НЖК и ПНЖК: пальмитиновой кислоты (18,40%), линолевой (7,73%) и линоленовой кислоты (16,10%), а также метиловый эфир маргариновой кислоты (5,01%). Также были обнаружены такие соединения, как дитерпеновый спирт – фитол (11,11%), терпеновое соединение кариофиллен (0,62 %), производное пиридин-карбоксамида – N-(2-трифлуорометилфенил)-Пиридин-3-карбоксамид (8,72 %), а также алкан эйкозан (6,11%).

В образце № 3 (место сбора - окрестности с. Верхний Кани, 1465 м над уровнем моря) идентифицированы жирные кислоты (ЖК): насыщенная пальмитиновая (2,62%) и ненасыщенная ЖК - линолевая (1,99%); эфиры жирных кислот: этиловые эфиры пальмитиновой (6,73%), стеариновой (1,98%), линолевой (3,38%) и линоленовой (7,11%), а также метиловый эфир 19-метил эйкозановой кислоты (2,88%). В данном образце также были обнаружены: дитерпеновый спирт - фитол (3,82%), 2,4-бис(1,1-диметилэтил) фенол (7,22%) и диэтилфталат (25,45%).

В образце № 4, собранном в окрестностях с. Хидикус (1320 м над уровнем моря), были идентифицированы так же этиловые эфиры НЖК и ПНЖК: пальмитиновой (18,60%), стеариновой (3,08%), линолевой (9,55%) и линоленовой (23,68%); терпеновые соединения: фитол (11,55%) и кариофиллен (0,62%).

Аналогичный состав обнаружен в образце № 5 (место сбора - правый берег долины р. Урух севернее коньона Ахсинтта, 950 м над уровнем моря): этиловые эфиры пальмитиновой (29,30%), стеариновой (5,81%), линолевой (9,21%) и линоленовой (21,38%) кислот; фитол - 11,55 % и кариофиллен - 3,06 % от общего числа обнаруженных компонентов.

Таким образом, проанализировав исследуемые образцы шалфея мутовчатого, отобранных в разных районах РСО-Алания, следует отметить, что в составе всех образцов обнаружены общие компоненты – жирные кислоты, эфиры насыщенных и ненасыщенных жирных кислот и терпеновые соединения (кариофиллен и фитол). Однако, в некоторых образцах обнаружены иные вещества, так например, только в образце № 6 был идентифицирован витамин Е, а в образце №2 – бетулин, относящийся к классу тритерпеновых соединений, обладающих высокой биологической активностью. Также в образцах № 1, 2 и 3 были идентифицированы специфические компоненты эфирных масел: 1метил-5-метилен-8-(1-метилэтил)-1,6-циклодекадиен, 1-гексадецен-2,74 %, ди-N-октил фталат, 2,4-бис(1,1-диметилэтил) фенол, диэтилфталат, эйкозан, N-(2-трифлуорометилфенил)-Пиридин-3-карбоксамид.

Наиболее богатый состав обнаружен в образцах шалфея мутовчатого, отобранных над селением Харисджин (образец № 2), а наименьшее число компонентов было обнаружено в образце № 6, отобранного в окрестностях селения Гусыра.

Таким образом, установлено, что химический состав зеленой массы шалфея мутовчатого существенно зависит от места произрастания данного растения.

Таблица 1 – Содержание органических соединений в шалфее мутовчатом (Salvia verticillata L.)

Место сбора	Высота над ур. моря, м	№ образца	Систематическое название IUPAC	% от общего числа обнаруженных компонентов	Тривиальное название
Левый борт р.Геналдон под с. Тменикау	1710	1	4,11,11-триметил-8-метилен-бицикло[7.2.0]ундец-4-ен	3,03	Кариофиллен
			Этиловый эфир гексадекановой кислоты	18,40	Этиловый эфир пальмитиновой кислоты
			Этиловый эфир линолевой кислоты	7,73	Этиловый эфир линолевой кислоты
			Этиловый эфир 9,12,15-октадекатриновой кислоты	16,10	Этиловый эфир линоленовой кислоты
			Фитол	11,11	Фитол
			Метиловый эфир гептодекановой кислоты	5,01	Метиловый эфир маргариновой кислоты
			Эйкозан	6,11	Эйкозан
			N-(2-трифлуорометилфенил)-Пиридин-3-карбоксамид	8,72	(производное пиридин-карбоксамида)
Над селением Харисджин	1680	2	4,11,11-триметил-8-метилен-бицикло[7.2.0]ундец-4-ен	0,62	Кариофиллен
			1,6-иклодекадиен, 1-метил-5-метилен-8-(1-метилэтил)-, [s-(E,E)]-	0,60	1метил-5-метилен-8-(1-метилэтил)-1,6-циклодекадиен
			Этиловый эфир гексадекановой кислоты	11,40	Этиловый эфир пальмитиновой кислоты
			1-гексадецен	2,74	1-гексадецен
			Фитол	6,47	Фитол
			Этиловый эфир 9,12-октадекадиеновой кислоты	6,83	Этиловый эфир линолевой кислоты
			Этиловый эфир 9,12,15-октадекатриновой кислоты	17,01	Этиловый эфир линоленовой кислоты
			Этиловый эфир октадекановой кислоты	3,00	Этиловый эфир стеариновой кислоты
			Этиловый эфир эйкозановой кислоты	6,01	Этиловый эфир арахиновой кислоты
			Ди-N-октил фталат	9,69	Ди-N-октил фталат
			Бетулин	9,14	Бетулин
Окрестности селения Верхний Кани	1465	3	2,4-бис(1,1-диметилэтил) фенол	7,22	2,4-бис(1,1-диметилэтил) фенол
			Диэтиловый эфир фталевой кислоты	25,45	Диэтилфталат
			Гексадекановая кислота	2,62	Пальмитиновая кислота
			Этиловый эфир гексадекановой кислоты	6,73	Этиловый эфир пальмитиновой кислоты
			Фитол	3,82	Фитол

			9,12,15-октадекатриеновая кислота	1,99	Линоленовая кислота
			Этиловый эфир 9,12-октадекадиеновой кислоты	3,38	Этиловый эфир линолевой кислоты
			Этиловый эфир 9,12,15-октадекатриновой кислоты	7,11	Этиловый эфир линоленовой кислоты
			Этиловый эфир октадекановой кислоты	1,98	Этиловый эфир стеариновой кислоты
			Метиловый эфир 19-метил эйкозановой кислоты	2,88	Метиловый эфир 19-метил эйкозановой кислоты
Окрестности селения Хидикус	1320	4	4,11,11-триметил-8-метилен-бицикло[7.2.0]ундец-4-ен	0,62	Кариофиллен
			Этиловый эфир гексадекановой кислоты	18,60	Этиловый эфир пальмитиновой кислоты
			Фитол	8,31	Фитол
			Этиловый эфир 9,12-октадекадиеновой кислоты	9,55	Этиловый эфир линолевой кислоты
			Этиловый эфир 9,12,15-октадекатриновой кислоты	23,68	Этиловый эфир линоленовой кислоты
			Этиловый эфир октадекановой кислоты	3,08	Этиловый эфир стеариновой кислоты
Правый берег долины р. Урух севернее коньона Ахсинтта	950	5	4,11,11-триметил-8-метилен-бицикло[7.2.0]ундец-4-ен	3,06	Кариофиллен
			Этиловый эфир гексадекановой кислоты	29,30	Этиловый эфир пальмитиновой кислоты
			Фитол	11,55	Фитол
			Этиловый эфир 9,12-октадекадиеновой кислоты	9,21	Этиловый эфир линолевой кислоты
			Этиловый эфир 9,12,15-октадекатриновой кислоты	21,38	Этиловый эфир линоленовой кислоты
			Этиловый эфир октадекановой кислоты	5,81	Этиловый эфир стеариновой кислоты
Окрестности селения Гусыра	910	6	Этиловый эфир гексадекановой кислоты	11,40	Этиловый эфир пальмитиновой кислоты
			Этиловый эфир линолевой кислоты	3,26	Этиловый эфир линолевой кислоты
			α-Токоферол	21,38	Витамин Е

Литература:

1. Кайтмазов Т.Б., Гагиева Л. Б. Минеральный состав эфиромасличных растений, произрастающих В РСО – Алания. // Известия Горского государственного аграрного университета. – Владикавказ, 2013. – Т. 50. – Ч. 3. – С. 318-321.

2. Муравьева Д.А. Фармакогнозия. М: Медицина, 1978. – 656 С.

3. Цугкиев Б.Г., Кайтмазов Т.Б., Гагиева Л.Ч. Содержание питательных веществ в эфиромасличных растениях. // Известия Горского государственного аграрного университета. – Владикавказ, 2013. – Т. 50. - Ч. 3. – С. 324-330.

4. http://herbalis.ru

5. http://www.nnre.ru

Искусствоведение

Кузнецов О.В.
аспирант Московского государственного университета печати
имени Ивана Федорова
член Московского Союза художников
kuznetz67@yandex.ru

ЗАРОЖДЕНИЕ "НОВОЙ" КНИГИ И ИЛЛЮСТРАЦИИ В РОССИИ В КОНЦЕ XIX ВЕКА

Первые опыты создания „новой" книги и иллюстрации в 80-е годы XIX века принадлежат абрамцевскому кружку, как и первые опыты возрождения старинных художественных ремесел, поиска новых выразительных средств в архитектуре и театральной декорации. И здесь в первую очередь следует назвать художников Е. Д. Поленову и В. М. Васнецова.

Работа Е. Поленовой в художественно-резчицкой мастерской, как и работа над костюмами в оперной постановке „Снегурочка", позволила ей проникнуть в суть поэтических идеалов народа и привести её ещё к одному замыслу, но уже в другом виде творчества. Вслед за В. Васнецовым она обратилась к русской народной стихии сказки. Причем её замысел касался сказок для детей – она считала это «делом большой важности». В. В. Стасову она писала: «…Я не знаю ни одного детского издания, где бы иллюстрации передавали поэзию и аромат древнерусского склада, и русские дети растут на поэзии английских и немецких чудно иллюстрированных сказок» [4, 562].

Первый историограф, непосредственная свидетельница и участница абрамцевского кружка Н. В. Поленова вспоминает: «Любовь к сказочному и фантастическому миру <…> привела её к желанию близкого изучения поэтических форм, созданных народом. Она увлеклась его сказками, поверьями, песнями и прибаутками, и ей захотелось самой „изобразить те художественно-вымышленные образы, которыми живет и питается русский народ"» [3, 37].

Фольклорный материал, собранный Еленой Дмитриевной в деревнях, где она просила ребят, баб, стариков и старух рассказывать сказки, привели её к мысли заняться иллюстрацией народных сказок. Поленова Н. В. продолжает:«…она возмечтала о целом ряде иллюстрированных художественных изданий для народа в формах и духе, близких его пониманию. Ей хотелось связать эти рассказы с поэзией родного пейзажа. Абрамцевские еловые леса, красивая извилистая речка с затонами, заросшими тростником и купавкой, синеватые дали – всё это вдохновляло её на работу, и она с увлечением писала свои поэтические акварельные наброски. Близкое знакомство с народной архитектурой помогло ей воссоздать сказочные теремки, крылечки, избушки на курьих ножках и т.п.

Музей давал ей богатый материал для архитектурных мотивов, для костюмов и для деталей внутренней, интимной жизни народа»[3, 38].

В Абрамцеве Елена Дмитриевна проиллюстрировала шесть сказок: „Белая уточка", „Война грибов", „Морозко" (или „Дед Мороз"), „Сивка-бурка" (или „Иванушка-дурачок), „Волк и лиса", „Избушка на курьих ножках" и сделала эскиз к песне „Шли наши ребята из Новгорода". Этот первый, „абрамцевский", цикл был выполнен ещё в 80-е годы, 1886–1889. Сначала она выбрала для иллюстрации сказку „Белая уточка", текст которой взяла из сборника А. Н. Афанасьева. Текст для второй, самой известной сказки „Война грибов", Е. Поленова записала так, как она слышала от своей бабушки. Для сказок „Морозко" и „Избушка на курьих ножках" художница снова выбрала живой фольклорный материал (в одном случае текст записала со слов местной жительницы, в другом – попросила написать грамотного крестьянского мальчика). В сказках „Волк и лиса" и „Сивка-бурка" первоначальный текст А. Н. Афанасьева дополнялся живым фольклорным материалом.

Насколько Е. Поленова чутко, внимательно и ответственно относилась к „делу большой важности", видно из её переписки с В. В. Стасовым, к которому она обращалась за помощью в литературном редактировании.

       Е. Д. Поленова – В. В. Стасову
       Москва, 9 января 1897 г.

«…сторона литературная… тут вот без Вашей помощи я ничего не могу сделать. <…> когда я иллюстрировала впервые сказки, я записала со слов народа несколько текстов, …, которые тогда не пошли в ход, и я могла бы иллюстрировать их теперь. – Но тут я могу очень сплоховать. Во-первых, совсем не знаю, насколько я сумела передать прелесть народного рассказа <…>, во-вторых, <…> могут попасться не только сказки, заимствованные из сборников уже изданных, это бы еще не беда, особенно если в пересказе будут интересные варианты, но могут легко попасться современные, выдуманные сказки, совсем не народные» [4, 561–562].

Будучи прекрасной акварелисткой, в иллюстрациях этих сказок Е. Поленова широко использовала богатый материал, собранный ею. Абрамцевский пейзаж вошел во все её иллюстрации. Так, в сказке „Война грибов" царское войско «идет на войну» по знаменитой Хотьковской дороге; уголок парка с васнецовской „Избушкой на курьих ножках" узнается в одноименной книжке-сказке Е. Поленовой; любимые художницей абрамцевские зимы – в сказке „Морозко". Кроме фольклорного материала и живописных пейзажей Е. Поленова в иллюстрациях использовала и декоративный элемент, и орнамент. А восхищенный В. Стасов восклицал, что в них «всего более сказочной фантазии и Древней Руси!» [2, 24].

Известный советский искусствовед А. А. Сидоров писал по поводу „абрамцевского" цикла иллюстраций: «Поленова порою создавала свои иллюстрации к сказкам (например, к „Войне грибов") как настоящую живопись, со всеми чертами декоративности и спаянности деталей в общее целое, какого мы ждем от хорошей картины» [5, 59]. Предваряя это высказывание, Сидоров напомнил, что «Графики рисуночно-штриховой, контурно-линейной не было вовсе» [5, 56].

Разрозненные иллюстрации художница объединила в книжки-сказки. К ним были сделаны заставки, концовки, буквицы, обложки, шрифты. Такого единого художественного образа не знала ранее детская книга. Но при жизни Е. Поленовой была издана только одна из них – „Война грибов", 1898 год. Подготовленные книги с цветными иллюстрациями в то время были трудны для издания.

При подготовке другого, „костромского", цикла иллюстраций Поленова выработала более обобщенную декоративную манеру с цветовой гаммой, доступной издательствам того времени. Чтобы расширить свое фольклорное собрание, при создании этого цикла Е. Поленова совершила новое путешествие на север Костромской губернии, где ещё сохранились древние обряды и древнерусская архитектура. Эта поездка нужна была ей скорее для вдохновения, для общения с «простым, добродушным, приветливым народом». Из переписки Елены Дмитриевны:

Е. Д. Поленова – Н. В. Поленовой
Нельшевка. 11 августа 1889 г.

«…Я просто не запомню, чтобы подъем духа и энергии в работе так долго был во мне в этом градусе, <…> я снова теперь в сильнейшем подъеме духа и работаю с новой удвоенной энергией <…>. Хочется работать. Всё кажется именно вот теперь-то начну и сделаю… наплыв мыслей и планов художественных очень, очень сильный. Вообще живу полно, деятельно, хорошо…»

Архив Поленовых [4,433]

Результатом этой поездки было создание (1890-е годы) иллюстраций к сказкам „Сынко-Филипко", „Отчего медведь стал куцый", „Жадный мужик", „Злая мачеха", „Козлихина семья", „Плутоватый мужик", к присказкам „Рыжий и красный", „ За тридевять земель", к прибауткам „Сорока-ворона", „Тили-тили тесто" и другим. Как „Поленова приходила к новым приемам" подробно описывает А. А. Сидоров: «Она рисовала контуром. Четкие темные линии обводили очертаниями своими фигуры, детали пейзажа, предметы. Цвет заполнял эти контурные очертания ровными плоскостями акварели. Художница, получив лучшие, какие были тогда возможны, оттиски-воспроизведения со своих работ, фототипические, пробовала их все подряд раскрашивать акварелью сама.

Это было в конце еще 80-х годов; работа была, конечно, неэкономной затратой сил» [5, 59–60]. Здесь А. Сидоров говорит об использовании Еленой Дмитриевной графики и продолжает: «…навстречу нарочно сделанным широкими линиями в таких листах Поленовой, как её чудесный „Сынко-Филипко", яркая „Жар-птица", идет цвет, особый, ровный, легкий и гладкий, жертвующий энергией живописной лепки, без мазков, без фактурных исканий, и вместе с тем всё-таки живописный, порою не только заполняющий контуры, но и позволяющий легкими нажимами кисти передавать, например, и оттенки, игру воды. Без контуров цветность была бы и беспорядочной и непонятной. В известной мере акварели Поленовой, как ни странно, напоминают технику старых итальянских цветных гравюр, „кьяроскуро"» [5, 60]. А здесь Сидоров отмечает, что творчество Поленовой эволюционирует к большей графичности, к сочетанию графических приемов с живописными, что позволило получить «чудесного „Сынко-Филипко" и яркую „Жар-птицу"».

Сказки Поленовой были изданы только в начале XX века и были высоко оценены обоими антиподами тогдашней русской художественной критики – В. В. Стасовым и А. Н. Бенуа [5, 60]. Отметим, однако, что интерес к творчеству Елены Дмитриевны был шире. Кроме того, что весной 1898 года Елена Дмитриевна получила приглашение к сотрудничеству сразу в двух журналах – в апреле от Дягилева в журнале „Мир искусства" и в мае – от Собко в журнале „Искусство и художественная промышленность", из переписки известно, что Поленова принимает и самостоятельные решения.

Е. Д. Поленова – В. В. Стасову
Москва, 22 мая 1898 г.

«…Все мои рисунки, на которые Вы указываете, уже обещаны в другие издания, …, например, во время моего пребывания в Париже я отдала в один английский иллюстрированный журнал, а мое сотрудничество, тоже в Париже, я обещала Дягилеву, с которым там познакомилась. Самого Дягилева я мало видела и мало знаю, но его художественные вкусы, направление его журнала и характер его выставок мне симпатичны. <…>

Что же касается моих сказок, я говорю о первой серии, то они обещаны Дягилеву. Те же, над которыми я работала в прошлом году и с текстами которых я обращалась к Вам для поправок, те я считаю ещё не доделанными и не даю никому.

Надеюсь, многоуважаемый Владимир Васильевич, что таковые мои взгляды не изменят наших добрых отношений… Искренне и всегда Вас уважающая Е. Поленова».

Пушкинский дом [4, 579]

К сожалению, большим планам Елены Дмитриевны не суждено было сбыться, чему помешала преждевременная смерть в конце 1898 года. Уже после смерти Елены Дмитриевны А. Н. Бенуа сказал: «Поленова заслужила себе вечную благодарность русского общества тем, что она, первая из русских художников, обратила внимание на самую художественную область в жизни – на детский мир, на его странную, глубоко поэтическую фантастику. Она нежный, чуткий и истинно добрый человек, проникла в этот замкнутый, столь у нас заброшенный детский мир , угадала его своеобразную эстетику, вся заразилась пленительным"безумием"детской фантазии»[1, 391-392].

А. Сидоров подытоживает творческий путь Елены Дмитриевны: «Важно то, что сказочные акварели Поленовой сделали „школу". Без них не было бы в начале XX века И. Я. Билибина, на что специально указывал А. Н. Бенуа» [5, 59–60].

Наследие Е. Д. Поленовой ценно ещё и тем, что в её работах позднего периода начинают встречаться произведения, явно отмеченные чертами модерна. В этом как будто нет ничего удивительного, ведь Поленова в 1880 году после окончания петербургской школы Общества поощрения художеств первая из русских женщин-художниц получила командировку в Париж, где и знакомится с картинами в новом стиле. Но модерн Поленовой всё-таки национальный, навеянный не только и не столько встречей с западом, сколько с русскими сказками. Долго она искала этот путь и нашла его, что видно в работах: *Заставка на адрес русских женщин – французским*, 1894. Парижская национальная библиотека; Эскиз панно *Жар-птица, стерегущая заповедные яблоки*, 1896; Поздравительный адрес Антокольскому М. М. *Иван-царевич с пером Жар-птицы в руках*, 1896; стилизованные рисунки для вышивки, 1890-е. В поздравительных адресах и эскизе панно, в заставке линии словно сами закручиваются в орнаменты, а люди, птицы и другие персонажи своими движениями вторят им, композиционно включаются в прихотливый орнамент. Ритмы у Елены Дмитриевны очень сложные, одновременно напоминают природные ритмы и тонкую стилизацию модерна. В стилизованном рисунке для вышивки, 1890-е годы, природный мотив (первоцветы) ритмизован и стилизован так, что превращается в орнамент, но орнамент неоднозначный, всегда готовый зажить своей природной жизнью. Большой красный лепесток входит в природную композицию, ничего не нарушая в ней. Первоцветы, причудливо наклоняя головки друг к другу или отворачиваясь друг от друга, образуют сложнейший орнамент, воистину стилизованный „в новом стиле". После взгляда на этот рисунок Поленовой становится понятным, что стиль модерн в России зарождался задолго до мирискусников. «Только искусство Е. Д. Поленовой, …, может вместе с творчеством Васнецова считаться предвестием исканий мастеров XX века» [5, 60].

1899 год – юбилейный год А. С. Пушкина. «Наиболее успешно – писал А. Сидоров – показал себя как иллюстратор Пушкина В. М. Васнецов, который вообще постоянно переносил образы литературы <...> в живопись монументальную, станковую и книжную. <...>. Но Васнецов был все же прирожденным иллюстратором <...>, умел видеть и запечатлевать в единстве и историю и легенду, и сказку и правду народного быта, неповторимость стиля пушкинской поэзии и лермонтовской „Песни про купца Калашникова"» [5, 56].

В1899 году к Васнецову обратилась Комиссия по проведению юбилейных мероприятий с предложением иллюстрировать „Песнь о вещем Олеге"А.С.Пушкина. Васнецов поручил молодому художнику В. Д. Замирайло написать текст баллады от руки древнерусским шрифтом. В иллюстрации же «Васнецов-акварелист сочетает прозрачность цвета с четкостью контура, древний „стилизм" с вполне реалистическим объемным рисунком и полностью сберегает декоративность композиции, как он её научился осуществлять на стенах и сводах Владимирского собора» [5, 56]. А здесь видно, что работа эволюционировала к протомодерну.

И далее А.Сидоров сравнивает "Песнь о вещем Олеге" с крупноформатным изданием "Руслана и Людмилы" с композициями С.Малютина: «Стиль тот же, но ощущение графических контурных очертаний у Васнецова чище и правильнее» [5, 59]. Напомним, что первые опыты в области книжного оформления молодого художника С.Малютина совпали с началом деятельности в Частной опере С.И.Мамонтова в 1896 году. Его искания в творчестве близки направлению, положенному В.Васнецовым и абрамцевским кружком. Московский издатель А.И.Мамонтов, брат С.И.Мамонтова, увидев рисунки к произведениям А.С.Пушкина, высоко оценил их. За короткое время, 1898–1900 годы, в издании А.Мамонтова вышло несколько книг с рисунками С.Малютина. Уже в конце XIX века Малютин приобрел репутацию художника, тонко и умело работающего со сказками, передающего сказочный символизм и сам дух русской сказки, и именно поэтому издатель А.Мамонтов заказал художнику серию иллюстраций к поэме "Руслан и Людмила" А.Пушкина к столетию со дня рождения поэта в 1899 году.

Художники абрамцевского кружка Е. Поленова, В. Васнецов и близкий к кружку С.Малютин не разрабатывали принципы оформления книги. Но их творчество способствовало дальнейшему развитию книжного искусства, которое выпало на долю мирискусников и заняло в их творчестве одно из главных мест. В 1899 году С. Дягилев в статье „Иллюстрации к Пушкину", напечатанной в журнале „Мир искусства" в №16–17, высказал ряд суждений об особенностях этого трудного искусства. Если перечислить основные из них, то можно назвать следующие: смысл иллюстрации, ее художественная "внешность", стильность, безупречность рисунка, особый талант художника-иллюстратора, значение формы и цвета в иллюстрации, размер иллюстраций, их расположение в книге, удобовоспроизводимость в печати, а также бумага, шрифт, формат книги, заглавный лист и переплет. Для конца XIX века это был всеобъемлющий круг вопросов книги, затронутых впервые С.П.Дягилевым и осуществившим п о с ы л к у всем тем, кто имеет отношение к изданию книги – художникам, издателям, печатникам. В сложный переходный для книги период статья сыграла безусловно п о д в и ж н и ч е с к у ю роль.

Как видно, статья, имеющая название "Иллюстрации к Пушкину", охватывает широкий круг проблем, выходящий за рамки своего названия: в ней впервые рассматривались вопросы книги как единого целостного организма. Особое же внимание иллюстрации было уделено Дягилевым, поскольку отвечало устремлениям молодых художников-мирискусников, работавших в книжной графике, и стимулировало их поиски и достижения. Статья, можно сказать, имела программный характер и была своевременной для дальнейшей деятельности мирискусников.

Список литературы

1. Бенуа А . Русская школа живописи. М., „Арт-родник", 1997.

2. Кошелева В. – автор текста. Елена Поленова. М., „Белый город", 2009.

3. Поленова Н. В. Абрамцево /Воспоминания. Музей-заповедник „Абрамцево", 2006.

4. Сахарова Е. В. Василий Дмитриевич Поленов. Елена Дмитриевна Поленова. Хроника семьи художников.   Общая редакция А. И. Леонова. М., „Искусство", 1964.

5. Сидоров А. А . Русская графика начала XX века. Очерки истории и теории. М., „Искусство", 1969.

Долидович О.М.
кандидат исторических наук, доцент кафедры социальных технологий Сибирского федерального университета

ЖЕНЩИНЫ В ДЕЙСТВУЮЩЕЙ АРМИИ РОССИИ ВО ВРЕМЯ ПЕРВОЙ МИРОВОЙ ВОЙНЫ[1]

Первая мировая война существенно повлияла на традиционные гендерные роли мужчин и женщин в дореволюционной России. Понятие о патриотическом долге для мужчин и женщин в обществе было различным. Долг мужчины перед отечеством заключался в несении военной службы, участии в обороне страны. Для женщин патриотический долг был определен в традиционных женских ролях и деятельности – ведение хозяйства и воспитание детей в тяжелых условиях военного времени. Однако во время Первой мировой войны женщины в России добровольно стремились на фронт не только в качестве медицинского и вспомогательного персонала, но для участия в боях.

Начало войны вызвало всеобщий подъем патриотизма российского населения. Женские организации призвали россиянок встать на защиту родины. К примеру, Лига равноправия женщин обратилась с воззванием к соотечественницам: «Дочери России!...Мы, женщины, должны объединиться, и каждая из нас, забывая личное горе и страдания, должна выйти из узких рамок семьи и отдать стране все свои силы, ум и знания. Это наша обязанность по отношению к родине, и это даст нам право участвовать наравне с мужчинами в новой жизни России – России-победительницы». [9, 3] Женщины заменяли мужчин, ушедших на фронт, на производстве, в сельском хозяйстве, в качестве врачей и сестер милосердия выезжали на поля сражений. Многочисленные женские благотворительные организации (дамские комитеты и общества, женские комитеты и союзы и т.д.) занимались сбором пожертвований, открытием лазаретов, оказывали помощь беженцам, раненым, семьям призванных на войну.

Женщины начали активно осваивать новые специальности и профессии. Так, в первые месяцы войны кружок активисток через столичные газеты призывал привлекать женщин в разведку, к телефонной и телеграфной службе в войсках. В 1914 г. Е.П. Самсонова – первая русская женщина-пилот направила военному министру ходатайство о допущении ее на фронт в качестве военного летчика в составе одного из

---

[1] Публикация подготовлена в рамках поддержанного РГНФ научного проекта № 13-11-24002

авиационных отрядов. Получила отказ и отправилась сестрой милосердия с санитарным поездом в Варшаву. Работа в госпитале ее не устраивала, и она записалась добровольцем в мотоциклетную роту на Галицийском фронте. Самсонова была занесена в списки автомобильных войск и четыре месяца исполняла обязанности военного шофера в службе связи. [3, 5]

К 1917 г. боевой дух и дисциплина в русской армии были уже давно не на высоте. Решение Временного правительства продолжить войну не вдохновляло солдат. Именно в этот период возникла идея создания женских военных команд, которые своим героическим примером вернули бы воинов в окопы. Начало формированию таких частей положила Мария Леонтьевна Бочкарева. Ее инициатива получила поддержку М.В. Родзянко, А.Ф. Керенского и генерала А.А. Брусилова. По приказу военного министра с 17 июня 1917 г. в Московском и Санкт-Петербургском военном округах началось формирование женских батальонов по 1000 – 1100 человек и по 2 команды связи при них численностью в 110 человек. В первый же день в 10-й Петроградский женский батальон смерти записалось 1500 женщин, на следующий день – еще 500. Летом 1917 г. женские военные подразделения стали стихийно возникать и в других городах – Киеве, Минске, Одессе, Екатеринодаре, Саратове, Симбирске, Хабаровске и др. [2]

Много таких женщин было и в провинции. Так, в Сибири всех женщин, выразивших подобное желание, направляли в Иркутск, где из них должны были сформировать роту, обучить и отправить в столицу для включения в состав 1-го Петроградского женского батальона. Желающим служить обеспечивался бесплатный проезд до Иркутска, а затем Петрограда. В Енисейской губернии желание служить в подобных воинских формированиях выразили 38 женщин. Для зачисления в батальон требовалось предоставить медицинское заключение врача о состоянии здоровья, а если девушке не было 21 года – разрешение родителей в письменном виде. Девушек коротко стригли, выдавали форму, проводили курс военной подготовки. [7, 1-3]

Мотивы вступления женщин в ряды действующей армии были различными. Здесь и юношеский максимализм, увлеченность фронтовой романтикой, стремление отомстить за погибших отцов, братьев, желание изменить судьбу: «А я от своего убегла…Ох, и бил же он меня, проклятущий! Половину волосьев повыдрал. Как услыхала я, что баб-то в солдаты берут, убегла я от него и записалась». [1, 176-177]

Но, безусловно, одним из побуждающих мотивов стало желание встать на защиту Отечества. Об этом свидетельствуют их заявления. Так, крестьянка села Погорельского Красноярского уезда М.П. Липнягова писала: «Порицая тех, кто постыдно бежит с фронта, кто трусливо не идет в бой с врагом, кто глубоко окопался здесь, в тылу, я, жена солдата, находящегося на фронте с начала войны, желаю поступить в «женский батальон смерти», чтобы идти на помощь доблестным, но уставшим борцам за свободу, честь и славу дорогой Родины» [7, 187].

1-й Московский батальон М.Л. Бочкаревой был отправлен на фронт 21 июня 1917 г. Женская команда попадала под артобстрелы, участвовала в контратаках, была на передовой. 25 октября 1917 г. планировалось отбытие на фронт и 1-го Петроградского женского батальона. Однако 25 октября он принял участие в обороне Зимнего дворца от большевиков. В конце 1917 г. женские батальоны были расформированы.

Во время Первой мировой войны женщин впервые стали представлять к военным наградам. Так, к Георгиевскому кресту 4-й степени были представлены А.П. Тычинина, воспитанница одной из киевских гимназий, раненая в бою под городом Опатовом, М.Н. Исакова, состоявшая в казачьей разведочной команде, контуженная осколком гранаты. [4, 14.] Двумя Георгиевскими крестами была награждена А.Т. Пальшина. Ее приняли в Кавалерийский полк Кубанской дивизии, она участвовала в боях, выносила раненых, ходила в разведку, брала «языка», неоднократно была ранена. [11, 436].

Отношение российского правительства к этому вопросу было двойственным. С одной стороны, женщина-солдат представлялась аномалией, законодательство никак не регулировало вопрос о возможности для россиянок участвовать в сражениях. Хотя в истории России уже были примеры женщин, сражавшихся в рядах русской армии. Однако это были единичные, исключительные случаи - Н.А. Дурова, А. Тихомирова и др. Им приходилось скрывать свой пол, переодеваться в мужскую одежду, называться мужским именем. Право официально находиться в действующей армии в статусе сестер милосердия и врачей женщины также получили не так уж давно – лишь во время русско-турецкой войны 1877-1878 гг. [5, 86-90].

С другой стороны, государство старалось использовать тот факт, что женщины стремились на фронт, в пропагандистских целях. Центральная и региональная пресса размещала на своих страницах материалы о подростках, девушках и женщинах, принимавших участие в боевых действиях. Подобные зарисовки должны были свидетельствовать об общенародном характере войны, поднять настроение и боевой дух солдат. К примеру, в мае 1915 г. в провинциальной газете «Сибирская жизнь» была опубликована следующая заметка под названием «Девочка-воин»: «На днях в Томск приехала с театра военных действий 15-тилетняя девочка – дочь известного борца Родионова. При начале войны Родионова, переодевшись мальчиком, уехала на передовые позиции, где и поступила в одну воинскую часть добровольцем. Во время боев под Праспышем она участвовала в одной разведке…За эту разведку Родионовой дали георгиевский крест. Вскоре после этого она была ранена. В госпитале обнаружился ее пол, и девочку препроводили на родину». [8, 3]

Точное число участниц боевых действий во время Первой мировой войны установить сложно, поскольку многие из них пробирались на фронт под видом мужчин (носили мужскую одежду, отрезали косы, курили и т.п.). Но ввиду своей малочисленности не оказали влияния на ход военных действий. Женские военные подразделения не выполнили и своего прямого предназначения - поднять боевой дух русской армии. Отношение армейского мужского сообщества к женщине в строю было неоднозначным. Большинство мужчин видели в таких женщинах лишь объект сексуальных домогательств, лишь в редких, единичных случаях женщине удавалось вызвать уважение к себе смелыми и героическими поступками.

Американская исследовательница Лори Штофф считает, что организация женских военных подразделений летом и осенью 1917 г. была смелым социальным экспериментом, проведенным в основном в пропагандистских целях. Женщины должны были служить вдохновляющими символами, поднять боевой дух уставшей армии. Женщин временно использовали на ролях, которые противоречили гендерному порядку, но после потрясений войны последовало возвращение к «нормальной жизни» с традиционными мужскими и женскими ролями. [11]

Таким образом, участие женщин в боевых действиях армии во время Первой мировой войны положило начало пересмотру понятия патриотизма с точки зрения гендерного подхода. Россиянки примерили новую патриотическую роль, которая ранее была предназначена исключительно для мужчин. Их понимание прав и обязанностей происходило из нового определения гражданства, основанного на равных правах мужчин и женщин.

Список источников и литературы

1. Бочарникова М. В женском батальоне смерти // Доброволицы. М.: Русский путь, 2001. – С. 173-235.
2. Бочкарева М. Яшка: Моя жизнь крестьянки, офицера и изгнанницы. В записи Исаака Дон Левина. – М.: Воениздат, 2001. – 445 с.
3. Женщина-авиатор и военный шофер (Е.П. Самсонова) // Женщина и война - 1915 г. № 1. – С. 5.
4. Женщина и война. 1915 г. № 1.
5. Иванова Ю.Н. Женщины в истории российской армии // Военно-исторический журнал. 1992. № 3. – С. 86-90.
6. Иванова Ю.Н. Храбрейшие из прекрасных: Женщины России в войнах. – М.: РОССПЭН, 2002. – 272 с.

7. Красноярское государственное казенное учреждение «Государственный архив Красноярского края». Ф. 1813. Оп. 2. Д. 204.
8. Сибирская жизнь. Томск. 1915 г. – № 95 (3 мая)
9. Сибирская жизнь. Томск. 1915 г. – № 173 (9 авг.)
10. Щербинин П.П. Военный фактор в повседневной жизни русской женщины в XVIII – начале XX в. Монография. – Тамбов: «Издательство Юлис», 2004. – 508 с.
11. Laurie S. Stoff They Fought for the Motherland. Russia's Women Soldiers in World War I and the Revolution. University Press of Kansas. 2006.

Князький И.О.
доктор исторических наук, профессор,
Институт мировой экономики и информатизации, г. Москва.
E-mail: knyazkiy@bk.ru

ПОЛИТИЧЕСКИЕ КОРНИ ВЕЛИКОГО РАСКОЛА

Великий раскол, начало которому было положено церковной реформой патриарха Никона, осуществленный при поддержке царя Алексея Михайловича, стал следствием продолжительных процессов в русском православии, насчитывавших не одно столетие. Более того, чтобы понять иные его стороны, необходимо обратиться к античной и раннесредневековой эпохам, к временам становления христианского мира. Это в первую очередь касается особенностей взаимоотношений церкви и государства. Надо сказать, что уже в те века этот вопрос воспринимался и решался в христианском мире совсем не однозначно. Нараставшее в IV веке обособление Запада и Востока Римской империи, как известно, в 395 г. завершилось окончательным разделением ранее единой державы на два самостоятельных имперских государства. Император Феодосий, передав одному из сыновей, Аркадию, Восток, а другому, Гонорию, Запад и не сделав никого из них старшим августом, подвёл итог неизбежному процессу распада империи. Разделение империи неизбежно должно было отразиться и на судьбах христианской церкви, пусть она формально оставалась единой вплоть до 1054 г. Судьбы двух империй после смерти Феодосия Великого, последнего объединителя Римской державы, сложились по-разному. По-разному складывались и отношения церкви и государства в обособившихся империях Запада и Востока. На Западе, где империя стремительно хирела и в 476 г. пришла к своему печальному концу, церковь никак не могла прямо связывать свою судьбу с гибнущим государством. Она, дабы выжить в наступающем хаосе, просто обязана была создать независимую, самодостаточную и универсальную организацию с жёсткой иерархией. Создание таковой во главе с римским епископом (папой) и позволило церкви не только выжить, но и стать как духовной, так и немалой политической силой в пёстром мире варварских королевств, сменивших рухнувшую Западную Римскую империю. В таких условиях в римской церкви неизбежно утверждалась формула взаимоотношений с государством, сформулированная ещё во времена правления императора Грациана (375 – 383 гг.) св. Амвросием Медиоланским: «Imperator non supra Ecclesiae» - «Император не выше церкви» [1,191]. Формулу эту римская церковь узаконила в отношении светской власти европейских монархов. Конечно, из истории мы помним, что многие германские императоры и французские короли принцип сей грубо игнорировали. Отсюда и печальная судьба иных пап, и знаменитое их «Авиньонское пленение» (1308 – 1377 гг.). Но формально чеканная формула Амвросия Медиоланского римской церковью никогда не забывалась.

На Востоке же, где Римская империя, традиционно в науке с XVI в. именуемая Византией, почти на тысячу лет пережила свою западную сестру (до 1453 г.), императорская власть сохранилась во всей своей мощи и на церковь смотрела иначе. Во-первых, в Константинополе императоры замечательно помнили, что все владыки «Вечного города» были и великими понтификами, то есть главами религиозного римского культа. Когда в Римской империи восторжествовало христианство, то принявшие новую веру правители естественным образом перенесли свои права понтификов и на церковь [2,9]. В дальнейшем, правда, в Византии утверждается принцип диархии – двоевластия. Власть императора (василевса) и церковь – две руки, совместно правящие державой и помогающие друг другу. Одна власть – над делами, другая – над душами подданных[2,46]. Разделение функций, но единство обязанностей. На деле, однако, эта идеальная «симфония» властей светской и духовной никогда не исполнялась. Василевсы плохо понимали равенство и уже в VI веке император Юстиниан выводит свою чеканную формулу взаимоотношений императорской власти и церкви: «Василевс равноапостолен» [3,62].
Она и утверждается как в империи, так и в восточной христианской церкви.

В XIV в. при Палеологах (1261 – 1453 гг.) значение императора в византийской православной церкви формулируется уже так: «Не стоит православие без василевса», «царя», как его традиционно именовали на Руси. Отсюда крайне острое восприятие в православном мире падения Константинополя в 1453 г. и превращение его в османский Стамбул. Нет православного царя – не устоять и православию. Да и сама историческая обстановка XV века весьма способствовала такому восприятию происходившего в православном мире. Пала не только православная Византия, но и православные государства на Балканах – Сербия, Болгария. Православные княжества Валахия и Молдавия стали вассалами Османской империи, православные южные и западные русские земли находились с XIV века в подданстве католических правителей Польши и Литвы. В таких условиях Москва естественным образом становится единственным и, главное, крепнущим оплотом всего восточного христианства. Она просто обязана стать «Третьим Римом», а её правитель – православным царём, единственным хранителем и защитником истинной веры среди всех светских владык. Отсюда и справедливость мнения о том, что «отсчёт времени, ведущего к расколу, иногда начинают с рубежа XV – XVI веков, когда складывались столь важные для будущего старообрядчества идеи о России как последнем в мире оплоте истинного благочестия» [4,10].
Молодое бурно растущее Московское царство не могло не чувствовать себя единственным, а по пророчествам и последним (ведь Четвёртому Риму

не быти!) «вместилищем благочестия со всей вытекающей из этого ответственности за судьбы мира» [4,10]. Нельзя не отметить, что сами старообрядцы в качестве национально-исторического образца торжества истинного благочестия выбирали Стоглавый Собор 1551 года, оградивший русское православие от западных ересей, остатков собственного язычества, утвердивший двоеперстное крестное знамение, обрядовость, богослужебные и богословские книги [4,10-11].

В то же время московские цари однозначно воспринимали свою власть как безусловно стоящую над церковью. О диархии в Москве не могло быть и речи. Иоанн Грозный, обрекший на смерть митрополита всея Руси Филиппа, ни о какой симфонии светской и духовной властей не помышлял. Преемники его подобных изуверств не творили, но о своем главенствующем положении никогда не забывали. Это в конечном итоге образцово проявилось во взаимоотношениях царя Алексея Михайловича и патриарха Никона.

Говоря непосредственно о политических причинах Великого раскола, должно выделить два фактора: внутренний и внешний. В первом случае нельзя не согласиться с французским учёным Пьером Паскалем, автором «самой фундаментальной и до нынешнего времени непревзойденной монографии о начальном периоде старообрядчества и протопопе Аввакуме» [4,11]. Он считал, что истоки настроений, подготовивших раскол в церкви, следует искать в Смуте начала XVII века [5,57]. Смутное время обнажило множество пороков тогдашней русской жизни, что едва не привело Московское царство, мнившее себя оплотом истинной веры православной, к бесславной гибели. Отсюда естественная потребность в восстановлении духовности, церковного благолепия, в укреплении православной церкви для возрождения страны. Тем более что роль выдающихся церковных иерархов в преодолении Смуты и её последствий была исключительно велика. Здесь и подвиг патриарха Гермогена, и выдающаяся государственная деятельность патриарха Филарета в царствование его сына Михаила Фёдоровича Романова.

Реформы, предложенные патриархом Никоном, и воспринимались царём Алексеем Михайловичем как окончательное торжество истинного благочестия, восстановление Москвы как Третьего Рима – образца для всего православного мира.

Очевиден и фактор внешний, побудивший патриарха и царя решительно приступить к церковной реформе. В середине XVII века Московская Русь во многом восстановила свою державную мощь, так сильно поколебленную Смутой. Угнетённые мусульманами-турками греки, болгары, сербы, валахи, молдаване начинают именно в Москве видеть возможного избавителя от ига иноверцев. «Свет идёт нам с востока» - писал в XVII веке молдавский митрополит Досифей, имея в виду надежду на Москву. Да и в соседней с Россией Речи Посполитой после церковной Брестской унии 1596 года, провозгласившей создание греко-католической церкви, положение православного населения резко ухудшилось. И здесь московский царь выглядит единственным возможным избавителем. Москва, надежда и заступница угнетённых иноверцами православных народов, должна была быть для них образцом и в благочестии, и в соблюдении обрядовости. И если до сей поры обрядовые различия, сложившиеся исторически, мало кого беспокоили, то к середине XVII века такое положение уже представлялось политически нетерпимым. Отсюда инициатива реформ патриарха Никона, полностью поддержанная царём Алексеем Михайловичем. А проводить такие радикальные церковные реформы мог только государь, стоящий над церковью. Его воля и была решающей. Никон утратил патриаршество, но царь, сославший низвергнутого иерарха в Ферапонтов монастырь на Белоозерье, последовательно продолжил все его начинания, не считаясь совершенно ни с каким сопротивлением ревнителей старинного благочестия.

Литература

1. Казаков М.М. Христианизация Римской империи в IV веке. Смоленск, 2002.
2. Курбатов Г.Л. История Византии. М., 1985.
3. Курбатов Г.Л. Ранневизантийские портреты. К истории общественно-политической мысли. Л., 1991.
4. Пустоозёрская проза. – М. Плюханова. Введение. М., 1989.
5. Pascal Pierre. Avvakum et les debuts du rascol. Paris, 1969.

Культурология

Жуков А.В., Жукова А.А.
доктор филос. наук, канд. филос. наук.
Забайкальский государственный университет
artem_jukov68@mail.ru

РЕЦЕПЦИЯ ОБРАЗОВ КИТАЯ НА ТЕРРИТОРИИ ЗАБАЙКАЛЬЯ

Интерес к Китаю актуален в Забайкалье, так как эти территории находятся в непосредственном контакте, и здесь особенно ощущается присутствие мощной цивилизации с ее пятитысячелетней историей и богатейшей культурной традицией. Огромное внимание к текущим событиям, происходящим в соседней державе, неизменно сопровождается интересом к идеологии и культуре древнего и средневекового Китая, к прошлому великого китайского народа [8, с. 3]. Современные россияне, проживающие на территории Забайкалья, являются наследниками, как русской, так и восточной культуры, поэтому влияние на них образности, связанной с Китаем, имеет глубокие корни и связь, проявляющуюся через региональные архетипы и традиции мировосприятия. Предметом нашего анализа являются ментальные конструкции, распространенные среди населения Забайкалья и содержащие информацию о Китае и китайцах, понимаемые нами как мифологические образы.

На процессы проникновения мифологических образов Китая в сознание населения Забайкалья исторически влияло несколько факторов, наиболее значимым из которых является геополитическое положение этого региона. Он занимает одну из наиболее стратегически значимых зон Евразии, сформированную на границе взаимодействия крупнейших природно-ландшафтных районов субконтинентов Центральной внетропической и Северной Азии [14, с. 4]. Крупнейшую из сопредельных восточных цивилизаций для Забайкалья представляет Китай. Его северные рубежи являются контактными зонами религиозного, межцивилизационного общения с культурами народов региона [7, с. 43]. Несмотря на цивилизационную специфику китайцев, которые с древности выделяются своим менталитетом, религией, жизненными идеалами, культурными ценностями, традициями, языком, и т.д. исторически существует область этнокультурного взаимодействия между Китаем и окружающими народами. Это область сопряжена с понятием межгосударственной и культурной границы. Применительно к пограничной реальности с Китаем, теоретические положения В. М. Найдыша, позволяют нам сказать, что рациональное разрешение противоречия «тайны о Китае», который находится за границей, и «проблемы, которую представляет Китай», которая находится по эту сторону границы, являют собой источник для мифотворчества о Китае [13, с. 533].

Вторым важным фактором, обуславливающим возникновение мифотворчества о Китае на территории Забайкалья, является факт использования языка, в котором, люди смешивают в единое целое сознательные и бессознательные слои своего сознания. В контексте проблематики межкультурного взаимодействия, проходящего в зоне китайского приграничья важно понять, что у народов Забайкалья длительное время происходило тесное взаимодействие с китайской цивилизацией. Однако, несмотря на довольно длительное и плотное соприкосновение этих культур, китайских слов в языки забайкальских этносов проникло довольно мало. Особенно мало их в русском языке. Это объясняется тем, что в большинстве случаев межэтнического общения китайцы сами учили обычаи и языки народов, с которыми им приходилось налаживать контакт. Они практично извлекали все выгоды из своей цивилизованности, оставляя непросвещенным соседям возможность объясняться и думать о себе на родном языке [12, с. 25]. В частности, русские Забайкалья всегда старались общаться с китайцами на русском, не стараясь учить китайский, что влекло за собой проблемы интерпретации, то есть перевода и являлось предпосылкой для этнического мифотворчества [6, с. 41]. Сегодня повествования, отражающие представления о том, каким народом являются китайцы, распространенные на уровне обыденного, массового сознания, необходимо определять как миф, хотя бы той причине, что представления и словесные выражения китайцев о самих себе отличаются от них.

Третьим фактором проникновения образов Китая в Забайкалье является то, что начиная с бронзового века, территории региона включились в процесс развития центральноазиатской цивилизации, представляя собой отдельную историко-культурную область [11, с. 126]. Со своей стороны пространства, прилегающие к озеру Байкал, на протяжении длительного времени являются одними из значимых и интересных для Китая, который неизменно претендуют на усиление своего влияния в Центральной Азии. Интересы китайцев на территории Забайкалья в этот период сталкивались с племенами массы тюрко-, монголо- и тунгусо- язычных кочевников [2, с. 5]. Несмотря на то, что эти племена с древности отличались воинственностью и неуправляемостью, между ними и Китаем неизменно проходили процессы взаимодействия и обмена различными мифологическими идеями. С того времени как центрально-азиатские страны, их культуры и религии исторически оказывают воздействие на сознание народов Забайкалья, образность, берущая истоки в китайской культуре, начинает проявлять себя в наиболее значимых мировоззренческих символах [5, с. 7].

Исследования показывают, что на образность народов Забайкалья, так же как народов Центральной Азии, существенное влияние оказали две идеи, берущие начало в культуре Китая. Наиболее заметное место принадлежит идее поклонения Небу в лице императора, выступающего в образе сына Неба. У народов региона она выступила в качестве культа Вечно Синего Неба и героя, рождаемого девственницей. Вторая идея, пришедшая из Китая, была связана с распространяемым ламаистскими священниками поклонением локальным духам и духам предков и культом тибетского буддизма, который на территории Забайкалья был поддержан маньчжурским правительством [1, с. 18].

Четвертым фактором, определившим особенности процессов проникновения и усвоения китайских образов населением Забайкалья, стало присоединение этих территорий к России в XVII в. и их дальнейшее совместное существование. Россия является одним из крупных многонациональных государств, сохраняющих специфические особенности народных и религиозных культур. Крупнейшим народом России являются русские [10, с. 306], которые по разным причинам прибывая на территорию Забайкалья, сталкивались здесь со сложившимся мировоззренческим комплексом, элементом которого в течение долгого времени были образы и символы, связанные с Китаем. Важно, что интеграционные процессы в условиях региона приводили к тому, что в условиях совместного выживания, представители различных этносов и религий формировали определенное ментальное единство, включающее вероятность смешанного сосуществования различных мировоззренческих конструкций. Сегодня на территории Забайкалья проживают россияне, среди которых выделяется два основных субъекта межэтнического общения – русские и буряты. Два народа давно знают друг друга, история их тесного общения насчитывает более трехсот лет. Поэтому, несмотря на то, что среди них и отмечается наличие сложной сети идентификаций, тем не менее, преобладающей является общая идентификация, определяющая и тех и других как «россиян», к которой присоединяются и другие этнические группы. К настоящему времени большинство этнических групп, вступивших в процессы активного взаимодействия в XVII-XIX вв., на территории Забайкалья слились во внешне единую территориальную общность, именуемую «Забайкальцы» [3, с. 175].

Термин «забайкальцы» не только означает местожительство, забайкальцам присущ свой менталитет, основной характеристикой которого является толерантность, сложившаяся как результат взаимодействия различных миров. В основе сообщества забайкальцев – отражение общности и, вместе с тем, признания этнического много- и разнообразия народов, населяющих этот край. Вместе с этим все эти группы на территории региона выделяют одного этнического соседа, который находится на этой же территории, но, тем не менее, всегда понимается как «Чужой» – это китайцы. По отношению к нему, как к «Чужому» между забайкальцами распространяются разнообразные виды этнических «стереотипов» и предубеждений. Для нас важно осознание того, что мы проводим исследования процессов восприятия образа «Чужого», который воспринимается, а затем репрезентируется в сознании народов и людей, понимаемых нами, как «Свои».

Пятым фактором развития упомянутых процессов межконфессионального взаимодействия в современном Забайкалье являются процессы взаимодействия между мировой глобализирующейся, российской и китайской культурами [15, с. 176]. Тенденции к глобализации социокультурной жизни приводят многих забайкальцев к отказу от прежних мировоззренческих ориентиров и кризису национальной и культурной идентичности. В связи с изменением ценностных ориентаций подвергаются переосмыслению ценности традиционной жизни и поиск новых, действенных ценностей. Среди них ценности, предлагаемые Китаем, одной из ведущих цивилизаций мира, его культурой и религиями, занимают далеко не последнее место. Начало XXI в. для забайкальцев ознаменовалось усилением влияния Китая, экономическая и культурная экспансия которого проявляется во многих сферах мировой цивилизации. Это обстоятельство подметил известный китаист А. Г. Ларин, согласно мнению которого, для россиян характерна обеспокоенность активностью граждан Китая на территориях, которые все больше выпадают из сферы российских интересов [9, с. 94]. Это объективно приводит к всплеску мифотворческой активности вокруг этой страны, ее культуры, этнических представителей.

Подведем итоги:

1. Идейное взаимодействие народов Забайкалья с Китаем, приведшее к заимствованию ряда культурных моделей и явлений, обеспечивает высокий уровень конструирования и распространения среди них мифологических образов Китая. Причиной этого явления является ментальный процесс дистанцирования себя от «других», через который «некитайцы», находящиеся в контакте с китайцами, пытаются осмыслить свою непохожесть и свое отличие от соседей, утверждая свою идентичность. Вместе с этим данный процесс свидетельствует об особом характере китайской культуры и мировоззрения его носителей, изначально задающих мифологический контекст явлениям, связанным происхождением с Китаем. Мифологические образы Китая присутствуют в большинстве сфер жизни населения на территории Забайкалья, и этот факт свидетельствует о многообразии и разнообразии китайской культуры.

2. Основным результатом работы является выделение авторами основных факторов воспроизводства и распространения мифологических образов Китая, среди которых выделяется геополитический фактор, указывающий на пограничное положение региона между Россией с ее ориентированной на Европу культурой и языком, и Китаем, чье влияние длительное время является преобладающим в центральной Азии. Распространению мифологических образов Китая способствуют: различие менталитетов и языков у населения, проживающего по разные стороны границы с Китаем; исторические процессы, связанные с периодом длительного вхождения Забайкалья в ареал центрально-азиатской цивилизации, где значительное влияние имело китайское мифотворчество; присоединение этих территорий к России в XVII в. и их дальнейшее совместное существование; современные процессы распространения мировой глобализирующейся культуры.

Список литературы

1. Абаев Н. В., Фельдман В. Р., Хертек Л.К. «Тэнгрианство» и «Ак-Чаяан» как духовно-культурная основа кочевнической цивилизации тюрко-монгольских народов Саяно-Алтая и Центральной Азии // Социальные процессы в современной Западной Сибири: сборник научных статей. – Горно-Алтайск: РИО «Универ-Принт», 2002. С. 10-18.

2. Буряты / отв. ред. Л. Л. Абаева, Н. Л. Жуковская. М., Наука, 2004. 633 с.

3. Васильева К. К., Мельницкая С.А. Менталитет социокультурных обществ Забайкальского края. Чита, ЧитГУ, 2008. 210 с.

4. Вернер Э. Мифы и легенды Китая. М., Центрполиграф, 2007 . 400 с.

5. Грач А. Д. Древние кочевники в центре Азии. М., Наука, 1980. 256 с.

6. Демидова Н. Ф., Мясников В. С. Первые русские дипломаты в Китае. Роспись И. Петлина и статейный список Ф.И. Байкова. М., Наука, 1966. 156 с.

7. Еремкина Т. А. Традиции межэтнических отношений в региональном измерении на примере Забайкальского края // Современная мировая политика: проекции из Азии: сборник научных статей. Чита, ЧитГУ, 2010. С. 43-45.

8. Конфуцианство в Китае. Проблемы теории и практики: сборник научных статей. М., 1982. 264 с.

9. Ларин А. Г. Российско-китайские отношения и китайские мигранты в оценке россиян (продолжение) // Проблемы Дальнего Востока. 2008. № 6. С. 81-95.

10. Логинов А. В. Поликонфессиональность российской цивилизации // Российская цивилизация / Под общ. ред. М. П.Мчедлова. М., Академический проект, 2003. С. 306-310.

11. Михайлов Т. М. Этнокультурные процессы в юго-восточной Сибири в средние века. Новосибирск, Наука, 1989. 183 с.

12. Морозова В. С. Региональная культура в социокультурном пространстве российского и китайского приграничья: автореф. дисс. … докт. филос. наук. Чита, ЧитГУ, 2013. 43 с.

13. Найдыш В. М. Философия мифологии. От античности до эпохи романтизма. М. Градарики, 2002. 544 с.

14. Природная среда и человек в неоплейстоцене (Западное Забайкалье и Юго – восточное Прибайкалье) / Л. В. Лбова [и др.]. Улан-Удэ, БНЦ СО РАН, 2003. 208 с.

15. Соловьева Н. А. Коммерциализация культуры национальных меньшинств КНР. Исторические, философские, политические и юридические науки, культурология и искусствоведение. Вопросы теории и практики. Тамбов: Грамота, 2013. No 11 (37): в 2-х ч. Ч. II. С. 176-179.

Прудников А.А.
аспирант Харьковской Государственной
академии культуры (Украина)

ТЕХНОЛОГИЧЕСКИЕ ОСОБЕННОСТИ ПОСТАНОВОЧНОГО ПРОЦЕССА В УЛИЧНОМ ТЕАТРЕ

Аннотация: Современные постановочные технологии имеют широкий диапазон выразительных средств достижений науки и техники, колоссальные исполнительские возможности и неограниченный ряд комбинационных вариаций, что наиболее ярко находит свое отражение в уличном театре. В статье рассмотрены особенности многообразия постановочных приемов и форм зрелищных компонентов художественной культуры на примере уличных театров.

Ключевые слова: уличный театр, постановочный процесс, зрелищная культура.

Annotation: *Modern staged technologies have a wide range of expressive means of science and technology, tremendous performance capabilities and an unlimited number of variations of the combination, which is most clearly reflected in street theater. The article describes the singularities of staging techniques and forms of entertainment components artistic culture on the example of the street theater.*

Keywords: *street theater, staging process, spectacular culture.*

Анализ современной художественной культуры необратимо приводит к рассмотрению зрелищных форм искусства, которые рассчитаны в основном на массового зрителя и в этом многообразии значительное место занимает активно развивающийся в последние десятилетия «визуальный» театр, который по определению исследователя театра Дины Годер: «Термин странный, но любителям современного театра его пояснять не нужно: речь идет о спектаклях, которые говорят со зрителем прежде всего с помощью сценических картин, а не сюжета, визуальных образов, а не текста» [1, 4]. Это зрелищно полисинтетический, семантически емкий вид современного театрального искусства, формы которого сродни эстрадным: спектакли, скетчи, номера, этюды, парады и шествия и существующего на границах жанров, «соединяющего драму с современным изобразительным искусством, с танцем, цирком и куклами, с опытом уличных шоу вместе с высокими видео-и медиатехнологиями» [1, 4]. Соответственно уличный театр один из разновидностей «визуального» театра, носитель зрелищных компонентов художественного воплощения идей автора.

Уличный театр (площадной театр; англ. street theater; франц. théâtre de la rue; нем. Straßentheater) – социокультурное явление зрелищных форм искусства, итогом деятельности которого является спектакль, проходящий на открытой площадке в местах массового скопления людей [2, 108].

Современный уличный театр, режиссеры которого стремятся к эксперименту и объединению различных жанровых и стилевых решений, в своих спектаклях уходят от прямого нарратива и опираются на яркие визуальные метафоры. Постановки этих коллективов строятся по закону ассоциативных, а не сюжетных связей, часто из обрывочных эпизодов-вспышек, логическая связь между которыми осуществляется скорее в сознании зрителей, чем на сценической площадке. Для уличных спектаклей особенно важно зрительское впечатление, предшествующее анализу, а множественность трактовок тут входит в условия игры [3, 95].

Уличный театр, построенный на зрелищных формах, обращается в первую очередь к зрительскому подсознанию, активизируя фантазию и воображение, прорастает на почве современного кризиса рационализма, из нового ощущения непознаваемости мира, страха перед ним и стремления к чудесному. Это своего рода уход от тревоги, живущей в обществе, чувствующем себя на фоне внешнего благополучия, в окружении научно-технических достижений, особенно неуверенно. Все вышесказанное роднит современный уличный театр с эстетикой постмодернизма, с ее стремлением к смешению жанров и языков искусств, к обрывочности и тезисности с контекстным восприятием, где автор спектакля напрямую транслирует свои фантазии и тревоги, отказываясь от адаптации в виде связной истории.

С точки зрения постановочной практики интерес к уличному театру проявился на рубеже XX – XXI вв., что во многом связано с развитием технологий, дающих театру новые возможности. Так же развитие современных арт-практик, внедряющих в постановки достижения изобразительных искусств – от перформанса до высокотехнологической инсталляции, оказывают существенное влияние на уличный театр, являющимся своеобразным индикатором эксперимента.

Комплекс возможностей для эксперимента в уличном театре велик и вызывает интерес: «к игре с огнем и водой, к ходулям, хождению по канату и прочим цирковым приемам (в частности, полетам и вообще использованию высоты) уличные артисты получили невероятные возможности работы с новыми технологиями, с изощренным, мощным звуком, гигантскими видеопроекциями, игры со светом и лазером, охватывающей огромные пространства как города, так и природы» [1, 210]. Во всем многообразии экспериментов каждый уличный театр находит свой авторский подчерк, свою специфику и идейные приоритеты. При этом выразительность хоть и проявляется в трюке, но выражается через визуальный эффект в целом, рассчитанный «на зрелищную театральность, часто приносящую в театр новые смыслы и остроту эмоций, связанную с масштабом зрелища».

Сегодня работа художника в уличном театре становится разнообразнее, изобретательнее и сложнее с применением лазерных и световых технологий в проекционных уличных шоу, где используются заранее заготовленные компьютерные 3D модели, оптические эффекты и мультимедийные возможности современной техники, «превращающие высотки, соборы, вокзалы в нечто совершенно другое, заставляющее их на глазах публики взлетать, разрушаться, зарастать деревьями и заселяться людьми» [1, 210]. Эти трансформации служат общему идейному замыслу режиссера, помогают приблизить зрителя к предлагаемым обстоятельствам роли исполнителей в экстерьере и объединить иногда разрозненные события в стройный ряд. Но с появлением новых технологий не исчезают старые, они приспосабливаются к современным возможностям, активно задействуя их в постановках: «используя высоту многоэтажных зданий для цирковых трюков, игры и полетов и помогая себе техникой и механизмами» [1, 210]. Так же постановщик в уличном театре активно используют экстерьеры для создания особой неповторимой атмосферы: «он сплавляется по каналам, ведет своих зрителей по паркам, рассаживает на камнях заросших руин, он устраивает спектакли на закате в песчаных карьерах, ночью в городских садах при свете костров, во дворцовых дворах на рассвете и устраивает огневые шоу на берегах рек» [1, 211]. Все вышеперечисленные особенности современного уличного театра дают возможность рассматривать его как художественный компонент высокотехнологичной зрелищной культуры современности.

Мировой опыт уличного театра базируется на достижениях в сфере итальянских, французских, испанских (в основном каталонских) и немецких коллективов – среди них CLOSE AKT – TEATER (Нидерланды), Antagon TheaterAKTion(Германия), Royal de luxe и Malabar (Франция), OPLAS (Италия), La Fura de la Baushe и Carros de foc (Испания) [2, 112]. Постановки этих уличных театров приковывают внимание тысячи зрителей, создавая особую праздничную атмосферу в городской среде. В их основе реализация мифов с фантастическими существами, головокружительными трюками в небывалых размеров декорациях. Что является основополагающим в современной мировой зрелищной культуре.

СПИСОК ЛИТЕРАТУРЫ

1. Годер,Д. Художники, визионеры, циркачи: очерки визуального театра / Дина Годер. – М.: Новое литературное обозрение, 2012. – 240 с.: ил.
2. Прудников, А.А. Современный уличный театр в контексте мировой культуры / Хореографічна та театральна культура України: педагогічні та мистецьки виміри // Київський

Національний університет культури і мистецтв – К.: КНУКіМ, 2013. – С.108 – 112.
3. Силин, А. Д. Театр выходит на площадь (Специфика работы режиссера при постановке массовых театрализ. представлений под открытым небом и на больших нетрадиц. сцен. площадках) / А. Д. Силин; М.: ВНМЦ НТ и КПР, 1991, с.93 – 107.
4. Прудников А. А. Уличный театр в праздничной культуре / А. А. Прудников // Праздничная культура России: история и современность. Всероссийская научно-практическая конференция (с международным участием)., 15-16 марта 2012 г. – Орел: ОГИИК, 2012.
5. Прудников А.А. Вуличний театр як культурно-естетичний вимір буття сучасного мистецтва / А.А.Прудников Культурологія та соціальні комунікації: інноваційні стратегії розвитку: матеріали міжнар. наук. конф., 22-23 листопада 2012 р. // Харк. держ. акад. культури; відп. за вип. Н.М.Кушнаренко. – Х. : ХДАК, 2011. – с.142

Тодорико Л.Д.
профессор, доктор медицинских наук
Буковинский государственный медицинский университет
(г. Черновцы, Украина)
E-mail: pulmonology@bsmu.edu.ua

ГЕНЕТИЧЕСКИЕ АСПЕКТЫ ФОРМИРОВАНИЯ ЛЕКАРСТВЕННОЙ УСТОЙЧИВОСТИ MYCOBACTERIUM TUBERCULOSIS

Кроме обычных разновидностей туберкулезной инфекции (Mycobacterium tuberculosis), в мире быстро распространяются мутантные формы микобактерий туберкулеза (МБТ), которые устойчивы к действию многих основных антимикобактериальных препаратов (АМБП): мультирезистентный (МРТБ, MDR) и с расширенной резистентностью туберкулез (РРТБ, XDR). По оценкам ВОЗ, около 500 тысяч жителей планеты инфицировано МРТБ, при котором стандартная терапия неэффективна, а РРТБ, как отмечают специалисты [2,45], устойчив практически ко всем известным в настоящее время препаратам и имеет самый высокий уровень смертности среди лиц трудоспособного возраста – 85 %. Средняя продолжительность жизни неэффективно леченных больных составляет около 2,9 года. Вероятность успешного лечения уменьшается с появлением новых устойчивых штаммов МБТ с тотальной резистентностью. Украина занимает второе место в Европе по темпам роста МРТБ и четвертое место – по его распространенности у впервые диагностированных больных [2,45].

В изучении вопросов эволюции патоморфоза туберкулеза (ТБ) легких и, в частности, формирования химиорезистентности, одной из задач является исследование полиморфизма известных генов-кандидатов, а также поиск новых генов, белковые продукты которых принимают участие в патогенетических механизмах развития заболевания [3,457].

Совокупность штаммов МБТ, которые циркулируют в популяции, характеризуется значительной вариабельностью с наличием высоко- и маловирулентных штаммов, объединенных в различные семейства на основании генетических особенностей. Современные штаммы МБТ характеризуются отсутствием возможности горизонтального переноса генов, но на сегодняшний день имеются исследования, которые показали наличие редкостных генных рекомбинаций. Эволюция M. tuberculosis complex осуществляется, в большинстве случаев, путем делеций и дубликаций, что предопределяет клональный патерн эволюции возбудителя и в сочетании с отсутствием рекомбинаций может стать причиной патогенетических особенностей течения отдельных штаммов. Генетически разные штаммы МБТ стимулируют отличительные между собой иммунные ответы, которые определяют разницу не только в патогенезе, но и в клинических проявлениях заболевания. Патогенность МБТ зависит от их способности выживать в макрофагах, которые их поглотили и индуцировали иммунные реакции гиперчувствительности замедленного типа [7,217].

Показано, что особенностями иммунной реакции является высокая, но быстротечная экспрессия ФНО-α и индуцибельной изоформы фермента синтетазы оксида азота (iNOS), что свидетельствует об эффективной активации макрофагов на ранней стадии инфицирования МБТ. В свою очередь, ІФН-γ в макрофагах, активированных и естественных Т-киллерах индуцирует гены, белковые продукты которых способны уничтожать МБТ. Однако, в большинстве случаев при МРТБ, поздно и слабо продуцируется интерферон-γ (ІФН-γ), что свидетельствует о быстрой инактивации макрофагов, которые стимулируют Th1 подтип лимфоцитов. Таким образом, активация Th1-лимфоцитов является недостаточно эффективной для остановки размножения микобактерий [7,219].

В разных штаммах M. tuberculosis выявлена различная экспрессия 527 генов (15 % от общего количества обследованных). Инсерционная последовательность IS6110, принадлежащая к семейству IS3 транспозонов, широко используется как генетический маркер, поскольку она специфична для штаммов M. tuberculosis [1,46]. Лабораторные исследования показали, что возникновение резистентности в M. tuberculosis связано с нуклеотидными изменениями (мутациями) в генах, которые кодируют различные ферменты, непосредственно взаимодействующие с лекарственными средствами [5,701]. Например, мутации гена гро, который кодирует β-субъединицу РНК-полимеразы (в фрагменте длиной 81 пара нуклеотидов), в 96 % случаев приводят к формированию устойчивости M. tuberculosis к рифампицину. Мутации в гене kat приводят к замещению отдельных аминокислот в ферментах каталаза и пероксидаза, ответственных за формирование антиоксидантной защиты при развитии воспалительного оксидативного стресса. Нуклеотидные изменения в регуляторной и смежной кодирующих областях локуса inh ассоциированы с резистентностью отдельных штаммов микобактерий к изониазиду. Нечувствительность M. tuberculosis к стрептомицину (практически у 86 % наших больных туберкулезом [2,46]) связана с мутацией в гене rps, кодирующем S12 митохондриальный белок, или с нуклеотидными изменениями в гене rrs, который кодирует 16S РНК.

Антигенный (АГ) состав измененных форм МБТ упрощается с потерей, как минимум 33,3-37,5 % АГ, ассоциированных, в большинстве случаев, с клеточной стенкой. Кроме того, измененные МБТ слабее индуцируют синтез антител. Вероятно, эти особенности дают возможность избегать контроля иммунной системы и создают условия для персистенции МБТ в организме. Трансформация МБТ в кислотонестойкие формы сопровождается снижением концентрации АГ в клетке, упрощением антигенного состава с сохранением не больше 62,6-66,7 % АГ, в том числе специфических для комплекса M. bovis – M. tuberculosis [6,2].

Поскольку система метаболизма ксенобиотиков принимает участие как в защите организма от последствий развития воспалительных реакций при ТБ, так и в метаболизме большинства противотуберкулезных препаратов, то крайне интересным является изучение активности ферментов, которые входят в эту группу. По результатам многих исследований полиморфизм глутатион-S-трансферазы (GST), в частности, гомозиготных делеций (null-алель) GSTM1 і GSTT1, является одной из причин повышенной чувствительности к повреждающему действию факторов окружающей среды с поражением бронхолегочной системы. Показана роль полиморфных вариантов генов GST в формировании резистентности МБТ [4,17].

Таким образом, актуальным остается вопрос о генетических аспектах формирования лекарственной устойчивости Mycobacterium tuberculosis и изучение роли полиморфных вариантов генов системы метаболизма ксенобиотиков при туберкулезе легких для понимания механизмов взаимодействия в процессе реализации наследственной информации на организменном уровне с целью повышения эффективности лечения.

Список литературы

1. Свойства штаммов М. Tuberculosis кластера W / Л.Н. Черноусова, С.Н. Андреевская, Т.Г. Смирнова [и др.] // Пробл. туб. и болезней легких. – 2008. – № 10. – С. 45-49.
2. Тодоріко Л.Д. Оптимізація стандартного режиму хіміотерапії при лікуванні хворих на мультирезистентний туберкульоз легень /Л.Д. Тодоріко, І.В. Єременчук // Укр. пульмон. журн.-2012. – №1. – С.8-12.
3. The influence of host and bacterial genotype on the development of disseminated disease with Mycobacterium tuberculosis / M. Caws, G. Thwaites, S. Dunstan [et al.] // PLoS Pathog. – 2008. – Vol. 4. – P. 450-457.
4. Innate Immune Recognition of Mycobacterium tuberculosis / J. Kleinnijenhuis, M Oosting, L.A.B. Joosten [et al.] // Clin Dev Immunol. 2011: [Электронный ресурс]. – Режим доступа к документу: http: // www.ncbi.nlm.nih.gov/pmc/articles/ PMC3095423.
5. Making sense of a missense nutation: characterization of MutT2, a Nudix hydrolase from Mycobacterium tuberculosis, and the G58R mutant encoded in W-Beijing strains of M. Tuberculosis / N.J. Moreland, C. Charlier, A.J. Dingley [et al.] // Biochemistry. – 2009. – Vol. 8. – P. 699-708.
6. Phylogeny of Mycobacterium tuberculosis Beijing Strains Constructed from Polymorphisms in Genes Involved in DNA Replication. Recombination and Repair / N.J Moreland, C. Charlier, A.J. Dingley [et al.] // PLoS One. – 2011. – Vol. 6, N 1: [Электронный ресурс]. – Режим доступа к документу: http: // www.plosone.org/article/info%3Adoi%2F10.1371%2 Fjournal. pone.0016020.
7. Mycobacterium tuberculosis lipids regulate cytokines, TLR-2/4 and MHC class II expression in human macrophages / L.M. Rocha-Ramirez, I. Estrada-Garcia, L.M. Lopez -Marin [et al.] // Tuberculosis. – 2008. – Vol. 88. – P. 212-220.

Сюсюка В.Г. - доцент, к.мед.н., **Плотник В.А., Колокот Н.Г.**
Запорожский государственный медицинский университет
Кафедра акушерства и гинекологии
svg.zp@i.ua

ОЦЕНКА ВЗАИМОСВЯЗИ ПСИХОЛОГИЧЕСКОГО СТАТУСА ЖЕНЩИН В ПЕРИОД БЕРЕМЕННОСТИ И АНТРОПОМЕТРИЧЕСКИХ ПОКАЗАТЕЛЕЙ ИХ НОВОРОЖДЕННЫХ

Изучению проблем влияния психоэмоционального состояния женщины на репродуктивную функцию, течение беременности и перинатальные исходы в настоящее время уделяется особое внимание [2, 86]. У беременной женщины возникает особое психологическое состояние сосредоточенности на своем внутреннем мире и на будущем ребенке, которое в значительной степени отражается на ее самочувствии и состоянии плода [5, 33]. Позитивные эмоции матери способствуют росту плода и возрастанию уровня его сенсорного восприятия. Стресс в период беременности приводит к низкому весу плода, увеличению процента смертности, ослаблению когнитивного развития. Нарушение развития плода зачастую связывают с осложнениями матери (гипертензия, структурные или хромосомные аномалии плода). Проблемы плацентарного генеза, рассматривают как наиболее частую причину нарушения роста плода [7]. В настоящее время выделяют три основные группы факторов, приводящих к задержке роста плода (ЗРП): материнские, маточно-плацентарные и плодовые [3, 9]. При этом нарушение роста связывают с повышенным риском осложнений для ребенка, в том числе перинатальной смертности [6, 161].

Цель исследования: дать оценку взаимосвязи психологического статуса женщин в период беременности и антропометрических показателей их новорожденных.

Обследовано 75 беременных в сроке гестации 22-32 недели. Средний возраст женщин составил 28,2±0,68 лет (22-34 года). Включение в группу исследования беременных в сроке более 22 недели было обусловлено двумя причинами: сроком перинатального периода и наличием стабильного ощущения шевеления плода, что позволяло матери конкретизировать ее «стартовый» стиль эмоционального сопровождения. Кроме этого, важно отметить, что именно после 20 недели рекомендована оценка гравидограммы, а также ультразвуковая фетометрия, которая информативна с этого срока. Психоэмоциональное состояние беременных оценивали на основании структурированного интервью, анкетирования и психологических тестов. Индивидуально-психологические черты личности изучены с использованием методики Айзенка-EPQ. Диагностика уровня ситуативной (СТ) и личностной (ЛТ) тревожности проводилась по методике, предложенной Ч.Д. Спилбергом, в модификации Ю.Л. Ханина. Самочувствие, активность и настроение оценено с использованием опросника САН [1, 55; 4, 121]. Статистическая обработка результатов осуществлялись с использованием программы многомерного статистического анализа "STATISTICA 6.0".

Детальный анализ частоты развития патологических состояний во время беременности, позволил установить значительный процент гестационных осложнений (74,7 %) в группе исследования. При этом частота осложненных родов составила 37,3%. У беременных группы исследования был отмечен средний и высокий уровень ЛТ у 85,3 % женщин ($p < 0,01$), который является устойчивой индивидуальной характеристикой, отражающей предрасположенность субъекта к тревоге. Что касается СТ, то этот показатель был несколько ниже и составил 60 % ($p < 0,01$). В 89,3 % женщин с осложненным течение гестациии уровень ЛТ превышал показатели низкой тревожности. Самая высокая частота тревожных беременных выявлена при невынашивании и отмечена у 92% женщин. При проведении корреляционного анализа между уровнем тревожности и антропометрическими показателями новорожденных достоверной связи установлено не было. Однако при анализе детей с ЗРП, частота которой составила 9,3 % ($p > 0,05$), установлена отрицательная корреляционная связь ($r = - 0,92$) между уровнем СТ и росто-массовым показателем новорожденных. При этом во всех случаях рождения детей с ЗРП течение беременности осложнилось невынашиванием и 1 (14,3%) случае имели место преждевременные роды в сроке 34 недели. При исследовании индивидуально-психологических черт личности беременных установлена взаимосвязь уровня психотизма со всеми антропометрическими показателями новорожденных: масса ($r = + 0,71$), рост ($r = + 0,68$), окружность головы ($r = + 0,65$) и окружность грудной клетки ($r = + 0,70$). Психотизм – термин введен Х. Айзенком и является вторичной личностной чертой, которая характеризуется такими поведенческими признаками, как фантазия, богатство воображения, оригинальность, негибкость, субъективизм, недостаток реалистичности, неадекватность эмоциональных реакций. При этом на первый план выходит склонность к уединению и нечуткость к другим. Его высокие значения могут свидетельствовать о затруднении в социальной адаптации, хотя чёткое обоснование правомерности выделения данной категории отсутствует, и она оспаривается многими зарубежными исследователями. При анализе шкалы нейротизма, как и в случае с СТ установлена отрицательная корреляционная связь ($r = - 0,70$) между росто-массовым показателем новорожденных и уровнем нейротизма. Нейротизм характеризует человека со стороны эмоциональной устойчивости, тревожности и являясь биполярным образует шкалу, на одном полюсе которой находятся люди, характеризующиеся чрезвычайной устойчивостью и адаптированностью, а на другом – чрезвычайно нервозный, неустойчивый и плохо адаптированный тип. При анализе шкал характеризующих самочувствие, активность и настроение взаимосвязи с антропометрическими показателями новорожденных установить не удалось.

Выводы:

На основании проведенного исследования установлено, что среди женщин с гестационными осложнениями имеет место значительный процент беременных со средним и высоким уровнем личностной тревожности. При исследовании индивидуально-психологических черт личности беременных установлена прямая корреляционная связь уровня психотизма и отрицательная корреляционная уровня нейротизма с антропометрическими показателями новорожденных. При проведении корреляционного анализа между уровнем тревожности и антропометрическими показателями новорожденных, отрицательная взаимосвязь имела место только в группе с задержкой роста плода. Однако малая выборка в этой группе требует дальнейших исследований в этом направлении.

Литература

1. Астахов В.М. Методы психодиагностики индивидуально-психологических особенностей женщин в акушерско-гинекологической клинике / Астахов В.М., Быцылева И.В., Пузь И.В.: под ред. В.М. Астахова. – Донецк: Норд-Пресс, 2010. – 199с.
2. Королева Н.Н. Влияние внутриличностного конфликта на психоэмоциональный статус беременных и способы его коррекции / Королева Н.Н. // Вестник Московского государственного гуманитарного университета им. М.А. Шолохова. Педагогика и психология. – 2011. - №1. – С.86-94.
3. Макаров И.О. Задержка роста плода. Врачебная тактика: учебное пособие / И.О. Макаров, Е.В. Юдина, Е.И. Боровкова. – М.: МЕДпресс-информ, 2012. – 54с.
4. Райгородский Д.Я. Практическая психодиагностика. Методики и тесты: учеб. пособие / Д.Я. Райгородский (редактор составитель). – Самара: «Бахрах-М», 2002. – 672с.
5. Цареградская Ж.В. Ребенок от зачатия до года / Ж.В. Цареградская. – М.: Астрель: АСТ, 2005. – 281с.
6. Baschat A.A, Harman C.R. Antenatal assessment of the growth restricted fetus // Current Opinion in Obstetrics and Gynaecology. – 2001. - №13. – P.161-8.
7. Rosalie M Grivell, Lufee Wong, Vineesh Bhatia Regimens of fetal surveillance for impaired fetal growth. Editorial Group: Cochrane Pregnancy and Childbirth Group, 2012. [DOI: 10.1002/14651858.CD007113.pub3].

Микуляк В.Р.

Тернопольский государственный медицинский университет
имени И.Я. Горбачевского, Украина
mykulyakv@gmail.com

ИЗМЕНЕНИЯ ЭНДОТЕЛИАЛЬНОЙ ФУНКЦИИ У БОЛЬНЫХ ОСТРЫМ ИНФАРКТОМ МИОКАРДА

Введение.

Проведенные в последние годы экспериментальные и клинические исследования показали важную роль дисфункции сосудистого эндотелия в развитии и прогрессировании сердечно-сосудистых заболеваний [5,46].

Эндотелиальная дисфункция характеризуется потерей равновесия между вазоконстрикторными и вазодилатационными механизмами, за счет нарушений синтеза оксида азота, роста уровня эндотелина, ангиотензина II, тромбоксана А2, повышением тромбогенных свойств стенки сосудов [7,384]. В механизме развития эндотелиальной дисфункции при инфаркте миокарда основное значение играет оксидативный стресс, продукция мощных вазоконстрикторов (эндопероксид, эндотелин, ангиотензин II), а также цитокинов, что ведет к нарушению биодоступности оксида азота [6,29].

В этой связи особый интерес вызывает использование в клинической практике препаратов, способных влиять на основные патогенетические звенья развития эндотелиальной дисфункции. Перспективным в этом отношении является препарат L-аргинин, являющейся предшественником и субстратом для синтеза оксида азота. Преобразование L- аргинина в оксид азота является ключевым моментом в поддержании нормального функционирования эндотелия[2,8].

Цель. Изучить изменения функционального состояния эндотелия у больных острым инфарктом миокарда на фоне приема препарата донатора оксида азота - L- аргинина.

Материалы и методы.

Обследовано 54 больных с острым инфарктом миокарда, находящихся на стационарном лечении в Тернопольском городском кардиологическом центре. Диагноз устанавливали согласно рекомендаций ESC, 2008.

Пациенты были распределены методом случайной выборки на 2 группы: контрольную, в которой применялась лишь стандартная терапия согласно действующих протоколов (низкомолекулярный гепарин - эноксапарин в дозе 1 мг/кг массы тела, антитромбоцитарние препарати: ацетилсалициловая кислота - 75 мг/сутки, клопидогрель - 75 мг/сутки, β-адреноблокатор (бисопролол) и ингибитор ангиотензин-превращающего фермента (рамиприл), доза зависела от частоты сердечных сокращений и показателей артериального давления, нитраты, статины) и основную, в которой пациентам дополнительно к стандартной терапии назначался донатор оксида азота L-аргинин (Тивортин, "Юрия-Фарм"). Параллельно было обследовано 20 здоровых лиц.

Согласно дизайна исследования, проводилось комбинированное применение инфузионной и пероральной формы L- аргинина. В первую неделю острого ИМ проводилось внутривенное введение 100 мл 4,2% раствора L- аргинина гидрохлорида (доза 4,2 г) один раз в день в течение 5 дней, со следующим переходом на пероральный прием L- аргинина аспартата в дозе 6 г на сутки.

В соответствии с разработанным протоколом клинико-функционального исследования всем пациентам проводилась оценка функции эндотелия по методике D.S. Celermajer и соавторов и определение количества циркулирующих эндотелиоцитов в цитратной венозной крови по методике J. Hladovez, в модификации Сивак В.В. и соавторов на 1, 7 и 14 сутки острого инфаркта миокарда. Исследованиями последних лет доказано, что морфологическим субстратом эндотелиальной дисфункции является повышение количества циркулирующих эндотелиальных клеток крови [1,1095;4,216]. Группой американских ученых из Исследовательского института Скриппса, Калифорния сделан вывод, что увеличение количества циркулирующих эндотелиальных клеток может считаться достаточно точным предиктором инфаркта миокарда [3,95].

Статистическую обработку результатов проводили с помощью программы Statsoft Statistica 6,0. Для описания количественных признаков использовали значение средней арифметической величины (M) и ошибки средней арифметической величины (m). Статистическая оценка значимости разницы между средними величинами определялась по непараметрических критериям (тест непараметрического сравнения двух независимых выборок U- тест Манна-Уитни). Критический уровень значимости принимали меньшим 0,05.

Результаты и обсуждение.

Средний возраст больных составил (58,7±0,9) лет. По половому признаку больные распределились следующим образом: мужчин было 34, что составило 62,9 %, женщин – 20 (37,1 %). У всех больных был диагностирован Q - инфаркт миокарда, в 68 % пациентов наблюдался инфаркт передней стенки, а у 32 % - задней стенки левого желудочка.

В 75 больных (94 %) выявлены нарушение эндотелийзависимой вазодилатации в остром периоде инфаркта миокарда, средний показатель составил (5,34± 0,18) %. Нарушений эндотелийнезависимой вазодилатации не зафиксировано. На фоне лечения инфаркта миокарда у пациентов обеих групп происходило постепенное улучшение эндотелиальной функции, однако с достоверной разницей во времени. В группе больных, которые дополнительно принимали L- аргинин улучшение функции эндотелия на

32 % определяли уже на 5 - 6 сутки от возникновения инфаркта миокарда, (p<0,05).

Всем пациентам с острым инфарктом миокарда проведено количественное определение циркулирующих эндотелиоцитов в венозной крови (таблица).

Таблица

Динамика циркулирующих эндотелиоцитов крови у больных с острым инфарктом миокарда (M+m)

Показатель	Сутки	Здоровые (n=20)	I группа (n=27) (стандартная терапия + L - аргинин)	II группа (n=27) (стандартная терапия)	p I-II
Количество циркулирующих эндотелиоцитов	1	3,20±0,17	12,96±0,39	13,22±0,34	нд.
	7	3,30±0,21	7,48±0,33 *	9,11±0,34 *	< 0,05
	14	3,25±0,16	3,96±0,16 *	5,63±0,23 *	<0,05
Примечание. * - p < 0,05 в пределах одной группы в сравнении с исходным значением.					

При анализе изменений показателя циркулирующих эндотелиоцитов установлено, что средний уровень эндотелиоцитов в группе здоровых составил $(3,20\pm0,17)\times10^4$/л, а у пациентов с острым инфарктом миокарда - $(13,09\pm0,36)\times10^4$/л, , что указывает на тяжелые нарушения эндотелиальной функции у последних (p<0,05).

Динамика количества циркулирующих эндотелиоцитов в острый период инфаркта миокарда у пациентов, дополнительно получавших L-аргинин характеризовалась стойким уменьшением на первой недели $(7,48\pm0,33)\times10^4$/л, с нивелировкой разницы в сравнении с контролем на 14 сутки от начала инфаркта миокарда.

Виводы.

У больных инфарктом миокарда наблюдается нарушение эндотелийзависимой вазодилатации и повышение количества циркулирующих эндотелиоцитов в крови в острый период, что свидетельствует о выраженных нарушениях функции эндотелия при развитии данного заболевания. Включение L - аргинина в схему лечения инфаркта миокарда приводило к улучшению эндотелийзависимой вазодилатации и существенному уменьшению количества циркулирующих эндотелиоцитов крови в первую неделю острого периода, с последующей нивелировкой разницы с группой здоровых лиц к концу второй недели, что свидетельствует о более быстром восстановлении функции эндотелия.

Список использованной литературы

1. Boos CJ, Soor SK, Kang D, Lip GY. Relationship between circulating endothelial cells and the predicted risk of cardiovascular events in acute coronary syndromes // Eur. Heart J. – 2007. – Vol. 28. – P. –1092–1101.
2. Bryan N.S., Bian K., Murad F. Discovery of the nitric oxide signaling pathway and targets for drug development // Frontiers in Bioscience. – 2009. – Vol.14. – P. 1-18.
3. Damani S, Bacconi A, Libiger O, Chourasia A. et al. Characterization of circulating endothelial cells in acute myocardial infarction // Sci Transl. Med. – 2012. – Vol. 4 (126). - P. 93-97.
4. Dignat George F, Sampol J. Circulating endothelial cells in vascular disorders: new insights into an old concept // Eur J Haematol. – 2000. – Vol. 65. – P. 215–220.
5. Esper R.J., Nordaby R.A., Paragano A. et al. Endothelial dysfunction: a comprehensive appraisal // Cardiovasc. Diabetol. – 2006. – Vol. 23. – P. 45–49.
6. Fichtlscherer S., Breuer S., Zeiher A. Prognostic value of systemic endothelial dysfunction in patients with acute coronary syndromes further evidence for the existence of the "Vulnerable" Patient // Circulation. – 2004. – Vol. 110. – P. 26-32.
7. Kinley S., Libby P., Ganz P. Endothelial function and coronary artery disease // Cur. Opin. Lipidol. – 2011. – Vol. 12. – P. 383–389.

Ткачик С.В.
ассистент кафедры хирургической и детской стоматологии Буковинского государственного медицинского университета,
г. Черновцы Украина
Горицкий Я.В.
ассистент кафедры хирургической и детской стоматологии Буковинского государственного медицинского университета, г. Черновцы, Украина
Кузняк Н.Б.
к. мед. наук, доцент заведующий кафедрой хирургической и детской стоматологии Буковинского государственного медицинского университета, г. Черновцы Украина

МАРКЕТИНГОВАЯ СТРАТЕГИЯ ПРОМОЦИОННОЙ АКТИВНОСТИ СРЕДИ СТОМАТОЛОГОВ УКРАИНЫ ДЛЯ ПРОДВИЖЕНИЯ НА РЫНКЕ УКРАИНЫ ЗУБНЫХ ПАСТ ПРОИЗВОДИТЕЛЯ «СПЛАТ-КОСМЕТИКА»

Резюме. Статья посвящена поиску и выбору маркетинговых коммуникаций при продвижении новой марки зубной пасты компании «Сплат-косметика» на рынке Украины.

Для достижения основных целей исследовано теоретические основы выбора маркетинговых коммуникаций и рынка зубных паст Украины; проведен сравнительный анализ уровней рекомендаций стоматологов Украины и объемов аптечных продаж зубных паст, исследована эффективность различных каналов коммуникаций со стоматологами для продвижения зубных паст; разработаны предложения по выбору маркетинговых коммуникаций для торговой марки «Сплат».

Ключевые слова: фармацевтический рынок, маркетинговая стратегия, маркетинговые коммуникации, объем продаж, эффективность коммуникаций.

Summary. The article is devoted to the search for and selection of marketing communications at promotion of the new brand of toothpaste company «Splat» on the market of Ukraine.

In order to achieve main goals, research of theoretical basis for choosing marketing communications was conducted; research of Ukraine's toothpaste market performed; comparative analysis of the levels of Ukraine's dentists'recommendations and volumes of pharmacy sales of toothpastes conducted; efficiency of various channels of communications with dentists for the purposes of marketing toothpastes researched; proposals for choosing marketing communications for «Splat» trade mark developed.

Key words: pharmaceutical market, marketing strategy, marketing communications, sales volume, communications'effectiveness.

ВСТУПЛЕНИЕ. В формировании и развитии современного рынка средств для ухода за полостью рта и зубами можно выделить несколько этапов. После распада Советского Союза, где потребитель был знаком с несколькими отечественными, болгарскими и загадочными индийскими зубными пастами, рынок страны достаточно быстро был насыщен разнообразной малознакомой продукцией очень сомнительного качества. По мере развития рыночной экономики, формирования современной стоматологической службы рынок начал приобретать цивилизованные очертания [1,11]. Активно укрепляли свое присутствие всемирно известные марки, существенно увеличился ассортимент продукции, появились новые бренды. В настоящее время стадия формирования, организации и насыщения рынка средств для ухода за полостью рта и зубами перешла в фазу напряжённой конкуренции.

Одной из новых и прогрессивных стратегий маркетинговых коммуникаций в Украине является стратегия воздействия на целевую аудиторию с помощью рекомендаций врачей – стоматологов [2, 76]. Лояльность врача к определенной торговой марке и высокая значимость его рекомендаций для пациентов способна многократно усилить приверженность потребителя к продукции, сориентировать его в огромном многообразии торговых марок и в конечном итоге увеличить объемы продаж продукции соответствующего производителя.

Традиционных методов продвижения продукции на рынке (реклама, акции, работа торговых представителей) стало явно недостаточно! С целью укрепления рыночных позиций и увеличения объемов продаж и рыночной доли ведущие производители средств ухода за полостью рта и зубами ищут новые эффективные каналы маркетинговых коммуникаций и дополнительные пути продвижения собственной продукции на рынке. Именно такая задача была поставлена руководством компании «Сплат косметика» перед украинским представительством [4, 43].

Цели исследования: Обосновать необходимость и эффективность маркетинговых коммуникаций со стоматологами для усиления воздействия на целевую аудиторию – потребителей лечебно-профилактических зубных паст и увеличения спроса на продукцию компании «Сплат-косметика»

Разработать стратегию маркетинговых коммуникаций со стоматологами с использованием наиболее эффективных методов взаимодействия.

Основные задачи и этапы исследования:
1. Провести анализ рынка зубных паст Украины с углубленным маркетинговым анализом аптечного сегмента – важного индикатора оценки эффективности маркетинговой деятельности и контроля динамики продаж зубных паст «Сплат».

2. Провести маркетинговый анализ деятельности компании «Сплат-косметика» на рынке Украины и используемых ею методов продвижения продукции на сегодняшний день.
3. На основании результатов анкетирования оценить известность зубной пасты «Сплат» среди стоматологов Украины и сравнить какие зубные пасты различных категорий (для чувствительных зубов, для лечения и профилактики заболеваний десен) наиболее часто рекомендуют врачи своим пациентам в настоящее время.
4. На основании результатов аптечного аудита определить, какие из паст в этих группах (для чувствительных зубов, для лечения и профилактики заболеваний десен) лидировали по объемам аптечных продаж в период проведения анкетирования.
5. Провести сравнительный анализ марок зубных паст – лидирующих по количеству рекомендаций среди стоматологов и по объемам аптечных продаж. Оценить уровень зависимости объемов аптечных продаж от мнений и рекомендаций стоматологов.
6. Обосновать необходимость и эффективность маркетинговых коммуникаций со стоматологами для усиления воздействия на целевую аудиторию и увеличения спроса на продукцию компании «Сплат-косметика»
7. Изучить эффективность различных каналов коммуникаций со стоматологами (визиты медицинских представителей, проведение конференций, публикация в литературе, реклама и т. д.)
8. Разработать стратегию маркетинговых коммуникаций со стоматологами для продвижения на рынке Украины зубных паст производителя «Сплат-косметика». Использовать наиболее эффективные методы коммуникации с врачами для обеспечения их информацией о новых зубных пастах и сформирования их лояльного отношения к новым продуктам.

Объект исследования – представительство компании «Сплат-косметика» в Украине.

Предмет исследования – маркетинговые коммуникации со стоматологами для продвижения на рынке Украины зубных паст производителя «Сплат-косметика»

Методы исследования

В ходе исследования были использованы методы аналитического, графического и статистического анализов результатов рынка и анкетирования врачей.

Объемы сегмента «Косметические товары и средства личной гигиены» увеличивались на протяжении нескольких последних лет. Не менее интенсивно росли и объемы класса «Средства по уходу за полостью рта и зубами». Зубные пасты, представляющие для нас наибольший интерес, обеспечивают около 57% объема продаж класса в денежном выражении и более 63% в натуральном. В 2009 году удельный вес зубных паст в денежном эквиваленте составлял 74%. [10,76]. В последующие годы, по мере увеличения ассортимента средств по уходу за полостью рта, выведением на рынок различного рода ополаскивателей, а также средств для ухода и фиксации протезов, рыночная доля зубных паст сократилась. В целом, темпы прироста объемов, как зубных паст, так и остальных товаров по уходу за полостью рта опережают динамические показатели рынка.

Компания "Сплат-косметика" создана в 2000г. группой физических лиц. Выпускает средства по уходу за полостью рта. Производственные активы включают завод в городе Истра (Россия) мощностью 2,5 млн. упаковок зубной пасты в год. Основные торговые марки - SPLAT, SMILEX, PROWHITER. На протяжении последних лет компания демонстрировала высокие динамические показатели, существенно опережающие темпы прироста данного сегмента. Можно отметить довольно удачное выведение на рынок ряда марок. Например, паста для беременных Organic, отбеливающая паста Extreme White, не имеющий мировых аналогов. Обороты компании за 2005-2007 гг. выросли почти на порядок, и на сегодняшний день рыночная доля продукции компании составляет около 5% Российского рынка зубных паст и около 2-3% в странах СНГ.

Около пяти лет назад компания развернула полномасштабное производство зубных паст позиционируя продукты в ценовой категории между бюджетными российскими и иностранными пастами и дорогими брендами. Руководство компании сосредоточило свои усилия на расширении линейки торговых марок, повышении эффективность зубной пасты, разработке брендов с лечебным эффектом [8, 116].

Компания «Сплат-косметика» успешно вышла на рынок Украины в 2007 году, продемонстрировав по итогам 2007-2009 годов высокие динамические показатели. Аптечные продажи продукции компании составляют около 7-10% от общего товарооборота.

В настоящее время на рынке Украины представлены все 30 продуктов компании, которые могут быть позиционированы как лечебно-профилактические пасты высоко стоимостной категории.

Средняя стоимость упаковки зубной пасты «Сплат» составила по итогам 2013 года 23,5 грн. Для сравнения средняя цена упаковки торговых марок зубных паст с лечебным эффектом: Лакалут (Аркам) была 25,2 грн, Сенсодин и Парадонтакс (ГСК) – 15,6 грн, Колгейт Сенситив (Колгейт Палмолив) – 23 грн., Президент (Бетафарма) – 16,1 грн. Указанные марки зубных паст можно рассматривать как основные конкурирующие продукты учитывая их ассортимент, позиционирование на рынке, каналы сбыта и ценовые характеристики [5, 4].

Следует отметить, что продуктовый портфель ряда производителей (ГСК, Колгейт Палмолив, Бетафарма) представлен также и бюджетными марками зубных паст низкой ценовой группы (Аквафреш, Колгейт, Бленд-а-мед и др).

Безусловным лидером конкурентной группы зубных паст, в которой позиционируются продукты Сплат, является торговая марка Локалут (Аркам), объемы аптечных продаж, которой в несколько раз превосходят соответствующие показатели конкурентов.

Продукты компании Сплат-косметика продемонстрировали отличную динамику в 2013 году, опередив остальных конкурентов группы. Однако в 2012 году темпы прироста замедлились даже в аптечном сегменте рынка зубных паст, который опережает в своем развитии соответствующий сегмент FMCG

Следует отметить, что по результатам анкетирования 600 стоматологов в 11-ти городах Украины, уровень знаний марки «Сплат» среди врачей и соответственно уровень рекомендации данной зубной пасты крайне низкий!

Среди достаточно популярных в настоящее время лечебно-профилактических зубных паст для чувствительных зубов и для лечения и профилактики заболеваний десен, зубные пасты Сплат не попали в число часто рекомендуемых врачами средств. Только среди зубных паст для отбеливания зубов, около 1% стоматологов рекомендовали продукт компании Сплат своим пациентам.

Результаты исследования позволяют оценить неиспользованный компанией Сплат-косметика промоционный потенциал. На сегодняшний день в Украине работает более 15 000 стоматологов различной специализации. Около 67% из них принимают еженедельно более 30 пациентов. Причем, почти 20% украинских стоматологов обслуживают от 50 до 100 человек в неделю. Учитывая, что уровень проникновения товаров для ухода за полостью рта и зубами высок (более 95% населения чистят зубы ежедневно) значение рекомендаций врача определенной марки зубной пасты очень велико!

Следует отметить, что наиболее низкий уровень доверия стоматологов наблюдается в отношении к рекламе. Относительно редко врачи пользуются информацией, полученной из интернет источников [6, 51; 7, 98].

На решение большинства опрошенных врачей наибольшее влияние оказывают обмен опытом с коллегами, материалы конференций (конгрессов, симпозиумов, семинаров). Менее всего на решение влияет реклама по телевидению, реклама в специализированных изданиях и в интернет-изданиях.

Более 87% врачей предпочитают получать информационные материалы посредством визитов представителей компаний-производителей. Второе и третье места занимают Статьи в специализированных изданиях и информация, полученная во время непосредственного участия в конгрессах, конференциях, симпозиумах, семинарах. По-прежнему остается высокий уровень доверия к сведениям о продуктах, полученным на курсах последипломной подготовки и повышения квалификации [9,92].

Выводы

1. Рынок зубных паст и средств для ухода за полостью рта высоко насыщен товарами преимущественно зарубежных производителей во всех ценовых категориях и находится в фазе напряженной конкурентной борьбы.

2. Компания «Сплат-косметика» успешно вывела на рынок Украины свои зубные пасты торговой марки Сплат, заняв весомую рыночную долю и попав в ТОП 10 компаний-производителей данного рыночного сегмента. Однако некоторое замедление динамики и увеличение активности основных конкурентов требует поиска новых путей маркетинговых коммуникаций и освоения новых сегментов рынка.

3. Аптечный сегмент рынка зубных паст и средств ухода за полостью рта и зубами интенсивно развивается и является достаточно перспективным для увеличения объемов продаж зубных паст компании «Сплат-косметика», и, следовательно, увеличения ее рыночной доли. Аптечный сегмент рынка (аудит аптечных продаж) является высокоинформативными и чувствительным индикатором эффективности маркетинговых стратегий и маркетинговых коммуникаций.

4. Результаты маркетинговых исследований свидетельствуют о том, что зубные пасты марки «Сплат» практически не знают и не рекомендуют своим пациентам стоматологи Украины.

5. Маркетинговые коммуникации со стоматологами позволят повысить известность зубных паст «Сплат» среди врачей и увеличить уровень рекомендаций данной продукции потребителям.

6. Наиболее эффективными каналами маркетинговых коммуникаций со стоматологами являются визиты представителей компании к врачам, статьи в специализированных изданиях, проведение конференций, симпозиумов и выставок.

ЛИТЕРАТУРА

1. Громовик Б.П., Гасюк Г.Д.,. Мороз Л.А, Чухрай Н.І. «Фармацевтичний маркетинг», 2000
2. Живодерников Е.В, Фармацевтический рынок Украины. Итоги трех кварталов 2012 года. Журнал «Провизор», 2012 год, выпуск № 23
3. Живодерников Е.В. Онищенко Ю.Е.,. Фармацевтический рынок Украины. Канун неспокойных дней, Журнал «Провизор». 2011 год, выпуск № 22

4. Живодерников Е.В. Розничный сегмент рынка лекарственных средств Украины. Июнь 2012. Первый независимый фармацевтический портал «Pharma.net. ua» (www.pharma.net.ua)
5. Заліська О.М. Стан і перспективи фармакоекономічних досліджень в Україні / О.М. Заліська, І.Г. Мудрак // Фармац.журнал.–2011.–№4.
6. Ишечкина К.Е. «Автоматизация маркетинговой деятельности». М., 2004
7. Лашманова Н.В.. «Информационные системы маркетинга, учебное пособие». СПБ., 2006
8. Мнушко З.М. Розробка та використання засобів підтримки прийняття рішень в логістичному управлінні оптовими фармацевтичними організаціями / З.М. Мнушко, С.А Куценко, Л.П. Дорохова // Ефективність використання маркетингу та логістики фармацевтичними організаціями: наук.-практ.конф., 21 жовт. 2011р.: матеріали. – Х., 2011.
9. Мнушко, З.Н. Менеджмент та маркетинг : підручн. для студентів вищих навчальних закладів. Ч. ІІ. Маркетинг у фармації / З.Н. Мнушко, Н.М. Дихтярьова.- 2-е вид.- Х.: Вид-во НФаУ : Золоті сторінки, 2008.
10. Мнушко, З.Н. Теорія і практика маркетингових досліджень у фармації: моногр. / З.Н. Мнушко, І.В. Пестун.- Х.: Вид-во НФаУ, 2008

Кузняк Н.Б.
к. мед. наук, доцент заведующий кафедрой хирургической и детской стоматологии Буковинского государственного медицинского университета, г. Черновцы Украина

Гаген Е.Ю.
ассистент кафедры хирургической и детской стоматологии Буковинского государственного медицинского университета, г. Черновцы, Украина

ПУТИ ПРОФЕССИОНАЛЬНОГО УСОВЕРШЕНСТВОВАНИЯ ПРЕПОДАВАТЕЛЯ ВЫСШЕЙ МЕДИЦИНСКОЙ ШКОЛЫ

Резюме. Преподаватель высшей медицинской школы должен быть высокопрофессиональным, целеустремленным, постоянно формировать в себе внутренний стержень личностного роста, направлять свои силы на поиск новых путей обучения и воспитания студентов

Вступление. Профессиональное самовоспитание направлено на реализацию педагогом себя как личности. Стремление к самосовершенствованию, самообразование являются важными факторами профессионального роста преподавателя высшего медицинского учебного заведения, обеспечивающие расширение его творческих возможностей, познавательных интересов и формирования творческой индивидуальности.

Основная часть. Важными для профессионального роста научно-педагогического работника являются:

- овладение передовым педагогическим опытом, поисковой исследовательской работой (ознакомление с деятельностью лучших педагогов и ее анализа преподаватель глубже осмысливает закономерности учебно-воспитательного процесса, учится педагогически правильно воспринимать каждый поступок студента, находить причины конфликтов и способы их решения);

- систематическое изучение философской и психолого-педагогической литературы, законодательных актов государства о высшем образовании, воспитания и обучения; встречи с новаторами; участие в работе методических объединений, семинаров, конференций, педагогических чтений, и т.п.;

- ознакомление с педагогической прессой, радио, телевидением, Интернетом. Они быстро реагируют на все изменения, происходящие в системе педагогического образования и учебно-воспитательном процессе. Знакомят с опытом педагогов-новаторов, научно-педагогическими новинками, материалами различных встреч, конференций и т.п.;

- ознакомление с национальной системой воспитания, что воплощает воспитательную мудрость народа, его лучших ученых, прогрессивные национальные традиции в семейном воспитании, воспитательное значение народных обычаев, традиций, праздников, обрядов [1,154].

В процессе профессионального самовоспитания преподаватель должен почувствовать свободу самовыражения. Преподавательскую деятельность нельзя регламентировать и втиснуть в рамки инструкций. Только при утверждении профессиональной свободы возможна эффективная организация процесса профессионального роста научно-педагогического работника высшей медицинской школы, что является своеобразным поиском своего пути, обретение собственного «голоса», собственного «почерка». Преподаватель, обладающий свободой самовыражения, умеет управлять собственным развитием, может направить свои творческие силы на поиск новых путей обучения и воспитания студентов.

Преподавателю необходимо знать свои сильные и слабые стороны, постоянно формировать в себе внутренний стержень личностного роста, который является непременным условием достижения профессионализма. Становление преподавателя как профессионала и субъекта продуктивной деятельности - это процесс приближения к идеалам культуры, вершин профессионализма, творческой самореализации. Ученые отмечают неравномерности этапов и ступеней профессионального становления личности, обозначая ее как индивидуальную траекторию профессионального роста, профессиональную карьеру [1,65].

Профессиональная карьера - последовательность профессиональных ролей, статусов и видов деятельности в жизни человека, ее продвижения степенями (ступенями) производственной, социальной, административной или иной иерархии.

Существуют два вида профессиональной карьеры: личная карьера - восхождение человека к высотам профессионализма, качества результатов труда, самореализация в профессиональной деятельности и получения на этой основе признания людьми; должностная карьера - продвижение по службе.
Преподаватель высшей медицинской школы должен выстраивать свою карьеру, исходя из личностных особенностей, ценностных установок, умений. Успешность карьеры во многом зависит от того, насколько правильно сделан профессиональный выбор, насколько удачным было профессиональное самоопределение [2,87].

Американский специалист по управлению Майкл Драйвер выделяет следующие виды карьеры:

Линейная карьера. Человек с самого начала трудовой деятельности выбирает определенную отрасль и настойчиво, шаг за шагом в течение всей жизни поднимается по иерархической лестнице.

Стабильная карьера. Педагог, для которого характерна стабильная конфигурация карьеры, еще в молодости выбирает сферу своей деятельности и до конца трудовой жизни остается в ней. Он повышает свое мастерство, но не стремится к продвижению по иерархической лестнице [3,198].

Спиральная карьера. Такая карьера характерна для людей, которые с энтузиазмом работают 5-7 лет, а затем теряют интерес к педагогической работы, переходят на другую и все начинают сначала.

Кратковременная карьера. Человек часто меняет одну работу на другую. Случайно и временно достигает незначительных повышений. Как правило, это неквалифицированные, часто недисциплинированные работники

Платообразные карьера. Если человек успешно справляется со своими обязанностями, ее считают достойной повышение. Однако после нескольких повышений она достигает уровня, что является пределом ее компетентности.

На этом уровне она остается до выхода на пенсию.

Нисходящая карьера. Человек успешно начинает свою профессиональную деятельность и несколько раз идет на повышение. Однако из-за непредвиденных обстоятельств (болезнь, злоупотребление алкоголем и т.п.) снижается качественный уровень ее работоспособности, что влечет за собой возврат до самого низкого уровня карьеры [3,43].

Личностная профессиональная карьера является составной жизненной стратегии научно-педагогического работника. Она заслуженная, если основывается на личностном росте, предметном и успешном самосовершенствовании, связанная с упорным трудом, достижением реальных результатов, отношением преподавателя к ней как к жизненного призвания. Хорошо, если она сопровождается и должностной карьерой. Однако не все стремятся должностного повышения. Некоторые считают, что повышение приводит к административной занятости, вытеснение профессионального содержания деятельности, поэтому занимаются одним и тем же 25-40 лет. Их карьера тоже успешная, ибо содержательная, наполненная духовностью, сопровождается ростом общественного признания, почетом, наградами, любовью воспитанников [4,75].

Итак, профессиональная карьера - это прежде всего движение. А движение не может быть без цели, направления на достижение жизненного и профессионального успеха, привлекательной личностной профессиональной перспективы.

Профессиональная деятельность непременно сопровождается изменениями в структуре личности научно-педагогического работника: происходит усиление и интенсивное развитие качеств, способствующих успешному осуществлению деятельности, а также подавляются и даже разрушаются структуры, которые не принимают участия в этом процессе. Положительное влияние профессии на личность проявляется в формировании профессионального самосознания, педагогической направленности, педагогического мышления, в развитии профессионально важных качеств, овладении преподавательским опытом и т.д.

Профессиональное развитие - это не только рост и совершенствование, но и разрушение и профессиональные деструкции (авторитарность, эмоциональная индифферентность, экспансионизм, отсутствие коммуникативной гибкости), которые характеризуются как изменения психологической структуры личности в процессе педагогической деятельности.

Сензитивным (благоприятным) периодом для возникновения профессиональных деформаций является профессиональный кризис, который проявляется в глубокой неудовлетворенности от своей деятельности, ее результатов, чувство собственной несостоятельности, неспособности к самореализации, несоответствие замыслов, возможностей полученным результатам.

Самым распространенным средством профилактики этого явления является непрерывное психолого-педагогическое образование преподавателя, повышения его квалификации.

Самообразование способствует формированию индивидуального стиля педагогической деятельности, помогает в осмыслении педагогического опыта и собственной самостоятельной работы, является средством самопознания и самосовершенствования, путем педагогического развития [5,201].

Одним из современных методов профессионального самосовершенствования является метод «портфолио» - описание работы с анализом ее эффективности, наиболее удачные методические разработки, научно-исследовательские работы студентов, и т.д. Он может содержать также документы, которые фиксируют профессиональное развитие (дипломы, грамоты, благодарности, характеристики и др.), научные, творческие работы, собственные статьи, статьи известных ученых, освещающих особенности той проблемы, над которой работает владелец портфолио, психологические исследования, конспекты практических занятий, воспитательных мероприятий. Метод «портфолио» помогает преподавателю высшей медицинской школы не только систематизировать педагогический опыт, накопленные знания, но и дать объективную оценку своему профессиональному уровню [6,174].

Для того чтобы приблизить свой реальный образ к идеалу, нужно уметь управлять собственным развитием. Прежде всего - это умение взять на себя ответственность за собственную жизнь и профессиональную деятельность, выстроить такую профессиональную образовательную стратегию, которая бы учитывала индивидуальные особенности, возможности, запросы, удовлетворяла потребность в образовании, повышении квалификации в избранной сфере, интеллектуальном, физическом, духовном развитии. А это все предполагает овладение навыками самоорганизации и саморегуляции. В самоорганизации оказывается психологическая готовность к педагогической деятельности, в саморегуляции - сознательное управление своим поведением, психикой, энергетическим потенциалом, контроль над эмоциями, сохранение способности критически мыслить и решать сложные проблемы [7,101].

Вывод. Итак, основными путями профессионального развития является профессиональное обучение, развитие карьеры и самообразование педагога. Профессиональное развитие ведет к принципиально новому способу жизнедеятельности профессорско-преподавательского состава - творческой самореализации в профессии, которая дает возможность проявить свои индивидуальные и профессиональные возможности. Самая короткая формула профессиональной деятельности - это постоянный труд, творчество, гармония знаний, чувств и поведения.

Литература

1. Кузьмина Н.В. Профессионализм личности преподавателя. – М., 1990. – 278 с.

2. Зязюн І.Я. Педагогічна майстерність. – К.: Вища школа" – 1997.– 349 с.

3. Атанов Г.А., Пустинникова И.Н. Обучение и искусственный интеллект или основы современной дидактики высшей школы. – Донецк, 2002. – 431 с.

4. Мороз О.Г. Навчальний процес у вищий школі. – К., 2001. – 278 с.

5. Попков В.О., Коржуев А.В. Дидактика высшей школы: учебное пособие. – М., 2001. – 301 с.

6. Натазон З.Ш. Приемы педагогического воздействия. – М., 2002. – 189 с.

7. Основні напрямки досліджень з педагогічних та психологічних наук в Україні. – К., 2002. – 274 с.

Спасич Т.А.*, Решетник Л.А.*, Анциферова О.В.**
*ГБОУ ВПО Иркутский государственный медицинский университет.
**Иркутский областной клинический консультативно-диагностический центр

СТОМАТОЛОГИЧЕСКИЙ СТАТУС ПОЛОСТИ РТА ПРИ ЦЕЛИАКИИ У ДЕТЕЙ

Резюме: Показаны результаты сравнительного обследования 44 детей, с целиакией, диагноз которой был поставлен на основании обнаружения антител к глиадину и к тканевой трансглутаминазе и подтвержден при биопсии кишки. В контрольной группе из 46 детей обнаружены антитела к глиадину, но диагноз целиакии не подтвержден при морфологичеком описании биоптата слизистой дистального отдела 12 перстной кишки . При осмотре полости рта у детей с морфологически подтвержденной целиакией достоверно чаще встречались такие симптомов как: бледность слизистых, глоссит Хантера, хронический рецидивирующий афтозный стоматит, гипоплазия эмали зубов. Такие симптомы должно нацелить врача стоматолога на диагностику целиакии.

Ключевые слова: целиакия, хроничесй рецидивирующий афтозный стоматит, зубы, глоссит Хантера.

Spasich T.A. , Reshetnik L.A., Antsiferova O.V.
GBOU VPO State Medical University of Irkutsk.
Irkutsk regional clinical advisory diagnostic center

DENTAL STATUS OF THE ORAL CAVITY FOR CELIAC DISEASE IN CHILDREN

Summary: The paper presents the survey data of the mouth and teeth 44 children with a confirmed diagnosis of celiac disease and 46 children in the control group. The study found a direct relationship was mucous and pathological state of the mucous membranes of the oral cavity and teeth, which is expressed in mucosal pallor, glossitis Hunter, recurrent stomatitis, and dental enamel defect.

Keywords: celiac disease, children, enamel defect, teeth, glossitis Hunter recurrent stomatitis

Введение. Целиакия - генетически детерминированное заболевание, связанное с непереносимостью белков клейковины (глютена) пшеницы, ржи и ячменя у лиц с DQ2/8 по системе HLA. Поступление глютена в кишечник провоцирует у них иммунное воспаление и формирование атрофии слизистой оболочки (СО) тонкой кишки с синдромом мальабсорбции.

Многообразие клинических проявлений целиакии и трудности диагностического процесса при ее латентном и атипичном течении приводят к поздней постановке диагноза, либо больные наблюдаются у разных специалистов до конца дней. В то время как безглютеновая диета через полгода -год полностью устраняет все симптомы болезни[2,7].

На сегодняшний день распространенность глютеновой энтеропатии большинства стран мира оценена как составляющая приблизительно 1 : 100–1 : 250 или 0,5–1 % общей популяции [1,7]. Интересные данные о прогнозируемой, сравнительной распространенности глютеновой энтеропатии в США опубликованы Национальным институтом здоровья в 2006 году. Так, если язвенным колитом страдает 500 тыс. американцев, болезнью Крона — 500 тыс. человек, рассеянным склерозом — 333 тыс., муковисцидозом — 30 тыс., то целиакией в Америке должно быть поражено не менее 3 млн. человек. И только у 3 % больных в США на сегодняшний день заболевание диагностировано и они получают адекватное лечение. [3]

Распространенность целиакии была представлена в виде модели айсберга в 1991 году Р. Логаном. Выявленные клинически случаи заболевания условно расположены над ватерлинией, тогда как область ниже ватерлинии отражает количество случаев не диагностированной целиакии. Кроме того, существует особая область — так называемая латентная целиакия, лежащая в основании треугольника. Она отражает состояние потенциальной (генетической) предрасположенности к целиакии, которая может развиться в любой момент в ответ на различные триггерные воздействия (глютеновую нагрузку, снижение иммунитета, стрессы, перенесенную кишечную инфекцию и т.д.). Согласно концепции Р. Логана, соотношение диагностированных и не диагностированных случаев целиакии составляет 1 : 5–1 : 13. [4]

Проблема целиакии крайне актуальна еще и потому, что заболевание поражает не только тонкую кишку, но и становится причиной всевозможных функциональных расстройств и заболеваний желудочно-кишечного тракта и внекишечных органов (нервной, эндокринной, половой, костно-мышечной, психической сферы и т.д.) [1]

Проявления целиакии наблюдаются и в полости рта, как начальном участке пищеварительной системы. Однако широкой аудитории врачей стоматологов проблема целиакии известна мало. Знакомство стоматологической общественности с симптомами целиакии будет служить целям профилактики многих, ассоциированных с целиакией изменений мягких и твердых тканей зубов. [5;6]

С дефицитом витамина В12 и фолиевой кислоты связаны желтушность СО, боли и жжение языка, глоссит Хантера (появлении на дорсальной поверхности языка болезненных ярко-красных участков воспаления, распространяющихся по краям и кончику языка, часто захватывающих весь язык, высыпание афт, атрофия сосочков языка («лакированный язык»), эрозии, десквамация эпителия (губ, щек, мягкого неба, небных дужек), уменьшение количества вкусовых луковиц в эпителии языка . [5]

С нарушением всасывания кальция и фтора ассоциируется остеопороз и его проявления в виде размягчения костных тканей, нарушения закладки и минерализации зачатков молочных и постоянных зубов, задержка в прорезывании зубов, а вследствие этого – патология окклюзии и зубочелюстные деформации. Часто встречаются субкомпенсированная и декомпенсированная формы кариеса, повышение патологической стираемости и ломкости зубов, ранняя их потеря и немотивированные переломы коронок зубов и трещины эмали. . Дефицитом магния могут быть обусловлены парестезии и мышечные судороги , тетания. [7]

При целиакии повышается кровоточивость десен, воспаление и боли в нижнечелюстном суставе (артриты), отмечается снижение секреции слюнных желез, глосситы, гематомы. [6]

Т.о. эти симптомы могут указывать на глютеновую энтеропатию и являются показанием для диагностического поиска.

Цель исследования. Выявить симптомы изменений мягких и твердых тканей полости рта у детей с серологически и морфологически подтвержденной целиакией.

Материалы и методы. Из реестра больных целиакией детей кафедры детских болезней ИГМУ было детально осмотрено 44 ребенка 1- 15 лет, у которых диагноз целиакии был поставлен на основании клинических симптомов, обнаружения антител к глиадину и к тканевой трансглутаминазе, а также подтвержден при биопсии кишки. В контрольную группу вошли 46 детей такого же возраста, у которых обнаружены антитела к глиадину, но диагноз целиакии не подтвержден при морфологичеком описании биоптата СО дистального отдела 12 перстной кишки. Статистический анализ результатов проведен традиционными методами: расчет средней арифметической (M), доверительных интервалов (ДИ), Z–критерий. Использован пакет программ « MS Excel for Windows», Statistica 6.0.

Результаты исследования

Результаты осмотра полости рта (таблица 1) у детей показали, что десквамация эпителия СО губ и щек встречается у большого количества

Таблица 1
Сравнение частоты клинических признаков изменений в полости рта в зависимости от результатов морфологии биоптата кишечника (в %).

клинический признак	П=44	Группа Морфология + [95% ДИ]	П=46	Группа Морфология- [95% ДИ]	Критерий z
Глоссит Хантера	5	11,4 [3,8-22,3]	3	6,5 [1,3-15,8]	2,6**
Задержка прорезывания зубов	3	6,8 [1,3-16]	4	8,7 [2,4-18,4]	1,2
Десквамация Эпителия губ и щек	37	84,1 [72-93,3]	35	76,1 [62,9-87,2]	0,4
Хронический рецидивирующий афтозный стоматит	3	6,8 [1,3-16]	2	4,3 [0,4-12]	2,3*
Гипоплазия эмали зубов	3	6,8 [1,3-16]	2	4,3 [0,4-12]	2,3*
Переломы зубов	2	4,5 [0,4-12,5]	3	6,5 [1,3-15,3]	1,8
Множественный кариес	16	36,4 [22,2-50,6]	16	34,8 [21,0-48,6]	0,2
Бледность слизистой полости рта	22	50 [35,2-64,8]	14	30,4 [17,1-43,7]	2,3*
Боли языка	3	6,8 [1,3-16]	4	8,7 [2,4-18,4]	1,2

* - различие статистически значимо: $p<0,05$
** - различие статистически значимо: $p<0,001$

детей обеих групп -у 84,1% детей с установленным диагнозом целиакии,
но и у детей с отрицательным диагнозом-с частотой 76,1%.

У детей контрольной группы в крови были найдены антитела к глиадину, а при морфологии биоптата повышенное количество межэпителиальных лимфоцитов, расцененное как проявление энтерита. Изменение эпителия слизистой полости рта, как начального отдела пищеварительной системы, вероятно, у них может быть и этот симптом не является патогномоничным для целиакии. Бледность слизистой полости

рта обнаружена у половины детей с целиакией и у 30,4 % детей контрольной группы по причине латентного дефицита железа у тех и других. Этот признак является достоверным (p<0,05). Множественный кариес встречался с
одинаковой частотой в обеих группах у 36,4 % с целиакией и 34,8% контрольной группы (p>0,2) и этот симптом неспецифичен для целиакии и является следствием многих других причин.

Переломы зубов, запоздалое прорезывание молочных зубов обнаружены у очень небольшого количества детей- 4-8% в обеих группах. Эти симптомы не патогномоничны для целиакии. Статистически значимые различия получены нами при выявлении глоссита Хантера (болезненных ярко-красных участков воспаления на дорсальной поверхности языка). Он описан у 11,4% детей с целиакией [ДИ 3,8-22,3] и у 6,5%детей контрольной группы [ДИ 1,3-15,8] (р<0,01). Также достоверными признаками целиакии оказались такие симптомы как: хронический рецидивирующий афтозный стоматит, и гипоплазия эмали зубов (6,8% [95%1,3-16] - 4,3% [95%0,4-12] p<0,05).

Достоверные признаки для целиакии : глоссит Хантера, бледность слизистой оболочки полости рта, хронический рецидивирующий афтозный стоматит, гипоплазия эмали зубов встречались преимущественно, при манифестных клинических проявлениях целиакии. При малосимптомных вариантах (латентный) ее течения изменения мягких и твердых тканей зубов не выявлялись.

Заключение. При осмотре полости рта обнаружение таких симптомов как: бледность слизистых, глоссит Хантера, хронические рецидивирующие афтозные стоматиты, гипоплазия эмали зубов должны нацелить врача стоматолога на диагностику целиакии.

Список литературы

1. Логинов, А.С. Болезни кишечника. Руководство для врачей / А.С. Логинов, А.И. Парфенов - М.: Медицина, 2009.- 631с.
2. Ревнова, М.О. Целиакия у детей: клинические проявления, диагностика, эффективность безглютеновой диеты: автореф. дис. ... д - ра мед. наук, С-Пб., 2005. - 39 с.
3. Celiac disease / WHO-OMGE: Practice guidelines // World Gastroenterology News. — 2006. — Vol. 10, Issue 2. — Suppl. 1-8.
4. Green, P.H. Celiac disease / P.H. Green, B. Jabri // Lancet. - 2003. -P. 383-391.
5. Oral Health Status and Salivary Properties in Relation to Gluten-free diet in children with celiac disease/ E.Shteyer, T.Berson, O.Lachmanovitz et al. //J. Pediatr Gastroenterol Nutr. – 2013. - Jul; 57(1). -P.49-52.

6. Oral hygiene and periodontal treatment needs in children and adolescents with celiac disease in Greece / A. Tsami, P. Petropoulou, J. Panayiotou et al. // Eur. J. Paediatr Dent. -2010. - Sep; 11(3). - P. 122 - 126.

7. Oral signs in the diagnosis of celiac disease: review of the literature / M.R. Giuca, G. Cei, F. Gigli, P. Gandini // Minerva Stomatol. -2010. - Jan-Feb; 59(1-2). - P. 33 -43.

Медведева М.Б.
к.мед.н., доцент кафедры терапевтической стоматологии НМУ им. А.А. Богомольца, maryna.medvedeva@gmail.com

КАНДИДОЗ ПОЛОСТИ РТА: ЭТИОПАТОГЕНЕТИЧЕСКИЕ АСПЕКТЫ КОМПЛЕКСНОЙ ТЕРАПИИ

Патогенез кандидоза полости рта подчиняется общим законам патофизиологии и протекает в три стадии – альтерация, экссудация и пролиферация. Альтеративным фактором являются грибы рода *Candida* – сапрофиты слизистых оболочек и кожи с высоким уровнем носительства. Однако, особенностью возбудителя является его условная патогенность. Дрожжеподобные грибы находят в полости рта у 11-70 % здоровых людей. Известно до 80 видов грибов этого рода, из которых не более 7-12 имеют значение как возбудители кандидоза человека [1, 159]. Они вегетируют в виде безопасного сапрофита на различных участках слизистой оболочки полости рта. Увеличение их патогенных свойств, размножение в полости рта связаны со снижением резистентности макроорганизма. При этом нарушается микробное равновесие в ротовой полости, развивается дисбиоз [2, 46]. *Candida albicans* - наиболее патогенный для человека представитель рода *Candida*, обладающий наиболее выраженной адгезией к эпителиоцитам. Адгезия увеличивается при усилении и тормозится при блокировке внешнего слоя стенки грибов [3, 200]. Связываясь с поверхностью эпителиальных клеток, грибы вступают в сложные взаимоотношения с эндогенной флорой, которая обычно тормозит их адгезию к эпителиоцитам, блокируя связывание на последних или на клетках гриба [4, 1159]. Понятно, что исчезновение эндогенной флоры при введении антибиотиков или ее отсутствие у гнотобионтов способствует усилению адгезии грибов рода *Candida* [5, 848]. Таким образом, кандидоз полости рта является аутоинфекцией.

Лечение кандидозного микоза должно быть комплексным и основываться на принципах курсовой терапии больных, включая воздействие на этиологический фактор (назначение противогрибковых препаратов), устранение или ослабление выявленных патогенетических предпосылок; уменьшение состояния аллергии и аутоаллергии (гипосенсибилизация организма); повышение неспецифической иммунологической реактивности и улучшение общего состояния организма.

Общая терапия кандидоза предусматривает отмену (если позволяет состояние больного) антибиотиков, кортикостероидов, цитостатиков или их замену; лечение сопутствующих заболеваний, особенно диабета, гиперкортицизма, гипофункции яичников, ахилии и др.; диета с исключением сладостей и ограничение углеводов, богатая витаминами и белками; витаминотерапия, в первую очередь В2, В6, К2, РР, С и др. [6, 10].

Таблица 1.
Комплексная местная терапия кандидоза полости рта

Этапы лечения		Лекарственные препараты
Этиотропное лечение	1. Устранение причинного фактора, борьба с возбудителем – грибы рода Candida	1. Антимикотики: полиеновые антибиотики (нистатин, леворин, натамицин, амфотерицин В, микогептин), неполиеновые антибиотики: гризеофульвин, азолы (имидазолы, триазолы), анилиновые красители, препараты йода, бисчетвертичные аммониевые соли, производные ундециловой кислоты, тиокарбонаты, арены, пиримидины, алиламины, морфолины.
	2. Восстановление нормальной микрофлоры полости рта	2. Пробиотики (препараты лактобактерий, кишечной палочки, бифидобактерий), пребиотики (препараты лактулозы).
Патогенетическое лечение	1. Противовоспалительное действие: уменьшение отека, восстановление проницаемости тканей слизистой оболочки, нормализация микроциркуляции в очаге воспаления, гемостатический эффект	1. Нестероидные противовоспалительные препараты (обладают тремя основными свойствами: противовоспалительным, жаропонижающим и болеутоляющим): мефинаминат натрия, холина салицилат.
	2. Повышение местного иммунитета полости рта	2. Препараты лизоцима
Симптоматическое леч.	Снятие боли, дезодорирующее действие	Обволакивающие средства, анестетики (хлорбутанола гемигидрат), лимонное и анисовое масла, ментол (левоментол), эвкалиптол

Общим принципом терапии является устранение местных (непосредственно в полости рта) и общих предрасполагающих факторов и назначение антикандидозных средств. Лечение следует начинать с санации полости рта: терапия зубов и альвеолярной пиорреи, коррекция зубных протезов, удаление металлических паянных конструкций и др. Важное значение имеет гигиена полости рта, особенно у людей ослабленных и пожилых людей (больных, употребляющих антибиотики широкого спектра действия, стероидные гормоны и цитостатики). Местное лечение кандидоза направлено на устранение болевых ощущений, сухости, нарушений целостности эпителия и на освобождение полости рта от дрожжеподобных грибов. Оно состоит из следующих этапов (табл. 1).

Необходимо подчеркнуть, что сама по себе элиминация возбудителя – грибов рода Candida с помощью антимикотических препаратов не является самоцелью лечения и показателем его эффективности. Поскольку грибы рода Candida широко распространены в природе, и последующее обсеменение ими слизистой оболочки полости рта не заставит себя ждать. Поэтому, во избежание повторной инвазии очень важно восстановить нормальную микрофлору полости рта, повысить защитный потенциал слизистой оболочки полости рта и ротовой жидкости.

Важно отметить, что у носителей пластмассовых съемных протезов и ортодонтических аппаратов риск возникновения и рецидивирования кандидоза полости рта достаточно велик. Поскольку, полимерная матрица пластмассового базиса способствует адгезии к нему грибов рода Candida. Аналогичная ситуация выявлена у композитных пломб контактных поверхностей зубов, которые ввиду низкой полировки также способствуют адгезии и накоплению грибов рода Candida в биотопе интердентального пространства [7, 46]. Поэтому, таким пациентам очень важно следить за состоянием микробного равновесия полости рта.

При выборе антимикотика для местной терапии кандидоза полости рта нужно учитывать высокую способность грибов рода Candida к появлению резистентности к противогрибковым препаратам, продуцирование ими антилизоцимного фактора, образование микробных ассоциаций с другими патогенными микроорганизмами. Например, полиеновые антибиотики, воздействуя на цитоплазматическую мембрану большинства патогенных грибов, дают фунгицидный эффект в пробирочных исследованиях, но, благодаря высокой токсичности и плохой биодоступности, не всегда бывают достаточно эффективными в исследованиях на животных, а также при лечении больных [8, 356]. Особенно при тяжелой общей патологии применение полиеновых антибиотиков малорезультативно, поэтому нужны более эффективные препараты.

Снижение активности лизоцима в ротовой жидкости может иметь как первичный характер (вследствие иммунодефицита), так и вторичный -

как результат антилизоцимной активности грибов рода Candida. Последняя является признаком повышенной вирулентности возбудителя, что особенно выражено проявляется в условиях угнетения функциональной активности иммунной системы. Активизация антилизоцимной активности у грибов рода Candida, с одной стороны, и снижение "лизоцима хозяина" - с другой, способствует ослаблению резистентности слизистой оболочки полости рта и в результате приводит к хроническому течению заболевания [1, 325]. Поэтому применение препаратов лизоцима в комплексном лечении кандидоза полости рта является неотъемлемой частью патогенетической терапии.

Литература:

1. Калюжная А.Д., Мурзина Э.А. Оценка эффективности пимафуцина при кандидозе слизистых оболочек.// Лік. справа. – 1997. – № 5. – с.158-160.

2. Кушнир А.С., Андриуца В.Н., Гормалюк Е.К. Кандидоз полости рта у детей.// Здравоохранение. – 1989. – № 1. – с.45-46.

3. Douglas L.J., McCourtie J. FEMS Microbiol. Lett. – 1983. – V.16. – P.199-202.

4. Marrie T.J., Costerton J.W. – Canad. J. Microbiol. – 1981. – V.27. – P.1156-1164.

5. Liljimark W.F., Gibbons A. – Infect. a. Immun. – 1973. – V.8. – P.846-849.

6. Акилов О.Е. Современные методы лечения кандидоза.//Русский Мед.Сервер – Дерматовенерология – Современн. – 1999. – с.1 – 12.

7. Медведева М.Б., Матвійчук Н.О. Оральне кандидоносійство у практично здорових осіб молодого віку // Науковий вісник Ужгородського університету, серія «Медицина», випуск 1(43), 2012. - с.45-47.

8. Аравийский Р.А., Потылчанская О.Л. Чувствительность диморфных клеток C.albicans к полиеновым антибиотикам и их сочетание с другими биологически активными веществами.// Антибиотики и медицинская биотехнология. –1987. – № 5. – т.32. – с.354-357.

9. Волосевич Л.И.,Заболотный Д.И., Шеремет З.А. Взаимосвязь между антилизоцимной активностью дрожжеподобных грибов рода Candida и содержанием лизоцима в слюне больных кандидозом слизистой оболочки полости рта.// Реактивность и резистентность: фундамент. и приклад. вопросы: тез. докл. Всесоюз. конф. – Киев. – 1987. – с.325-326.

Долгих В.В., Абашин Н.Н., Геллер Л.Н., Скрипко А.А.
д.мед.н., профессор, ФГБУ НЦ проблем здоровья семьи и репродукции человека СО РАМН, г. Иркутск; к.мед.н., доцент, ФГБУ НЦ проблем здоровья семьи и репродукции человека СО РАМН, г. Иркутск; д.фарм.н., профессор, ГБОУ ВПО Иркутский государственный медицинский университет Минздрава России; к.фарм.н., ассистент, ГБОУ ВПО Иркутский государственный медицинский университет Минздрава России

АНАЛИЗ ПЕРВИЧНОЙ ЗАБОЛЕВАЕМОСТИ И СОСТОЯНИЕ ЗДОРОВЬЯ ПОДРОСТКОВ НА ТЕРРИТОРИИ ИРКУТСКОЙ ОБЛАСТИ

Данные об особенностях здоровья разных групп населения страны и ее отдельных регионах служат важной информационной базой для разработки и реализации мер по сохранению и укреплению общественного здоровья.

Состояние здоровья подрастающего поколения – важный показатель благополучия общества и государства, отражающий не только сложившуюся ситуацию, но и служащий прогнозом на будущее. Здоровье детского населения является не только интегральным показателем качества, но и составляет фундаментальную основу формирования потенциала здоровья взрослых членов общества. Именно поэтому общепризнанно, что на современном этапе задача охраны здоровья детей и подростков относится к числу первостепенных [1].

Основанием для проведения настоящего исследования послужила негативная динамика показателей заболеваемости подростков старшей возрастной группы (15-17 лет) как в России, так и в Иркутской области.

В ходе исследования проведен анализ показателей (по данным обращаемости) первичной заболеваемости и распространенности болезней у подросткового контингента населения (15-17 лет), проживающего в Иркутской области. Материалом для проведения контент-анализа послужили данные сводных годовых отчетных форм №12 «Сведения о числе заболеваний, зарегистрированных у больных, проживающих в районе обслуживания лечебного учреждения» по региону в динамике за 10-летний период.

В результате установлено, что в структуре первичной заболеваемости у подростков Иркутской области превалируют три основных класса патологии. На первом ранговом месте находятся болезни органов дыхания (45,9%), на втором – травмы и отравления (7,5%) и на третьем – болезни органов пищеварения (6,1%), т.е. в структуре первичной заболеваемости подростков на долю данных классов приходится 59,5% болезней. Однако, в ходе исследовании установлено, что значительно высок темп роста показателей по классам, которые не всегда занимают превалирующие ранговые позиции, таким как болезни костно-мышечной системы и соединительной ткани (класс XIII) и болезни нервной системы (класс VI).

Таблица 1. Показатели первичной заболеваемости подростков в возрасте 15-17 лет в Иркутской области по классам болезней (2001-2010 гг.)

№ п/п	Класс МКБ-10	Показатель на 1000 подростков (15-17 лет)		Показатели динамического ряда			
		2001 г.	2010 г.	Абс. прирост	Темп роста (%)	Темп прироста (%)	Абс. значение 1% прироста
1.	Болезни костно-мышечной системы и соединительной ткани (XIII)	42,5	74,9	32,4	176,2	76,2	0,4
2.	Болезни нервной системы (VI)	27,3	48,1	20,8	176,1	76,1	0,3
3.	Болезни органов пищеварения (XI)	48,5	84,2	35,7	173,6	73,6	0,5

Данные, приведенные в табл.1 свидетельствуют о возможном изменении в перспективе структуры первичной заболеваемости подростков, поскольку интенсивный прирост классов болезней, не относящимся к преобладающим в настоящее время, может в дальнейшем вывести их на ведущие позиции.

При условии сохранения сложившейся тенденции динамики показателей по классам с наибольшим темпом прироста, в ближайшие 10 лет впервые выявленная заболеваемость может возрасти для болезней костно-мышечной системы и соединительной ткани на 40,7%; болезней нервной системы на 47,4%; болезней органов пищеварения на 43,7%.

Аналогичным образом нами также проведен анализ и осуществлено прогнозирование показателей распространенности болезней. Установлено, что у подростков в Иркутской области преобладает патология органов дыхания (33,3%), на втором ранговом месте находятся болезни органов пищеварения (8,9%), на третьем - заболевания костно-мышечной системы и соединительной ткани (7,6%). В целом они в структуре показателя распространенности составляют ½ всех заболеваний (49,8%).

Как и в случае с первичной заболеваемостью, не все основные классы, характеризующие структуру распространенности болезней, имеют наибольший прирост за исследуемый период. Из преобладающих классов в структуре показателя распространенности болезней у подростков в данном случае являются болезни костно-мышечной системы, нервной системы и системы кровообращения, не являющиеся преобладающими, однако характеризующиеся наибольшим темпом прироста (табл. 2).

Таблица 2. Показатели распространенности заболеваний подростков в возрасте 15-17 лет в Иркутской области по классам болезней (2001-2010 гг.)

№ п/п	Класс МКБ-10	Показатель на 1000 подростков (15-17 лет)		Показатели динамического ряда			
		2001 г.	2010 г.	Абс. прирост	Темп роста (%)	Темп прироста (%)	Абс. значение 1% прироста
1.	Болезни костно-мышечной системы и соединительной ткани (XIII)	85,8	164,5	78,7	191,7	91,7	0,9
2.	Болезни нервной системы (VI)	69,1	127,1	58,0	183,9	83,9	0,7
3.	Болезни системы кровообращения (IX)	19,7	35,8	16,1	181,7	81,7	0,2

Как следует из табл.2, при сохраняющемся тренде в ближайшие 10 лет у подростков прогнозируется прирост болезней костно-мышечной системы и соединительной ткани на 50,2%, болезней нервной системы на 46,2%, болезней системы кровообращения на 45,5%.

Полученные данные свидетельствуют о том, что значительный прирост показателей первичной заболеваемости и распространенности болезней у подростков характеризуется классами болезней, не всегда определяющими на текущий момент их основную структуру. Данное обстоятельство в ближайшей перспективе может привести к изменению структуры как первичной заболеваемости, так и распространенности болезней.

Такая тенденция вызывает необходимость использования прогнозирования подростковой заболеваемости при разработке региональных социальных программ. Постановка и программное решение этих задач с учетом прогнозируемых тенденций обеспечат реализацию эффективной управленческой политики, направленной на результат и в конечном счете – на достижение цели укрепления и сохранения здоровья подрастающего поколения.

Литература

1. Антонова Е.В. Здоровье российских подростков 15-17 лет: состояние, тенденции и научное обоснование программы его сохранения и укрепления // Автореферат дис…докт.мед.наук, М. - 2011.- 24 с.

Акамбатова А.Х.
ГБОУ ВПО «Сургутский государственный университет ХМАО-Югры»
(г. Сургут), аспирант
БУ ХМАО-Югры «Окружная клиническая детская больница»
(г. Нижневартовск), врач функциональной диагностики
Мещеряков В.В.
ГБОУ ВПО «Сургутский государственный университет ХМАО-Югры» (г. Сургут), д.м.н., профессор, зав.кафедрой детских болезней

БОДИПЛЕТИЗМОГРАФИЯ В ОЦЕНКЕ РЕЗУЛЬТАТОВ БРОНХОДИЛАТАЦИОННОГО И БРОНХОПРОВОКАЦИОННОГО ТЕСТОВ У ДЕТЕЙ

Ключевые слова: болезни лёгких, дети, функциональные пробы, остаточный объём лёгких.

Введение. Исследование функции внешнего дыхания (ФВД) у детей является обязательным в диагностике хронических заболеваний органов дыхания [1]. При этом использование функциональных респираторных тестов значительно расширяет представление о характере и тяжести патологического процесса в лёгких: тест с бронхолитиком позволяет определить наличие и степень обратимости бронхообструкции (ОБО) и подобрать наиболее эффективный бронходилататор; бронхопровокационные тесты с медиаторами воспаления (гистамин, метахолин) и физической нагрузкой — диагностировать наличие и степень гиперреактивности бронхиального дерева (ГБД) [2]. В настоящее время все респираторные тесты стандартизированы по показателю объёма форсированного выдоха за первую его секунду (ОФВ$_1$) при осуществлении спирометрии [3]. Недостатком существующего подхода является влияние на результаты исследования такого субъективного фактора, как невозможность совершить форсированный выдох достаточной и одинаковой силы до и после применения бронхолитика или провокационного воздействия, что особенно актуально для детского возраста [1]. Это побуждает к поиску более объективных и не зависящих от указанного фактора показателей ФВД для оценки результатов респираторных тестов. Исследование функции легких методом бодиплетизмографии обладает высокой диагностической ценностью, так как позволяет оценить такие важные параметры как внутригрудной объем, бронхиальное сопротивление. Наиболее важным является определение остаточного объема легких, который является чувствительным показателем при начальных проявлениях заболеваний легких. Очень важно это с позиций определения обратимости бронхиальной обструкции и гиперреактивности бронхиального дерева. При проведении функциональных тестов установлена изменчивость остаточного объема легких, который является динамичным показателем, изменяющийся обратно пропорционально ОФВ$_1$.

Цель настоящей работы — исследовать возможность диагностики ГБД и ОБО на основе определения остаточного объёма лёгких (ОО) при осуществлении респираторного теста у детей.

Материалы и методы исследования. В исследование включены 36 детей 5–14 лет с установленной на основании современных критериев бронхиальной астмой [4], проходивших лечение в пульмонологическом отделении окружной клинической детской больницы г. Нижневартовска по поводу обострения заболевания (лёгкая персистирующая форма — 16 человек, среднетяжёлая — 16, тяжёлая — 4).

Всем детям в периоде стихающего обострения проведены исследования ФВД (спирометрия и бодиплетизмография), включая бронходилатационный (БДТ) и бронхопровокационный (БПТ) тесты. Для проведения БПТ с физической нагрузкой использовали тредмил. Перед началом теста записывали исходную спирограмму, БПТ не проводили, если исходный ОФВ$_1$ был менее 70 % от должного значения. Скорость движения дорожки и угол подъема подбирали таким образом, чтобы за 2–3 минуты пульс больного достиг 80 % максимальной для данного возраста величины. Максимальный для данного возраста пульс подсчитывали по формуле: 220 минус возраст в годах. Физическую нагрузку такой интенсивности больной продолжал в течение следующих 4 минут. После теста ФВД исследовали сразу после нагрузки, через 5, 10 и 15 минут. В случае регистрации положительного теста проводили ингаляцию сальбутамола (детям до 8 лет — 100 мкг, старше 8 лет — 200 мкг) с использованием индивидуального дозирующего ингалятора и клапанного спейсера. При осуществлении БДТ применяли указанные выше дозы сальбутамола, ФВД исследовали до и через 20 минут после ингаляции бронхолитика. БДТ и БПТ проводили в разные дни. БДТ проведён всем детям, БПТ — 14-ти из них (у кого исходный показатель бронхиальной проходимости (ОФВ$_1$пре) составлял более 70 % от среднестатистической нормы).

Всего проведено 50 функциональных проб. Анализу подвергались как показатели спирометрии (ОФВ$_1$, ФЖЕЛ), так и полученные методом бодиплетизмографии статические лёгочные объёмы (ОО — остаточный объём лёгких, ОЁЛ — общая емкость лёгких). Статистическая обработка результатов исследования проводилась методами Манна-Уитни и ранговой корреляции, порог статистической значимости принимался как $p < 0,05$ [5]. Средние показатели в группах рассчитывались по величине медианы (Ме), дисперсия показателей — по разнице между минимальным и максимальным значениями.

Результаты и их обсуждение. Сочетанное применение спирометрии и бодиплетизмографии при выполнении БДТ и БПТ позволило установить, что после применяемого воздействия (физическая нагрузка или ингаляция бронхолитика) параллельно с изменением ОФВ$_1$ меняется и ОО. Причём, эти изменения имеют разнонаправленный характер: увеличение ОФВ$_1$ при бронходилатационном тесте сопровождаются уменьшением ОО, снижение ОФВ$_1$ при тесте с физической нагрузкой — увеличением ОО. Сопоставление относительного изменения известного показателя бронхиальной проходимости (ΔОФВ$_1$) с относительным изменением ОО: ΔОО = (ООпосле — ООдо) / ООдо × 100 %, где ΔОО — относительное изменение ОО; ООдо — ОО до, ООпосле — ОО после проведения физической нагрузки или ингаляции сальбутамола методом ранговой корреляции позволило установить сильную отрицательную и статистически значимую связь между ΔОФВ$_1$ и ΔОО (r = —0,70; p = 0,001). Таким образом, достоверно установлено, что при выполнении острого респираторного теста улучшение бронхиальной проходимости сопровождается пропорциональным уменьшением ОО, её уменьшение — увеличением ОО.

В настоящее время ОО исследуется как статический показатель для характеристики типа вентиляционной недостаточности и наличия или отсутствия эмфиземы: увеличение ОО по отношению к его нормальному значению и соотношения ОО к ОЁЛ свидетельствуют о наличии эмфиземы и обструктивного типа вентиляционной недостаточности, т. е. характеризуют развитие осложнения при длительном течении хронического заболевания с бронхиальной обструкцией [3, 4]. Отношение ОО к ОЁЛ используется для диагностики гипервоздушности лёгких только при разовом исследовании и не принимается в расчёт при проведении функциональных респираторных тестов. Предпринятое нами определение ОО до и после осуществления воздействия при выполнении функциональных проб (БДТ и БПТ) позволило установить следующие закономерности:

ОО у детей является динамичным показателем, быстро реагирующим на изменение бронхиальной проходимости при проведении функциональных респираторных тестов;

ОО характеризуется не только увеличением при спонтанной или спровоцированной БПТ бронхиальной обструкции, но и уменьшается при её восстановлении под влиянием бронхолитика;

при остро проводимых функциональных респираторных тестах степень изменения ОО отражает степень изменения бронхиальной проходимости.

Выявленные закономерности позволили установить новые диагностические возможности исследования ОО путём определения его при выполнении функциональных респираторных тестов —

диагностировать ГБД при проведении БПТ и ОБО (БДТ). По результатам исследования получено положительное решение на выдачу патента РФ на изобретение от 06.09.2012 по заявке № 2011120629/14 «Способ диагностики гиперреактивности бронхиального дерева и обратимости бронхиальной обструкции у детей».

Выводы

1. Таким образом, ОО у детей является динамичным показателем, быстро реагирующим на респираторный тест, направленный на улучшение бронхиальной проходимости или провоцирующий бронхоспазм. Уменьшение ОО после ингаляции бронхолитика происходит параллельно увеличению ОФВ$_1$ и отражает степень ОБО. Увеличение ОО при выполнении БПТ происходит пропорционально степени уменьшения бронхиальной проходимости (по показателю ОФВ$_1$) и отражает наличие и степень ГБД.

2. Показатель ΔОО может служить дополнительным к ОФВ$_1$ параметром, объективизирующим результаты БДТ и БПТ у детей за счёт исключения влияния на их результаты субъективного фактора — возможности выполнения форсированного выдоха для определения показателя ОФВ$_1$ с разным усилием при первом и втором измерении.

Список литературы

1. Савельев Б. П., Ширяева И.С. Функциональные параметры системы дыхания у детей и подростков — М.: Медицина, 2001. — 232 с.

2. Применение фармакологических тестов на выявление гипервосприимчивости бронхов у детей, больных бронхиальной астмой Д. С. Коростовцев, О. Ф. Лукина, О. В. Трусова, Т. В. Куличенко. — М.: МЗ РФ, 2004. — 29 с.

3. Стандартизация легочных функциональных тестов // Пульмонология: приложение. — 1993. — 92 с.

4. Национальная программа «Бронхиальная астма у детей. Стратегия лечения и профилактика». — 4-е изд., перераб. и доп. — М.: Оригинал-макет, 2012. — 184 с.

5. Герасимов А. Н. Медицинская статистика: учебное пособие / А. Н. Герасимов. — М.: ООО «Медицинское информационное агентство», 2007. — 480 с.

Педагогические науки

Пантюхова П.В.
доц. каф. романо-германского
языкознания и межкультурной коммуникации
Северо-Кавказский федеральный университет
paulina981@yandex.ru

СИНКВЕЙН КАК ИНТЕРАКТИВНЫЙ МЕТОД ОБУЧЕНИЯ АНГЛИЙСКОМУ ЯЗЫКУ СТУДЕНТО-ЛИНГВИСТОВ

ФГОС ВПО ориентирует преподавателя на деятельностный характер образования, на овладение студентами обобщенными способами учебной, познавательной, коммуникативной, практической и творческой деятельности. Такой подход к образованию позволяет говорить о необходимости изучения преподавателем тех характеристик «ментального, субъектного и учебно-познавательного опытов студента» [1, 19], в которых проявляется их учебно-познавательная компетенция, а также создание педагогических условий, в которых она формируется [2]. Таким образом преподавателю необходимо 1) активизировать познавательную активность и самостоятельность студентов в учебном процессе; 2) создать ситуации успеха; 3) найти способов включения учебно-познавательного опыта каждого студента в учебный процесс; 4) использовать разнообразные активные и интерактивные формы и методы организации учебной деятельности студентов.

В современной педагогике накоплен богатейший арсенал интерактивных подходов. В данной статье мы остановимся более подробно на синквейне. Синквейн (от фр. Cinquains, англ. Cinquain) – пятистрочная стихотворная форма, возникшая в США в начале XX века под влиянием японской поэзии. В дальнейшем стала использоваться в дидактических целях, как эффективный метод развития образной речи, который позволяет быстро получить результат. Причем, текст стал основываться не на слоговой зависимости, а на содержательной и синтаксической заданности каждой строки. Таким образом «синквейн» стал кратким резюме на основе больших объемов информации [3].

Рассмотрим содержание строк синквейна на примере слова "Teacher" при изучении студентами тема "Choosing a Career". **Первая строка** – тема синквейна, заключает в себе одно слово – обычно существительное или местоимение, которое обозначает объект или предмет, о котором пойдет речь (Teacher). **Вторая строка** – два слова – чаще всего прилагательные или причастия, дающие описание признаков и свойств выбранного в синквейне предмета или объекта (Kind, devoted). **Третья строка** – образована тремя глаголами или деепричастиями, описывающими характерные действия объекта (Teaches, educates, helps). **Четвертая строка** – фраза из четырёх слов, выражающая личное отношение автора синквейна

к описываемому предмету или объекту (A great teacher is a great artist).
Пятая строка – одно слово-резюме, характеризующее суть предмета или объекта (Master).

Написание синквейна является формой свободного творчества, требующей от автора умения находить в информационном материале наиболее существенные элементы, делать выводы и кратко их формулировать. В связи с этим чёткое соблюдение правил написания синквейна не обязательно. Например, для улучшения текста в четвёртой строке можно использовать три или пять слов, а в пятой строке – два слова. Возможны варианты использования и других частей речи.

Существуют различные вариации для составления синквейна, способствующие разноплановому составлению заданий. Помимо самостоятельного, парного и группового, при составления нового синквейна, возможно следующие варианты:

1. Составить краткий рассказ по готовому синквейну (с использованием слов и фраз, входящих в состав синквейна), например:

Make up a monologue on the topic "Love" using the following cinquain:
1) Friendship
2) faithful, devoted.
3) To rely, to encourage, to help.
4) One of the oldest human needs is having someone to wonder where you are when you don't come home at night.
5) Loyalty

2. Скорректировать и усовершенствовать готовый синквейн, например:

Correct, improve and develop the following cinquain devoted to the topic "Home":
1) Home.
2) Warm, cosy.
3) To comfort, to protect, to save.
4. Home is not where you live, but where they understand you.
5) House

3. Проанализировать несколько синквейнов, посвященных одной проблематике, но выражающих разные или даже противоположные мнения, суждения, чувства, например:

Eg. Analyze the two following cinquains and explain the difference of perceptions and judgments presented in them.

1) Love	1) Love.
2) Impetuous, ardent.	2) Tender, calm.
3) To challenge, to thrill, to come to an end.	3) To feel, to protect, to cure.
4) The meeting of two personalities is like the contact of two chemical substances: if there is any reaction, both are transformed.	4) To love deeply in one direction makes us more loving in all others.
5) Passion	5) Gift

4. Проанализировать неполный синквейн для определения отсутствующей части, например:

Guess the topic of the following cinquain and and make up a short story basing on it. Reflect all notions and connections.

1) …
2) Rewarding, stimulating, well-paid.
3) To engage, to strain, to challenge.
4) Everybody loves some fun, back-breaking manual labor!
5. Vocation

Из приведенных ниже заданий видно, что при внешней простоте формы, синквейн – быстрый, но мощный инструмент для рефлексии, синтеза и обобщения понятий и информации. Он учит емко и осмысленно использовать понятия и определять своё отношение к рассматриваемой проблеме. Написание синквейна требует от составителя реализации практически всех его личностных способностей (интеллектуальных, творческих, образных).

Подводя итог, следует констатировать, что умение студента составлять синквейны по той или иной теме свидетельствует о высокой степени владения учебным материаллом по этой теме, в частности, является показателем того, что студент: знает содержание учебного материала темы; умеет выделять наиболее характерные особенности изучаемого явления, процесса, структуры или вещества; умеет применять полученные знания для решения новой для него задачи.

Литература

1. Забалуева А.И. Формирование учебно-познавательной компетенции студентов вуза. Дисс… к.п.н. 13.00.08 – теория и методика профессионального образования. Ставрополь 2010.
2. Ященко Н.В. Технологии как средство реализации новой образовательной парадигмы // Компетентностно-деятельностный подход в системе современного образования. – г. Барнаул – 2010.
3. http://ru.wikipedia.org/wiki/Синквейн.

УДК 373.3/.5

Смирнова М.А.
к.п.н., доцент кафедры общей физики и методики преподавания физики Сахалинского государственного университета, область научных интересов методы педагогической дидактики
ms509@mail.ru
Кошенко Т.О.
заведующая кафедрой естественно-математического образования института развития образования сахалинской области, соискатель аспирантуры Сахалинского государственного университета.
Speeen@mail.ru

СИСТЕМНО-ДЕЯТЕЛЬНОСТНЫЙ ПОДХОД К ФОРМИРОВАНИЮ ПРОЕКТНЫХ И ИСЛЕДОВАТЕЛЬСКИХ УМЕНИЙ УЧАЩИХСЯ ОБЩЕОБРАЗОВАТЕЛЬНЫХ ШКОЛ

В статье рассматриваются педагогические условия успешного формирования проектных и исследовательских умений, которые будут содействовать повышению качества обучения школьников.

Ключевые слова: формирование проектных и исследовательских умений, универсальных учебных действий, системно-деятельностный подход, ФГОС.

В соответствии с целевыми установками национальной образовательной инициативы «Наша новая школа», образовательный стандарт предусматривает формирование у школьников общеучебных умений и универсальных учебных действий. Поэтому, в результате обучения учащихся в общеобразовательной школе в соответствии с Федеральным государственным стандартом (далее ФГОС) базового и профильного уровня, включены необходимые выпускнику знания, умения и навыки, а также требования к сформированности универсальных учебных действий. Технология формирования знаний, умений и навыков, достаточно хорошо изучена научным сообществом, освоена учителями общеобразовательных школ и успешно реализуется в школьной практике. Однако, современная система образования оказалась не готова к формированию универсальных учебных действий, которое требует не только нового подхода, но и понимания того, что формирование каких именно действий учащихся приведет к выполнению социального заказа; какие методы необходимо использовать для достижения требуемых результатов образования.

Принятие новых ФГОС вынуждает учителей более активно внедрять проектные и исследовательские методы в процесс обучения. Однако отсутствие единого технологического и системного подхода к осуществлению данного процесса приводит к тому, что учитель вынужден заставлять учащихся заниматься проектной и исследовательской деятельностью, а не мотивировать ученика на данный вид деятельности.

В результате число проектных и исследовательских работ учащихся общеобразовательных школ увеличивается, но качество этих работ остается низким.

Кроме того, анализ содержания представляемых учениками работ, их выступлений на конференциях позволяет сделать вывод о том, что в большинстве случаев *деятельность учащихся, как исследовательская, не достаточно самостоятельна.* Это мнение разделяют и руководители проектных и исследовательских работ учащихся. Они отмечают, что *школьники не владеют умениями: самостоятельно выдвигать и обосновывать гипотезу, планировать свою деятельность, формулировать цель, осуществлять поиск и анализ необходимой информации, выполнять эксперимент, представлять результаты исследования, осуществлять рефлексию и грамотно выстраивать доклад.* Мы полагаем, это происходит потому, что школьники не обучены проектной и исследовательской деятельности.

Методические и дидактические основы организации проектной деятельности учащихся общеобразовательной школы широко представлены в работах Е. С. Полат, А. Н. Худина, С. Н. и др; основы развития исследовательской деятельности учащихся представлены в трудах Л. А. Казанцевой, А. В. Леонтовича и др.

Однако анализ работ указанных авторов позволил сделать вывод о том, что разработанные авторами методики направлены на формирование отдельных проектных и исследовательских умений, в то время как учащимися востребован комплекс умений для выполнения самостоятельного исследования. Не выявлены способы стимулирования и появления внутренней мотивации к исследовательской деятельности; не проявлен целостный результат участия в проектной и исследовательской деятельности в виде наличия универсальных учебных действий, не использованы возможности системно-деятельностного подхода к развитию данных видов деятельности. Применение проектных и исследовательских методов в обучении учащихся среднего и старшего звена общеобразовательной школы носят периодический, импульсивный внесистемный характер. Что также ведет к тому, что у учащихся не формируются устойчивые проектно-исследовательские умения. Это, в свою очередь, вызывает отторжение проектно-исследовательских методов обучения у учащихся и учителей. Для формирования устойчивой мотивации к участию в проектной и исследовательской деятельности необходимо, по нашему мнению, создание единого проектно-исследовательского образовательного пространства.

Проведенный анализ позволяет выявить **противоречие**: в настоящее время педагогами освоены отдельные методы формирования проектных и исследовательских умений при обучении учащихся общеобразовательных школ, но не разработана целостная модель формирования и развития проектно-исследовательских умений учащихся на уроке и во внеурочное время, основанная на системно-деятельностном подходе.

Поиск путей разрешения указанного противоречия привел к необходимости открытия областной экспериментальной площадки (ОЭП) на базе пяти школ Сахалинской области для проведения исследования по теме: «Системно-деятельностный подход к формированию проектно-исследовательских умений учащихся общеобразовательных школ в условиях введения ФГОС».

Разработка такой модели позволит, по нашему мнению, построить единое проектно-исследовательское образовательное пространство в общеобразовательной школе. А это, в свою очередь, приведет к планомерному систематизированному формированию устойчивых проектных и исследовательских умений у школьников в среднем звене, и как следствие, формирование проектных и исследовательских компетенций, как высшей формы овладения проектными и исследовательскими умениями, в старшем звене средней общеобразовательной школы.

СПИСОК ЛИТЕРАТУРЫ

1. Беспалько, В. П. Слагаемые педагогической технологии [Текст]/В. П.. Беспалько.-М.: «Педагогика»., 1989-308с.
2. Зимняя И. А. Ключевые компетенции – новая парадигма результата современного образования.//Интернет-журнал «Эйдос». – 2006. – 5 мая.
3. Кошенко, Т. О., Сакович, Л. П., Смирнова, М. А. Методика организации деятельности учащихся по разработке и презентации исследовательских проектов (Учебно-методическое пособие)/ Т. О. Кошенко, Л. П. Сакович, М. А. Смирнова.- Южно-Сахалинск: Изд-во ИРОСО., 2012. – 90 с.
4. Леонтович А. В. Основные рабочие понятия исследовательской деятельности учащихся. Проектно-исследовательская деятельность: организация, сопровождение, опыт [Текст]/ А. В. Леонтович. - М.: Просвещение, 2005. – 263 с.
5. Полат Е. С. Метод проектов – М.: Международная педагогическая академия, 1998. – 266 с.
6. Федеральный государственный образовательный стандарт основного общего образования. Приказ министерства образования и науки РФ № 1897 от 17.12.2010

7. Федеральный государственный образовательный стандарт среднего(полного) общего образования. Приказ министерства образования и науки РФ № 413 от 17.05.2012

8. Федеральный закон РФ № 273 – ФЗ от 29.12.2012 г. «Об образовании»

9. Хуторской А. В. Компетенция в образовании: опыт проектирования. Сборник научных трудов/ Под ред. А. В. Хуторского – М.: Научно-внедренческое предприятие «ИНЭК», 2007. – 327 с.

10. Хуторской А. В. Системно-деятельностный подход. – М.: «Эйдос», 2012. – 62 с.

Востриков В.А.
доцент, кандидат технических наук, Институт физической культуры и спорта Оренбургского государственного педагогического университета

ЗАДАТКИ И СПОСОБНОСТИ ЧЕЛОВЕКА КАК ФАКТОР ПРЕДРАСПОЛОЖЕННОСТИ К ЗАНЯТИЯМ СПОРТОМ

Существующие сегодня виды спорта, по большинству своих признаков отражают преимущественную направленность на развитие тех или иных физических качеств, развитие и формирование которых обеспечивает спортивный успех. Различают вилы спорта по преимущественной направленности на развитие отдельных физических качеств и виды спорта комплексного, разностороннего воздействия на организм спортсменов. Отдельно выделяют виды спорта ранее нетрадиционные для нашей страны.

Специфика видов спорта, обуславливают необходимость краткого выявления сущностных характеристик человека, его задатков и способностей, необходимых для успешной спортивной карьеры.

Безусловно, способности человека имеют индивидуальный характер, и их совокупность проявляется с позиции духовных (психических), умственных и физических (биологических) отражений.

Известно, что на развитие способностей человека оказывают влияние более 120 параметров, характеризующих соматическую, дыхательную, нервную, двигательную и другие системы организма человека.

Кроме способностей существует **задатки** - качества, благодаря которым у человека могут успешно формироваться и развиваться способности. Без соответствующих задатков способности невозможны, но задатки не всегда гарантия того, что у человека обязательно появятся хорошие способности.

Задатки даны человеку с рождения или возникают благодаря естественному развитию организма. Способности приобретаются в результате обучения. Чтобы иметь задатки, человеку не нужно принимать со своей стороны никаких усилий. Способности без активного участия человека в видах деятельности, к которым они относятся, не формируются.

Задатки, связаны с общими и специальными способностями, центральными и периферическими, сенсорными и двигательными.

К общим задаткам относятся те, которые касаются строения и функционирования организма человека в целом или его отдельных подсистем: нервной, эндокринной, сердечно-сосудистой, желудочной. К специальным относятся задатки, соотносимые с работой отделов коры головного мозга: информационного (зрительного, слухового, двигательного, обонятельного, осязательного и других) и мотивационного (сила и специфика эмоциональных процессов и потребностей организма). Центральные задатки касаются анатомо-физиологического строения ЦНС и внутренних органов человека. Периферические задатки связаны с работой периферических отделов органов чувств. Сенсорные задатки характеризуют процессы восприятия и переработки человеком информации, воспринимаемой при помощи различных органов чувств, а двигательные относятся к работе мышечного аппарата и управляющих им отделов ЦНС.

В полной мере представленные понятия, относятся и к сфере спорта, где на основе спортивного отбора, выявляются задатки и способности человека, обеспечивающие успешность спортивной карьеры.

Однако существовавшие до недавнего времени различные подходы к определению задатков и способностей человека к занятиям спортом, давали, порой, односторонние сведения и не позволяли рассматривать человека в аспекте его комплексного содержания.

Так, например, были предприняты попытки выявить и предсказать поведение и деятельность людей по их телосложению и двигательным характеристикам. Еще в 1930 г. Джюн Дауни разработала систему классификации имеющую определенный интерес для тренеров, включающую в себя пять типов личности.

1. Мобильный тип - всегда в действии, но контролирует себя, беспокойный, с избытком энергии.

2. Мобильно-агрессивный тип – активен, но с признаками враждебности, часто взрывается с большой силой.

3. Осмотрительный тип – интересуется деталями, внимательный, хорошо контролирует и продумывает свое поведение и действия.

4. Низкоуровневый тип – добродушно-веселый, не напористый, не агрессивный, не давит на окружающих, без претензий.

5. Психотический тип – высокий уровень напряженности, однообразие в двигательных шаблонах, ригидность в поведении, низкая помехоустойчивость в условиях стресса.

Обращаясь к более ранним исследованиям можно отметить, что ученые, начиная с древних греческих и римских философов, предполагали, что личность, интеллект и эмоциональная сфера человека в какой - то мере связаны с его телосложением и внешним видом.

Шелдон разработал на основе своей терминологии, представленной в работах «Типы телосложения» (1940г.) и «Типы темперамента» (1942г.) «конституциональную теорию» личности, в которой он выдвигает предположение о том, что по типу телосложения можно предсказать, какими личностными чертами обладает человек. По его мнению, крайне худой, сухощавый тип (эктоморф) скорее всего, предпочитает дистанцию, сдержанность в отношениях с другими людьми, в то время как полный человек (эндоморф) проявляет черты, обычно соответствующие стереотипу «добродушный толстяк».

Для тренеров наибольший интерес представляет вывод Шелдона о том, что индивид с развитой мускулатурой (мезоморф) также проявляет сочетание личностных черт, характеризующих его как здравомыслящего, социально открытого (активного) и экстравертированного. При этом он не всегда может управлять своим агрессивным поведением и чаще склонен к асоциальному поведению, чем полные или худощавые индивиды.

Не лишним будет остановиться на попытках объяснения поведения человека особенностями культуры и среды, в которой он находится. В этом плане интересна биосоциальная теория, выдвинутая Гардинером Мэрфи, который особо выделяет три компонента в личности:

1) физиологические тенденции, возникающие из наследственных характеристик;

2) каналы или процессы, по которым и с помощью которых социальные условия формируют поведение;

3) освоенные привычки, которые приводят к изменению концептуальных и перцептивных характеристик.

В «теории поля» Курта Левина подчеркивается значение «общего жизненного пространства (поля) индивида, его общего личного и психологического окружения, а также и его более ограниченного «внутреннего личностного пространства». В данной теории несколько меньший акцент делается на наследственных биологических тенденциях.

Не вдаваясь в дальнейшие подробности рассматриваемого вопроса, следует признать безусловную значимость каждого из подходов, но их разобщенность и рассмотрение человека с определенной стороны не предоставляет возможность комплексного его изучения.

Сегодня о предрасположенности человека к занятиям спортом следует судить на основании комплексного подхода к рассмотрению его природной сущности, что позволит определить высокую степень предрасположенности человека к тому или иному виду спорта.

Меркулова О.О.
аспирант, старший преподаватель кафедры математики
Сахалинского государственного университета

РЕГИОНАЛЬНАЯ ОСОБЕННОСТЬ МАТЕМАТИЧЕСКОЙ ПОДГОТОВКИ БАКАЛАВРОВ ЕСТЕСТВЕННЫХ НАУК: НА ПРИМЕРЕ САХАЛИНСКОГО ГОСУДАРСТВЕННОГО УНИВЕРСИТЕТА

Сахалинская область расположена на Дальнем Востоке Российской Федерации, у восточных берегов Евразийского материка. Общая площадь территории области составляет 87,1 тыс. кв. километров (остров Сахалин с прилегающими островами Монерон и Тюлений, 56 островов Курильской гряды). Недра региона богаты нефтью, природным газом, каменным и бурыми углями, черными, цветными, редкими и благородными металлами, горно-химическим и агрохимическим сырьем, биологическими ресурсами суши и окружающих морей, пресной водой, природными объектами для лечения и отдыха [1]. Согласно официальному сайту Губернатора и Правительства Сахалинской области, ведущими отраслями промышленности являются нефтегазодобывающая отрасль, угольная отрасль, рыбопромышленный комплекс и энергетика. Доминирующее положение в экономике региона занимает нефтегазовый сектор, на долю которого приходится более 80% общего объема промышленного производства. На Сахалине производится 5% от мирового объема сжиженного природного газа, который поставляется в Японию, Республику Корея, Китай, Таиланд и Мексику.

Проекты по освоению шельфовых месторождений предоставили Сахалинской области уникальную возможность развивать инфраструктуру и создавать дополнительные рабочие места [1]. Одной из сфер, обеспечивающих развитие региона, является система высшего профессионального образования. В настоящее время она представляет все уровни образования: среднее профессиональное образование, высшее образование – бакалавриат, высшее образование – специалитет, высшее образование – магистратура, подготовка кадров высшей квалификации. «Сахалинский государственный университет» – это первый и единственный в Сахалинской области полнопрофильный государственный университет классического образца. СахГУ сегодня – это 6 институтов, 4 факультета, 3 филиала и 5 колледжей. Согласно приказу Министерства образования и науки Российской Федерации от 30.12.2013 г. № 1428 СахГУ для обучения граждан по специальностям среднего профессионального образования за счет федерального бюджета в 2014 году выделено 457 мест, для обучения граждан по программам высшего образования – 591 бюджетное место.

Контрольные цифры приема граждан, обучающихся за счет бюджетных ассигнований федерального бюджета по программам бакалавриата «020000 Естественные науки», распределены следующим образом: география – 15, экология и природопользование – 20, биология – 15 [2].

В Федеральных государственных образовательных стандартах высшего профессионального образования по данным направлениям подготовки сформулированы требования к выпускникам, включающие в себя: владение культурой мышления, способностью к обобщению, анализу, восприятию информации, постановке цели и выбору путей ее достижения ОК – 1, «021000 География», «022000 Экология и природопользование»); использование в познавательной и профессиональной деятельности базовых знаний в области математики и естественных наук, применение методов математического анализа и моделирования, теоретического и экспериментального исследования (ОК – 6, «020400 Биология»); умение работать с информацией из различных источников для решения профессиональных и социальных задач (ОК – 10, «021000 География»); владение базовыми знаниями в области фундаментальных разделов математики в объеме, необходимом для владения математическим аппаратом экологических наук, для обработки информации и анализа данных по экологии и природопользованию, в географических науках, для обработки информации и анализа географических данных (ПК–1, «021000 География», «022000 Экология и природопользование») [3].

Перечисленные общекультурные и профессиональные компетенции позволяют констатировать, что студенты Естественнонаучного факультета СахГУ должны в период обучения в ВУЗе сформировать культуру мышления, в том числе и математического.

Опыт работы преподавателем в СахГУ и анализ документов, определяющих деятельность образовательных учреждений (учебных планов, программ по математике и специальным дисциплинам естественных наук, технологических карт) позволяют предложить, что **региональной особенностью обучения математике бакалавров естественных наук должна стать ориентация содержания обучения на будущую профессиональную деятельность выпускников с учетом требований, предъявляемых работодателями.** Характер обучения должен носить профессиональную направленность, для этого могут быть использованы прикладные задачи межпредметного характера, профессионально ориентированные математические задачи и математическое моделирование. Каждый раздел или тема по дисциплине «Математика» для бакалавров естественных наук должны преподноситься в тесной взаимосвязи со спецификой профессии. Каждому математическому понятию или операции необходимо придавать естественнонаучный характер, чтобы курс высшей математики для студентов экологов, биологов и географов был не просто общеобразовательным, а стал необходимым курсом в профессиональной подготовке данных специалистов. Так в разделе «Основные понятия и методы математического анализа, линейной алгебры, дискретной математики» необходима специальная интерпретация математических объектов. Изучая, например, производную и рассматривая традиционно ее геометрический и физический смысл, следует использовать понятие уклона, одного из морфометрических показателей, характеризующих общий облик рельефа. Излагая тему «Векторы», следует отметить, что векторы применяются в климатологии при рассмотрении ветровых движений и в геоморфологии, где с их помощью оценивают влияние наклона долины на степень размыва речного русла. При изучении раздела «Дифференциальное и интегральное исчисление» студентам можно предложить профессионально ориентированные математические задачи: аналитическое описание измерений очертаний профиля во времени; вычисление количества воды, проникшей в грунт; вычисление объема холма; расчеты расстояний между структурными скважинами при разведке и разработке массивных заложений. В ходе рассмотрения темы «Гармонический анализ» следует исходить из следующей посылки: природные процессы – колебания климата, уровня озёр, расхода рек, движения ледников – отличаются сложной периодичностью, обычно объясняемой периодическими колебаниями солнечной радиации. Многие исследователи анализировали их посредством гармонического анализа. Обобщённый гармонический анализ был впервые применён для построения спектральной теории рельефа, позволяющей количественно анализировать свойства рельефа и описывать его с помощью формул. Одним из ярких примеров применения «Дифференциальных уравнений», являются модели роста. Первой содержательной математической моделью можно назвать модель Лотки – Вольтерры, она описывает популяцию, состоящую из двух взаимодействующих видов: жертвы вымирают со скоростью, равной числу встреч хищников и жертв, хищники же размножаются со скоростью, пропорциональной числу съеденных жертв. Применение дифференциальных уравнений в экологии можно продемонстрировать на примере простейшей математической модели эпидемии, в которой описывается распространение инфекционного заболевания в изолированной популяции. При изучении раздела «Численные методы» можно рассмотреть уравнение адвекции и численные методы его решения, оно описывает локальные изменения некоторой скалярной величины (это может быть, например, температура или концентрация растворенных и/или взвешенных веществ), обусловленные только переносом (адвекцией) по заданным траекториям. «Статистическое оценивание» целесообразно рассматривать на примере оценки экологических рисков – это выявление и оценка вероятности наступления событий, имеющих неблагоприятные последствия для состояния окружающей среды, здоровья населения, деятельности предприятия и вызванного загрязнением окружающей среды, нарушением экологических требований, чрезвычайными ситуациями природного и техногенного характера.

В результате изучения «Математики» бакалавры смогут узнать базовые положения фундаментальных разделов математики в объеме необходимом для овладения математическим аппаратом в естественных науках, для обработки информации и анализа данных.

Литература

1. Официальный сайт Губернатора и Правительства Сахалинской области [сайт].URL: http://www.admsakhalin.ru/?id=3 (дата обращения: 18.01.2014).
2. Официальный сайт Сахалинского государственного университета: [сайт]. URL: http://www.sakhgu.ru/ (дата обращения: 18.01.2014).
3. Федеральные государственные образовательные стандарты высшего профессионального образования по направлениям подготовки бакалавриата // Министерство образования и науки РФ: [сайт]. URL: http://xn--80abucjiibhv9a.xn--p1ai/%D0%B4%D0%BE%D0%BA%D1%83%D0%BC%D0%B5%D0%BD%D1%82%D1%8B/924 (дата обращения: 18.01.2014).

Подкопаева Е. Г., Корбукова Н. А.

Подкопаева Е.Г. старший преподаватель кафедры «Физическая культура и спорт» федеральное государственное бюджетное образовательное учреждение высшего профессионального образования «Московский государственный университет пищевых производств»

Корбукова Н.А. доцент кафедры «Физическая культура и спорт», кандидат педагогических наук, федеральное государственное бюджетное образовательное учреждение высшего профессионального образования «Московский государственный университет пищевых производств»

АКТУАЛЬНОСТЬ АНТРОПОМЕТРИЧЕСКОГО ИССЛЕДОВАНИЯ У СТУДЕНТОВ БАКАЛАВРОВ ВСЕХ СПЕЦИАЛЬНОСТЕЙ

В связи с бурным ростом и развитием организма (акселерация) многие молодые люди и девушки стремятся к модному эталону. Чаще всего этот эталон не досягаем, так как анатомически специфичен. Ведь если обратить свое внимание на окружение, свою учебную группу, сотрудников, то станет ясно, что все мы очень разные. Но эталон все же существует. Этот эталон учитывает многие параметры тела и индивидуальные особенности. Как же правильно и объективно оценить свое тело? Что для этого нужно знать? Для получения объективных данных о физическом развитии студента и его уровне физического развития предлагается использовать антропометрические показатели. Антропометрические показатели дают возможность, довольно точно рассчитать индексы, указывающие на развитие тех или иных морфофункциональных качеств организма. Именно морфофункциональные качества играют важную роль в приспособлении организма к физическим нагрузкам и дают представление о развитии студента. В предлагаемом исследовании разделим показатели на три группы: соматометрические, физиометрические и стоматоскопические.

Соматометрия представляет собой совокупность методов и приемов измерения человеческого тела и их частей.Соматометрия включает в себя, определение длинны тела, диаметры окружностей и взвешивание. Предлагается наиболее часто используемые соматические показатели – рост стоя, масса тела, окружность грудной клетки. Исследуя эти три показателя, возможно вычислить индекс массы тела.

СОМАТОМЕТРИЧЕСКИЕ ПОКАЗАТЕЛИ

ВЕС. Вес тела определяют без одежды с точностью до 100 грамм, кишечник и мочевой пузырь должны быть по возможности опорожнены. Для ориентационной оценки массы тела можно использовать формулу Брока-Бругша наиболее простой роста-весовой показатель, согласно которому: рост 150-165 см. рассчитывается вычитанием 100 единиц из величины роста; рост 166-175 вычитается 105; рост 176-185 вычитается

110; рост 186- и далее вычитается 115. Соотношение веса и роста имеют еще одну оценку в индексе, предложенном Кветелом. Вес тела в граммах разделить на рост в сантиметрах. Средняя величина для мужчин колеблется в пределах 345-410 гр., для женщин 320- 385 гр. на сантиметр. Когда известны и готов расчет сравниваем полученные росто-весовые показатели по таблице 1.

РОСТ - это длина тела, которая является существенным показателем физического развития. Известно, что рост продолжается до 17 - 19 лет у юношей, 19-22 лет у девушек. При этом периоды ускоренного роста чередуются с периодами относительного замедления. Рост наиболее трудно изменяемый показатель физического развития человека студенческого возраста. В отличие от роста, масса тела поддается изменениям как в ту, так и в другую сторону благодаря регулярным физическим нагрузкам. Рост измеряется у вертикальной рейки или стены с сантиметром. Для этого нужно

плотно прижаться к вертикальной поверхности пяточными буграми, задней поверхностью бедра, ягодицами, спиной, затылком. К макушке прижать планочку, отойти и определить рост в сантиметрах по показаниям планки.

РОСТО - ВЕСОВОЙ ПОКАЗАТЕЛЬ. К сожалению даже индексы не способны быть идеалом в расчетах, ведь надо учитывать и тип телосложения, от которого зависит грудная клетка т.е. астенический - узкая грудная клетка, нормостенический - нормальная, гиперстенический - широкая грудная клетка. О чем свидетельствует таблица 1, разработанная А.А. Покровским.

ОКРУЖНОСТЬ ГРУДНОЙ КЛЕТКИ. Окружность груди с возрастом увеличивается, обычно до 20 лет у мальчиков и до 18 лет у девочек. Измеряется этот показатель физического развития в трех фазах: во время спокойного дыхания (в паузе), максимального вдоха и максимального выдоха.

При наложении измерительной ленты руки следует приподнять, затем опустить. На спине лента должна проходить под нижними угламилопаток, спереди - по нижнему краю сосковых окружков у мужчин и над грудной железой (в месте перехода кожи с грудной клетки в железу) уженщин. При измерениях обратите внимание, чтобы во время максимального вдоха не напрягались мышцы и не поднимались плечи, апри максимальном выдохе - не сутулились. Закончив измерения необходимо рассчитать ЭКСКУРСИЮ грудной клетки, то есть разницумежду величинами окружностей на вдохе и выдохе. Этот показатель зависит от развития грудной клетки, ее подвижности и типа дыхания.Величина его у молодых людей колеблется обычно в пределах 6-9 см. При занятиях циклическими упражнениями, развивающимивыносливость, таблица 1

Рекомендуемый вес для мужчин и женщин по А.А. Покровскому

Рост	Вес, кг		
	Узкая грудная	Нормальная грудная	Широкая грудная
женщины			
155	49,2	55.2	61.6
160	52.1	58.5	64.8
165	55.3	61.8	67.8
170	57.8	64.	70.0
175	60.3	66.5	72.5
180	68.9	68.9	74.9
мужчины			
160	53.5	60.0	66.0
165	57.1	63.5	69.5
170	60.5	67.8	73.8
175	65.3	71.7	77.8
180	68.9	75.2	81.3
185	72.0	78.0	86.9
190	76.5	81.6	92.0

экскурсия грудной клетки может быть значительно большей. Для сравнительной величины окружности груди у лиц до 25-летнего возраста можно воспользоваться расчетами таблицы 2.

Окружность грудной клетки у юношей и девушек в процентах от окончательной величины ее у взрослого человека

таблица 2

возраст	юноши	девушки
15	88.59	94.01
16	94.35	96.65
17	96.74	99.40
18	98.70	100.00
19	99.46	100.00
20	100.00	100.00
21-25	100.00	100.00

Для оценки пропорциональности развития грудной клетки можно использовать индекс Эрисмана.

ИНДЕКС ЭРИСМАНА - рассчитывается путем вычитания из показателя окружности груди, полученного при измерении ее в

спокойном состоянии (т.е. в паузе) величины, равной половине роста:
- Индекс Эрисмана = Обхват грудной клетки в паузе (см) – рост (см). По данным исследований, средняя величина индекса Эрисмана для взрослых мужчин колеблется от +3 до +6, для женщин от -1.5, до +2 (табл. 3).

КРЕПОСТЬ ТЕЛОСЛОЖЕНИЯ. Следующий показатель физического развития -это крепость телосложения. Зная величины своего роста, веса,окружности груди можно рассчитать по формуле Пинье показатель крепости телосложения. Он определяется как разновидность между ростом стоя исуммой веса с окружностью грудной клетки, измеренной в фазе вдоха:

ПОКАЗАТЕЛЬ ПИНЬЕ =рост (см) - вес (кг) + окружность груди в фазе вдоха(см).

Полученные величины оцениваются по следующей шкале:
- менее 10 - крепкое телосложение;
- 10-20 - хорошее телосложение;
- 21-25 - среднее телосложение;
- 26-35 - слабое телосложение;
- 36 и более - очень слабое телосложение.

Средние данные физического развития до 25 лет

таблица 3

Возраст	Рост	Вес	Окружи, грудной клетки	Индекс Эрисмана
юноши				
15	166.5	54.7	81.5	-1.75
16	173.0	61.4	86.8	+0.30
17	174.8	65.2	89.0	+1.60
18	175.6	67.8	90.8	+3.00
19	175.8	68.2	91.5	+3.60
20	176.0	69.2	92.0	+4.00
21-25	178.0	70.0	94.0	+4.60
девушки				
15	160.0	52.3	78.5	-1.25
16	162.0	54.9	80.7	-0.30
17	163.5	56.8	83.0	+1.25
18	165.4	57.3	83.5	+1.5
19	169.3	57.6	84.1	+1.5
20	170.0	57.7	84.1	+1.5
21-25	173.5	58.0	84.1	+ 1.5

Возвращаясь к измерению массы тела не лишнее напоминание, что вес необходимо измерять только на медицинских весах. Не секрет, что в последнее время процент избыточного веса увеличился в несколько раз по сравнению с предыдущим десятилетием и в связи с этим фактом возникает вопрос - нормален ли тот или иной вес? На этот вопрос ответит таблица 4, где можно реально оценить норму веса исходя из роста, пола, ширины грудной клетки.

Все рекомендуемые нормы веса не должны восприниматься как догма, возможны индивидуальные отклонения, которые не свидетельствуют о нарушении физиологической нормы.

Всегда выше вес тела у людей ширококостных, с преобладанием поперечных размеров, над продольными и с хорошо развитой мускулатурой. Таким образом, вес, превышающий расчетные величины, не всегда свидетельствует об ожирении. Простой осмотр тела порой может сказать больше.Однако не следует забывать, что на крепость телосложение влияет характер питания и двигательная активность в течении дня.Учитывая вышесказанное, так же следует обратить внимание на индекс массы тела (ИМТ). Показатели ИМТ помогают выявить проблемы с нарушением питания, заболевания сердечно-сосудистой системы и рекомендовать нужный студенту двигательный режим.ИМТ =вес в (кг) : рост (м) возведенный в квадрат.

Если ИМТ составит:
- до 25 единиц, то это норма
- 26 и до 30 единиц, это ожирение 2-3 степени
- 35 единиц, это ожирение 3 степени,влекущее за собой нарушения в здоровье – гипертонию, проблему с кожей,отдышку и т.д.Как правило ожирение у большинства студентов корректируется рациональным питанием и двигательной активностью в течение дня.

ФИЗИОМЕТРИЧЕСКИЕ ПОКАЗАТЕЛИ

Физиометрия – определение функциональных показателей. При изучении физического развития измеряют ЖЕЛ (спирометрия), мышечную силу рук, становую силу (динамометрия).Мышечная сила рук характеризует степень развития мускулатуры; измеряется ручным динамометром. Обследуемый стоит прямо, несколько отводит руку вперед и в сторону и, обхватив динамометр кистью, максимально сжимает его.

СОМАТОСКОПИЧЕСКИЕ ПОКАЗАТЕЛИ

Соматоскопия– оценка состояния опорно-двигательного аппарата : определение формы черепа, грудной клетки, ног, стоп, позвоночника, вида осанки, развития мускулатуры.

Вышеперечисленные методы позволяют выявить общую картину развития студентов бакалавров обучающихся в вузе. Предлагается индивидуальное исследование каждого студента как методико - практическое занятие, с целью выявление проблем в развитии и

Педагогические науки

здоровье.Данная методика позволяет студентам приобрести навыки в самообследовании и самоконтроле своего организма и контроле веса.

Литература

1. Корбукова Н.А., Куртев А.Н. Повышение роли физической культуры и спорта в качестве высшего профессионального образования и развитии личности студента// Научно-практический журнал «Глобальный научный потенциал»,ВАК №3(24) 2013 материалы международной научно-практической конференции, г. Санкт Петербург, изд. дом «ТМБпринт»,2013.-С.23-27
2. Корбукова Н.А., Подкопаева Е.Г. Технологии и продукты здорового питания в формировании культуры студента// Научно-практический журнал «Перспективы науки», ВАК № 3 (42) 2013, материалы V международной научно-практической конференции «Наука на рубеже тысячелетия», г. Санкт Петербург, изд. дом «ТМБпринт»,2013.-С.19-23
3. Корбукова Н.А. Интерактивные технологии и всероссийский физкультурно-спортивный комплекс в высшей школе // Научно-практический журнал «Глобальный научный потенциал», ВАК № 9 (30) 2013, материалы международной научно-практической конференции, г. Санкт Петербург, изд. дом «ТМБпринт», 2013.-С.171-172
4.Подкопаева Е.Г., Сердюков А.А., Владимироа О.В. Проблема организации самостоятельных занятий физической культурой во вне учебное время// 4-я Международная дистанционная научная конференция «Современная наука: актуальные проблемы и пути их решения» г. Липецк, 3-4 октября 2013 г.-С113-118

Podkopayeva E. G., Korbukov N. A.
Podkopayeva E.G. senior teacher of "Physical culture and sport" chair federal public budgetary educational institution of higher education "Moscow State University of food productions"
Korbukova N. A. associate professor "Physical culture and sport", candidate of pedagogical sciences, federal public budgetary educational institution of higher education "Moscow State University of food productions"

RELEVANCE OF ANTHOPOMETRICAL RESEARCH AT STUDENTS BACHELORS OF ALL SPECIALTIES

Due to the rapid growth and organism development (acceleration) many young people and girls aspire to a fashionable standard. Most often this standard not dosyagay as anatomic it is specific. After all if to pay the attention to an environment, the educational group, employees, it becomes clear that all of us very different. But the standard nevertheless exists. This standard considers many parameters of a body and specific features. How correctly and objectively to estimate the body? What for this purpose it is necessary to know? For obtaining objective data on physical development of the student and his level of physical development it is offered to use anthopometrical indicators. Anthopometrical indicators give the chance, quite precisely to calculate the indexes indicating development of these or those themorfofunktsionalnykh of qualities of an organism. Morfofunktsionalny qualities play an important role in the organism adaptation to physical activities and give an idea of development of the student. In offered research we will divide indicators into three groups: somatometrichesky, physiometric and stomatoskopichesky.

Somatometriya represents set of methods and methods of measurement of a human body and their parts. Somatometriya includes, definition bodies, diameters of circles and weighing are long. It is offered most often used somatic indicators – growth standing, the body weight, a thorax circle. Investigating these three indicators, it is possible to calculate a body weight index.

SOMATOMETRICHESKY INDICATORS

WEIGHT. Body weight determine without clothes with an accuracy of 100 grams, intestines and a bladder have to be whenever possible emptied. For an orientation assessment of body weight it is possible to use Brock-Brugsha formula the simplest of growth - a weight indicator, according to which: height of 150-165 cm pays off subtraction of 100 units fromgrowth sizes; growth 166-175 is subtracted 105; growth 176-185 is subtracted 110; growth 186-and is subtracted further 115. The ratio of weight and growth have one more assessment in the index offered by Kvetel. In grams to divide body weight into growth in centimeters. Average size for men fluctuates within 345-410 гр. for women 320 - 385 гр. on centimeter. When are known and calculation is ready is compared the received rosto-weight indicators according to table 1.

GROWTH is the length of a body which is an essential indicator of physical development. It is known that growth proceeds till 17 - 19 years at young men, 19-22 years at girls. Thus the periods of the accelerated growth alternate with the periods of relative delay. Growth most difficult changeable indicator of physical development of the person of student's age. Unlike growth, body weight gives in to changes both in that, and in other party thanks to regular physical activities. Growth is measured at a vertical lath or a wall with centimeter. For this purpose it is necessarydensely to nestle on a vertical surface calcaneal hillocks, a back surface of a hip, buttocks, a back, a nape. To the top to press a planochka, to depart and determine growth in centimeters by level indications.

GROWTH- WEIGHT INDICATOR. Unfortunately even indexes aren't capable to be an ideal in calculations, after all it is necessary to consider and type of a constitution on which the thorax i.e. asthenic - a narrow thorax, normostenicheskiya - normal depends, hyper sthenic - a wide thorax. To what table 1 developed by A.A. Pokrovsky testifies.

THORAX CIRCLE. The breast circle increases with age, usually till 20 years at boys and till 18 years at girls. This indicator of physical development is measured in three phases: during quiet breath (in a pause), the maximum breath and the maximum exhalation.

When imposing a measuring tape of a hand it is necessary to raise, then to lower. On a back the tape has to pass under bottom corners of shovels, in front - on bottom edge of mamillarokruzhok at men and over chest gland (in a place of transition of skin from a thorax in gland) at women. At measurements pay attention that during the maximum breath muscles didn't strain and shoulders didn't rise, and at the maximum exhalation - didn't stoop. Having finished measurements it is necessary to calculate thorax EXCURSION, that is a difference between sizes of circles on a breath and an exhalation. This indicator depends on development of a thorax, its mobility and breath type. Its size at young people fluctuates usually within 6-9 cm. At occupations by the cyclic exercises developing endurance,developing endurance,excursion of a thorax can be considerable the bigger.

The recommended weight for men and women according to A.A. Pokrovsky

table 1

Growth	Weight, kg		
	Narrowthorax	Normal thorax	Wide thorax
women			
155	49,2	55.2	61.6
160	52.1	58.5	64.8
165	55.3	61.8	67.8
170	57.8	64.	70.0
175	60.3	66.5	72.5
180	68.9	68.9	74.9
men			
160	53.5	60.0	66.0
165	57.1	63.5	69.5
170	60.5	67.8	73.8
175	65.3	71.7	77.8
180	68.9	75.2	81.3
185	72.0	78.0	86.9

For the comparative size of a circle of a breast at persons to 25-year age it is possible to use table 2 calculations.

Thorax circle at young men and girls percentage of its final size at the adult

table 2

age	man	girl
15	88.59	94.01
16	94.35	96.65
17	96.74	99.40
18	98.70	100.00
19	99.46	100.00
20	100.00	100.00
21-25	100.00	100.00

For an assessment of proportionality of development of a thorax it is possible to use Erisman's index.The ERISMAN INDEX - pays off by subtraction from an indicator of a circle of the breast, received at its measurement in a quiet state (i.e. in a pause) the sizes, an equal half of growth:
- Erisman's index = a thorax Grasp in a pause (cm) – growth (cm). According to researches, the average size of an index of Erisman for adult men fluctuates from +3 to +6, for women from-1.5, to +2 (tab. 3).

CONSTITUTION FORTRESS. The following indicator of physical development is a fortress of a constitution. Knowing sizes of the growth, weight, the circle of a breast can calculate an indicator of fortress of a constitution on Pinye's formula. It is defined as a version between growth standing isummy weight with a circle of the thorax measured in a phase of a breath:

PINYE'S INDICATOR = growth (cm) - the weight (kg) + a breast circle in a phase of a breath (cm).
The received sizes are estimated on the following scale:
• less than 10 - a strong constitution;
• 10-20 - good constitution;
• 21-25 - average constitution;
• 26-35 - weak constitution;
• 36 and more - very weak constitution.

Average data of physical development till 25 years

table 3

Age	Growth	Weight	Surround thorax	Index Erismana
young men				
15	166.5	54.7	81.5	-1.75
16	173.0	61.4	86.8	+0.30
17	174.8	65.2	89.0	+1.60
18	175.6	67.8	90.8	+3.00
19	175.8	68.2	91.5	+3.60
20	176.0	69.2	92.0	+4.00
21-25	178.0	70.0	94.0	+4.60
younggerl				
15	160.0	52.3	78.5	-1.25
16	162.0	54.9	80.7	-0.30
17	163.5	56.8	83.0	+1.25
18	165.4	57.3	83.5	+1.5
19	169.3	57.6	84.1	+1.5
20	170.0	57.7	84.1	+1.5
21-25	173.5	58.0	84.1	+ 1.5

Coming back to body weight measurement not an excess reminder that weight needs to be measured only on medical scales. Not the secret, what percent of excess weight increased recently several times in comparison with the last decade and in this regard the question arises the fact - whether this or that weight is normal? This question will be answered by table 4 where it is possible to estimate really norm of weight proceeding from growth, a floor, thorax width. All recommended norms of weight shouldn't be perceived as dogma, individual deviations which don't testify to violation of physiological norm are possible.

Always higher body weight at people the shirokokostnykh, with prevalence of the cross sizes, over longitudinal and with well developed muscles. Thus, the weight exceeding settlement sizes, not always testifies to obesity. Simple survey of a body sometimes can tell more. However it isn't necessary to forget that the constitution influences fortress nature of food and physical activity during the day. Considering the aforesaid as it is necessary to pay attention to the body weight index (BWI). Indicators of IMT help to reveal problems with violation of food, a disease of cardiovascular system and to recommend the motive mode necessary to the student. IMT =вес in (kg): growth (m) squared.

If IMT makes:
• to 25 units, it is norm
• 26 and to 30 units, this obesity of 2-3 degrees

• 35 units, this obesity of 3 degrees involving violations in health – a hypertension, a problem with skin, an otdyshka, etc. As a rule obesity at the majority of students is corrected by a balanced diet and physical activity during the day.

PHYSIOMETRIC INDICATORS

Fiziometriya – definition of functional indicators. When studying physical development measure ZhEL (spirometry), the muscular force of hands, stanovy force (dynamometry). The muscular force of hands characterizes extent of development of muscles; it is measured by a manual dynamometer. Surveyed costs directly, takes away a hand forward and aside a little and, having clasped a dynamometer a brush, as much as possible squeezes it.

SOMATOSKOPICHESKY INDICATORS

Somatoskopiya-assessment of a condition of the musculoskeletal device: definition of a shape of a skull, thorax, feet, feet, backbone, type of a bearing, muscles development.

Above-mentioned methods allow to reveal an overall picture of development of students of bachelors being trained in higher education institution. Individual research of each student as a technique - practical occupation, on purpose identification of problems in development and health is offered. This technique allows students to gain skills in self-inspection and self-checking of the organism and weight control.

Literature

1 .Korbukova N. A. Kurtev A.N. Increase of a role of physical culture and sport as higher education and development of the identity of the student//the Scientific and practical magazine "Global Scientific Potential", No. 3(24) 2013 VAK materials of the international scientific and practical conference, Sankt Petersburg, prod. house "ТМБпринт", 2013. - Page 23-27

2 .Korbukova N. A. Podkopayeva E.G. Technologies and products of healthy food in formation of culture of the student//the Scientific and practical magazine "Science Prospects", No. 3 (42) 2013 VAK, materials V of the international scientific and practical conference "Science at a Turn of the Millennium", Sankt Petersburg, prod. house "ТМБпринт", 2013. - Page 19-23

3 .Korbukova N. A. Interactive technologies and the All-Russian sports and sports complex at the higher school//the Scientific and practical magazine "Global Scientific Potential", No. 9 (30) 2013 VAK, materials of the international scientific and practical conference, Sankt Petersburg, prod. house "ТМБпринт", 2013. - Page 171-172

4 .Podkopayeva E.G. Serdyukov A.A. Vladimiroa O. V. Problema of the organization of independent occupations by physical culture in out of school hours//the 4th International remote scientific conference "Modern science: actual problems and ways of their decision" Lipetsk, on October 3-4, 2013 – With113-118.

Педагогические науки

Pivina LM., Maukayeva SB, Kerimkulova AS, Belikhina TI, Kuanysheva AG, Zhumadilova ZK, Batenova GB, Urazalina ZhM, Muzdubaeva ZhE, Kaskabaeva ASh., Kurumbaev RR
Semey State Medical University, Kazakhstan
Research Institute for Radiation Medicine and Ecology

INTEGRATION OF SCIENTIFIC RESULTS AND EDUCATIONAL PROCESS AS AN INSTRUMENT FOR IMPROVING THE COMPETENCE OF MEDICAL STUDENTS

The present time scientific studies have the central role in the economic development, and global safety in the state health care system. The aim of the high educational system is preparing of intellectual elite of society and formation of qualified professionals for health care system, educational and scientific systems. Competence is important quality of medical specialists.

Basic requirements for medical schools and faculties today are the unity of education, research and clinical practice. Future doctor should be prepared to systematize a large amount of information, integrate new knowledge.

Since 2012 the Semey State Medical University provides implementation of such innovative educational form as integrative clinical symposiums where students and internes can define the optimal tactic of management and treatment in the concrete real clinical situation. Preparation and conducting of symposiums are held by students under the guidance of teachers, which are the different specialists. Students represent a clinical patient's chart including the medical history, the presence of non-modifiable and modifiable risk factors, patient complaints, results of physical, laboratory and instrumental examination in dynamics, the conclusions of different consultants, methods of treating, pathogenetic features of the disease, principles of differential diagnosis with the obligatory application of theoretical knowledge to the specific clinical case. The experts are the different specialists such as medical advisers, medical teachers of clinical disciplines, pathological physiology, pathological anatomy, specialists in the field of evidence based medicine, and scientists.

In 2012 the staff of the University started implementation of scientific program "Development of scientific methods of minimization of ecological risks for the population's health status". In the framework of the program we perform the screening examination, prognosis, earl diagnostics, prevention and rehabilitation of multifactorial pathology in the offspring of the population exposed to radiation due to nuclear tests on the Semipalatinsk Nuclear Test Site. The large territories of Kazakhstan were exposed to radioactive fallout due to nuclear tests. The present time the most of people living in the ecologically unfavorable conditions are the offspring of exposed population in the II-IV generations. Particular attention should be given to persons born in the period 1949-1963 from irradiated parents, and at the same time directly exposed to radiation during air nuclear tests in utero and in early childhood. Since children are most sensitive to radiation because of physiological features and large consumption of milk, their thyroid gland was exposed to large radiation doses.

It is well known that the thyroid gland is one of the most radiosensitive organs. Cancer effects on the thyroid gland after radiation exposure are well known, however there is a little information about benign diseases associated with a change in its function. Studies conducted on populations exposed to radiation in a wide range of doses due to nuclear weapons tests, accidents at radiochemical plants and nuclear power plants, indicate an increased risk of thyroid nodules and autoimmune thyroiditis accompanied by decrease of thyroid function [1]. Thyroid exposure in small doses has no significant effect on its functional state in the early period. However, in the long-term periods it may be developed benign and malignant tumors, autoimmune thyroiditis, hypothyroidism [2].

In recent decades the increasing of thyroid gland pathology accompanied by the hypothyroidism, and its frequent combination with cardiovascular diseases in the residents of contaminated territories are the subject of interest for scientists and physicians [3]. So it was interesting for us to study the clinical case in which we could discuss the mechanisms of such comorbidity, optimal ways of its diagnosis, treatment and prevention. We invited to take part in symposium some cardiologists, endocrinologists and therapists which have experience in the studied fields. The symposium was held jointly by departments of internal medicine and internship in internal medicine.

The subject of our discussion was the woman of 62 years old born in the region with maximal dose of irradiation living in ecologically unfavorable conditions a long time. She was suffered from autoimmune thyroiditis complicated with hypothyroidism associated with hypertension complicated with heart failure. It was a difficult task for the students to define the pathogenetic mechanisms of the associated pathology, to determine the relationship of pathological processes, find optimal diagnosis and treatment measures for the patient.

To facilitate the understanding of the problem it was presented the results of the study of comorbidity of cardiovascular diseases and thyroid diseases based on thematic register of cardiovascular diseases, established in the framework of our scientific program. Total register includes 1,742 patients (72.2% females, 27.8% males). 140 offspring of exposed people were included to the group for the study of thyroid hormonal status. 56.8 % of the register members have contemporary thyroid gland pathology. In the structure of thyroid gland diseases diffuse goiter was on the first place (71.3 %), 8.5 % have manifested hypothyroiditis; 5.6 % - autoimmune thyroiditis.

Results of the study indicate that people with cardiovascular diseases living in the contaminated territories need in the complex examination with the inclusion of endocrinologist and investigation of thyroid function. This allow us to do early diagnosis and prevention of these associated diseases.

As an independent expert to discuss the results of scientific research it was invited the specialist in radiation medicine which has extensive experience of such studies. A detailed discussion of the mechanisms of development of radiation-induced somatic effects contributed a significant role in facilitating the understanding the presented problem for the students, interns and visiting doctors.

Results of feedback analysis conducted in the students and interns showed that almost 100% of them noted that applied technology of integration of scientific research methods to the learning of internal medicine is useful to develop knowledge and understanding in the field of study, research skills, critical and clinical thinking; 90 % responded that it could improve their communication skills and teamwork skills.

Thus, the integration of scientific research methods and educational process, dissemination of research results among students, interns and doctors contributes to the formation and development of professional competence, clinical skills, critical analysis and interpretation of research data in the study area in relation to a particular patient.

References:

1. Imaizumi M, Usa T, Tominaga T, Neriishi K, Akahoshi M. Radiation dose-response relationships for thyroid nodules and autoimmune thyroid diseases in Hiroshima and Nagasaki atomic bomb survivors 55-58 years after radiation exposure // JAMA. 2006 Mar 1;295(9):1011-22.

2. F López MC, T López PJ, R Montes JA, S Albero J, Subclinical hypothyroidism and cardiovascular risk factors // Nutr Hosp. -2011.- V(6):1355-62.

3. McQuade C, Skugor M, Brennan DM, Hoar B, Stevenson C, Hoogwerf BJ. Hypothyroidism and moderate subclinical hypothyroidism are associated with increased all-cause mortality independent of coronary heart disease risk factors: a PreCIS database study //Thyroid. - 2011 . – V 8. – P. 837-43.

УДК 372.8
ББК 74.26

Яхутль Е.В., Науменко О.В.
ФГБОУ ВПО «Волгоградский государственный социально-педагогический университет»
Электронная почта: Evgeniya-Yahytl@yandex.ru

ГРАФИЧЕСКОЕ МОДЕЛИРОВАНИЕ КАК СРЕДСТВО ФОРМИРОВАНИЯ УНИВЕРСАЛЬНОГО УЧЕБНОГО ДЕЙСТВИЯ «ОБОБЩЁННЫЙ СПОСОБ РЕШЕНИЯ ЗАДАЧ»

Сегодня приоритетной целью школьного образования становится формирование умения учиться, т.е. умения эффективно сотрудничать как с учителем, так и со сверстниками, умения и готовности вести диалог, искать решения, оказывать поддержку друг другу. Учащийся сам должен стать «архитектором и строителем» образовательного процесса. Достижение данной цели становится возможным благодаря формированию системы универсальных учебных действий (УУД). [4]

Под УУД понимают совокупность способов действия учащегося (а также связанных с ними навыков учебной работы), обеспечивающих самостоятельное усвоение новых знаний, формирование умений, включая организацию этого процесса. [1; 27]

В федеральных государственных стандартах начального образования (ФГОС НО), в частности, выделены УУД над которыми надлежит работать учителю начальных классов на уроках математики. [4].

В начальной школе математика, являясь основой формирования и дальнейшего развития у учащихся познавательных действий, имеет особое значение для формирования такого УУД действия как общий прием решения задач. Одновременно с этим овладение общим приёмом решения задач практически невозможно без приобретения навыка моделирования и исследования моделей реального мира.

Методисты отмечают, что работа над формированием моделирования как универсального учебного действия может осуществляться в рамках практически всех учебных предметов начальной школы, однако, уроки математики обладают наибольшим числом возможностей для формирования у младших школьников навыка моделирования.

По общераспространённому определению, моделирование – это замена действий с реальными предметами действиями с их уменьшенными образцами: моделями, муляжами, макетами, а также с их графическими заменителями: рисунками, чертежами, схемами [2; 6]. Как правило, процесс моделирования проходит поэтапно: 1-й этап – анализ текста задачи и построение модели; 2-й этап – исследование модели, решение задачи «на модели»; 3-й этап – соотнесение полученного на модели результата с текстом задачи, с реальной ситуацией.

В школе часто в роли моделей выступают не конкретные предметы, о которых идет речь в задаче, а их обобщенные заменители (например, круги, квадраты, отрезки, точки). Все модели можно разделить на схематизированные и знаковые – по видам средств, используемых для их построения. [3; 42]

Имеющийся передовой педагогический опыт использования графического моделирования при обучении младших школьников решению текстовых задач, нашедший отражение в работах Буренковой Н. В., Пичугина С.С., Новокрещеновой Л.А., Кривцовой Л.А. и др., позволил нам сделать вывод о том, что педагоги при обучении решению задач используют графические модели, но более системно это наблюдается у учителей начальной школы работающих по программам развивающего обучения математике системы Д.Б. Эльконина-В.В. Давыдова (автор – Э.И. Александрова) и методической модели «Гармония» (автор – Н.Б. Истомина).

Мы попытались определить диагностические методики выявления уровня сформированности УУД «Обобщенный способ решения задач» с использованием графического моделирования. Поиск таких методик привёл нас к необходимости адаптации апробированных ранее диагностик - диагностики универсального действия общего приема решения задач (А.Р. Лурия, Л.С. Цветковой) и методики «Нахождение схем к задачам» (А.Н. Рябинкиной) – для решения задач данного исследования. Предлагаемая нами диагностика нацелена на определение уровня сформированности УУД «Обобщенного способа решения задач» и выявление умения школьников 8-9 лет использовать в решении задачи графическое моделирование.

Младшим школьникам были предложены для индивидуального решения по 3 задачи соответствующие программному материалу, например:

1) «На одной полке стояло 8 книг, на другой полке стояло 7 книг. Сколько книг стояло на двух полках?»;

2) «Маме нужно было напечатать на компьютере 14 страниц. Она напечатала 5. Сколько еще страниц нужно напечатать маме?»;

3) «В трёхэтажном доме жили три щенка: бульдог, такса и пудель. Щенки с первого и второго этажей не были таксами. Бульдог не жил на первом этаже. Определите место проживания каждого щенка?».

Все задачи предлагаются для решения арифметическим способом. Допускаются записи плана (хода) решения, вычислений, графический анализ условия.

Критериями для оценивания выступали: умение школьников выделять смысловые единицы текста и устанавливать отношения между ними, создавать схемы решения, выстраивать последовательность операций, соотносить результат решения с исходным условием задачи.

Методика обработки результатов представлена в таблицах 1 и 2.

Таблица 1.

ФИО	Задача №1		Задача №2		Задача №3		Уровень
	решена	использ. модель	решена	использ. модель	решена	использ. модель	
Ученик 1	0	0	1	0	1	0	низкий
Ученик 2	1	0	1	1	1	0	средний
Ученик 3	1	1	1	1	1	1	высокий

При обработке работ учащихся в таблицу 1 по каждому заданию (задачи №1-3) выставляются баллы по следующему принципу: 0 баллов – не решена задача или не построена верная модель; 1 балл – решена задача или построена верная модель.

Для каждого ученика вычисляется сумма набранных им баллов на основании которой определяют уровень овладения умением решения задач с использованием моделирования:

0 – 2 – низкий – не решена ни одна задача и не использована модель для решения; построены модели к двум задачам, но сами задачи не решены; решена только одна задача с использованием модели; решены две задачи без использования моделей; решена одна задача без использования модели и построена модель к другой задаче, но задача не решена; решена одна задача или построена одна модель;

3 – 4 – средний – решены задачи верно, но не использована модель, ни к одной задаче или использована только к одной задаче; построены модели ко всем задачам, но задачи не решены или решена только одна задача; решены две задачи с использованием моделей;

5 – 6 – высокий – все три задачи решены и к ним всем использована модель; решены три задачи, но модель использована только к двум задачам; модель использована ко всем трем задачам, но решены правильно только две.

Более детальная обработка результатов диагностики показана в таблице 2, где работы учащихся анализируются с точки зрения представленности в них составляющих УУД «Обобщённый способ решения задач».

Таблица 2.

ФИО	Критерии					Итого	Уровень
	Уме-ние выделять смысловые единицы текста	умение устанавливать отношения между смысловыми единицами текста	умение создавать схемы решения	умение выстраивать последовательность операций	умение соотносить результат решения с исходным условием задачи		

Уче-ник 1	2	1	2	1	2	8	средний
Уче-ник 2	1	1	0	0	1	3	низкий
Уче-ник 3	2	2	2	2	2	10	высокий

При обработке работ учащихся в таблицу 2 по каждому умению (на основании решения текстовых задач) выставляются баллы по следующему принципу: 0 баллов – умение не выявлено; 1 балл – умение проявляется частично; 2 балла – умение ярко и полно выражено.

Для каждого ученика вычисляется сумма набранных им баллов на основании которой определяют уровень овладения школьником УУД «Обобщённый способ решения задач»:

0 – 5 – низкий – не умеет или слабо выделяет смысловые единицы текста и устанавливает отношения между ними, не всегда создает схемы решения, плохо выстраивает последовательность операций, чаще всего не соотносит результат решения с исходным условием задачи.

6 – 8 – средний – как правило, умеет выделять смысловые единицы текста и устанавливать отношения между ними, при этом не всегда создает схемы решения, хорошо выстраивает последовательность операций, но не всегда соотносит результат решения с исходным условием задачи.

9 – 10 – высокий – в подавляющем большинстве ситуаций умеет выделять смысловые единицы текста и устанавливать отношения между ними, создает схемы решения, выстраивает последовательность операций, соотносит результат решения с исходным условием задачи.

Литература:

1. Асмолов, А. Г. Как проектировать универсальные учебные действия в начальной школе. От действия к мысли. (Стандарты второго поколения.) Пособие для учителя. Москва: Просвещение, 2011.

2. Зайцева, С. А., Целищева, И. И. Моделирование простых текстовых задач / С. А. Зайцева, И. И. Целищева: – М.: Чистые пруды, 2005. – 32с. (Библиотечка «Первого сентября», серия «Начальная школа» Вып. 4).

3. Пичугин, С. С. Графическое моделирование в работе над текстовой задачей / С. С. Пичугин // Начальная школа. – 2009. – №5. – с. 41 – 45.

4. Федеральный государственный образовательный стандарт [Электронный ресурс]. – Режим доступа: /http://standart.edu.ru/

Научный руководитель – к.п.н., доцент Науменко О. В.

Киракосян М.Ж.
кандидат педагогических наук, доцент.
Калининградский институт экономики
marinakir@yahoo.com

МЕХАНИЗМЫ СОЗДАНИЯ ТЕХНОЛОГИЧНОЙ СРЕДЫ ДЛЯ ЭЛЕКТРОННОЙ ОБУЧАЮЩЕЙ ПРОГРАММЫ

Новая модель развития образования во многом связана со сменой образовательных парадигм, переносящих акценты с образовательной деятельности на самообразовательную. Самообразование как особый вид деятельности является необходимостью, которая, к сожалению, очень часто не осознается в образовательной сфере. В связи с чем актуальным является поиск механизмов способствующих самостоятельной учебной деятельности, т.к. ни один курс обучения, в частности, иностранному языку не дает обучающемуся полного владения языком, а только помогает ему преодолевать трудности в процессе приобретения знаний и их дальнейшего совершенствования.

Современный подход к организации самостоятельной работы заключается, в основном, в углублении знаний студентов по определенным вопросам и совершенствовании умений работать с источниками информации. При таком подходе возникает опасность, что представленная студентам информация может остаться на уровне воспроизведения. Переход на более высокий уровень - уровень применения знаний - требует осуществления практических действий, направленных на использование полученной информации. Только в этом случае может быть реализована одна из главных целей любого обучения - научить студента организовать свою познавательную деятельность, управлять ею и направлять ее на достижение общественно значимых целей. В связи с этим особую важность приобретает использование в иноязычной учебной деятельности компьютерных программ. Необходимость активного использования обучающих компьютерных программ сегодня диктуется тем, что они стали средством обучения, без активного использования которых невозможно повысить интенсивность учебного процесса как в аудиторной, так и внеаудиторной самостоятельной деятельности. Можно с уверенностью сказать, что развитие образования в Калининградской области РФ напрямую зависит от того, насколько широкомасштабно будут внедрены технологии электронного обучения.

На данный момент в нашем регионе весьма актуальна проблема создания качественных электронных образовательных продуктов и внедрения их в учебный процесс. Дело в том, что каждый разработчик мультимедийной обучающей программы вынужден решать одну и ту же проблему — проблему выбора или создания программной оболочки курса.

К счастью, информационные технологии быстро обновляются. Сегодня для написания обучающего продукта практически не используется метод прямого программирования. Появились новые исследования и разработки, направленные на использование преимуществ и потенциала новых информационных технологий для совершенствования и интенсификации процесса обучения. Анализ возможностей реализации электронного образовательного ресурса в настоящее время позволил прийти к выводу, что теоретически существует много способов создания своего мультимедийного продукта. И первым шагом в этом процессе становится определение этапов создания мультимедиа продукта, состоящего:

- Из постановки задачи.
- Из определения среды разработки.
- Из описания принципа работы будущего приложения, видов экранных форм (окон) этого приложения.
- Из разработки интерфейса.
- Из создания экранных форм приложения со всеми находящимися на этих формах объектами и свойствами этих объектов.
- Из тестирования и отладки программы.
- Из создания самоисполняющего файла (т.е. exe-файл)(компиляция, превращение проекта в исполняемое приложение, способное работать самостоятельно за пределами среды проектирования).

Средой для ЭОР может стать Visual Basic, содержащий набор инструментов, облегчающих и ускоряющих процесс разработки приложений. Причем процесс разработки заключается не в написании программы (программного кода), а в проектировании приложения.

Рис.(1) *Блочная схема мультимедийного учебного пособия*

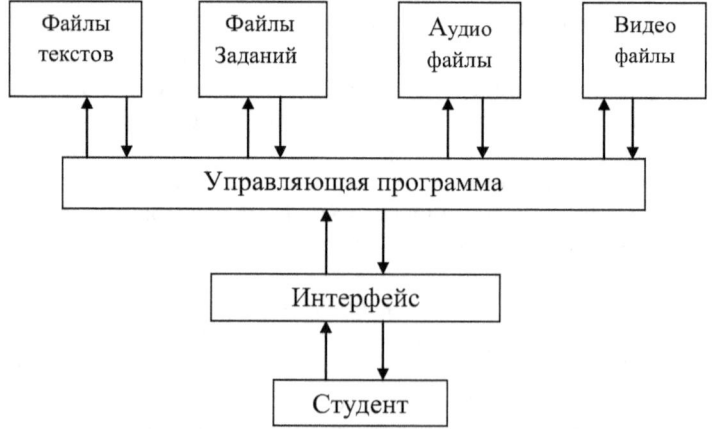

Проектирование курса включало два базовых шага: построение пользовательского интерфейса с помощью элементов (кнопка, текстовое поле, плеер и т.д.) среды; написание программного кода, который отвечает за действия (активизацию элементов), предпринимаемые в пользовательском интерфейсе

Рис. *структура интерактивного курса «Кругозор»*

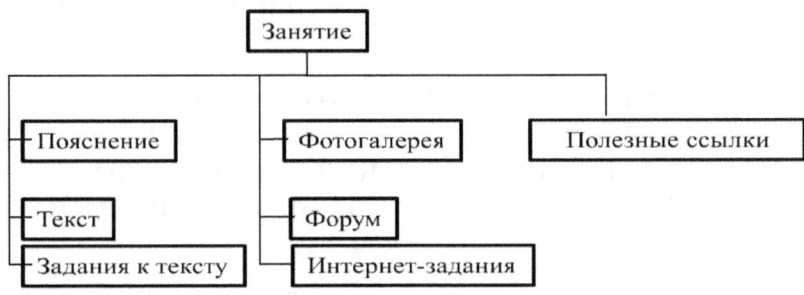

После разработки интерфейса, кнопки управления, поля и другие элементы, размещенные на пустой форме, автоматически распознают действия пользователя, такие, например, как движение мыши или щелчок ее кнопки. По существу, весь исполняемый код в программах на Visual Basic представляет собой процедуру обработки событий.

Дизайн программы разрабатывался в редакторе растровой графики Adobe Photoshop CS 5. Утилита использовалась для создания фона к урокам, дизайна элементов web-страниц, иллюстраций и символов. С ее помощью менялись основные параметры изображений, выполнялась обрезка и убирались дефекты.

Часть разделов программы создавались в среде разработки программного обеспечения Microsoft Visual Basic
Видео и аудио плееры, встраиваемые в разделы Форум и Интернет-задания для открытия соответствующих файлов, также создавались на языке программирования Visual Basic. Встраивание аудио и видео файлов в разделы *Задания к тексту* и *Фотогалерея* осуществлялось с помощью HTML -редактора Adobe Dreamweaver и технологий JavaScript.

Завершающим этапом конструирования ЭОР становится создание инсталлятора программы.

Наш выбор пал на многофункциональный инсталляционный пакет Smart Install Maker, являющийся удобным средством установки, поскольку, программа, создаваемая в данной среде, имеет небольшой размер, а сам инсталлятор поддерживает превосходный формат сжатия Cab.

Бороненко Т.А.
заведующая кафедрой информатики и вычислительной математики, доктор педагогических наук, профессор кафедры информатики и вычислительной математики АОУ ВПО «ЛГУ им. А.С. Пушкина»
tataleks@mail.ru
Федотова В.С.
кандидат педагогических наук, доцент кафедры информатики и вычислительной математики АОУ ВПО «ЛГУ им. А.С. Пушкина»
vera1983@yandex.ru

ИНФОРМАЦИОННО-МЕТОДИЧЕСКОЕ СОПРОВОЖДЕНИЕ НАУЧНО-ИССЛЕДОВАТЕЛЬСКОЙ РАБОТЫ МАГИСТРАНТОВ ПЕДАГОГИЧЕСКОГО ОБРАЗОВАНИЯ С ИСПОЛЬЗОВАНИЕМ ДИСТАНЦИОННЫХ ОБРАЗОВАТЕЛЬНЫХ ТЕХНОЛОГИЙ

В соответствии с требованиями федеральных государственных стандартов высшего профессионального образования научно-исследовательская работа является обязательным разделом основной образовательной программы магистратуры и направлена на формирование общекультурных и профессиональных компетенций. К основным видам и этапам выполнения и контроля научно-исследовательской работы обучающихся относятся планирование научно-исследовательской работы, включающее ознакомление с тематикой исследовательских работ в данной области и выбор темы исследования; проведение научно-исследовательской работы; корректировка плана выполнения научно-исследовательской работы; составление отчета по ее результатам; публичная защита выполненной работs.

Детальное рассмотрение каждого вида работ предполагает формирование у магистрантов определенной группы исследовательских умений.

Анализ психолого-педагогической литературы (И.А. Зимняя [2], Л.Б. Мингалеева [3], Г.В. Никитина [4], Н.В. Сычкова [5], А.П. Тряпицына [4], Шашенкова Е.А. [2], Н.М. Яковлева [6] и др.), посвященной исследовательским способностям и умениям, позволил нам выделить группу исследовательских умений, которые характеризуют исследовательскую компетентность [1] магистранта педагогического образования: наблюдать, интерпретировать и обрабатывать данные; критически анализировать информацию, давать ее оценку; обосновывать свои выводы теоретическими и методологическими положениями; высказывать и аргументировать свое отношение по вопросу; строить умозаключения; логически осмысливать материал, выделять в нем главное, систематизировать и классифицировать; выводить конкретное содержание из общих положений; осуществлять библиографический поиск, получать информацию по вопросу и проводить аналитический обзор, работать с научной литературой, журналами, рефератами; выявлять противоречия, видеть и формулировать проблему; ставить цель, формулировать задачи исследования, гипотезу; анализировать, соотносить и сравнивать факты, явления, концепции, точки зрения; выявлять причинно-следственные связи; определять методологические подходы; разрабатывать и проводить эксперимент; выполнять в определенной последовательности практическую часть исследования; использовать разнообразные методы эмпирического и теоретического исследования; обрабатывать результаты эксперимента; излагать ход и результат работы; составлять рекомендации по практическому применению теоретических положений и экспериментальных данных; конспектировать; подготавливать реферат, доклад, сообщение; составлять тезисы, писать статью; защищать выполненную работу в процессе выступления; вести дискуссию.

На формирование перечисленных умений и должна быть ориентирована деятельность преподавателей университета при подготовке студентов педагогических направлений.

Перспективным направлением оптимизации научно-исследовательской работы магистрантов представляется ее информационно-методическое сопровождение с использованием дистанционных образовательных технологий.

Под информационно-методическим сопровождением научно-исследовательской работы магистрантов понимается технология управления исследовательской деятельностью обучающихся, основанная на взаимодействии сопровождаемого и сопровождающего, включающая процесс постановки исследовательских задач; методическую поддержку; диагностику и контроль результатов исследовательской деятельности.

Одним из основных направлений информационно-методического сопровождения научно-исследовательской работы магистрантов является внедрение дистанционных образовательных технологий (ДОТ).

Информационно-методическое сопровождение с использование ДОТ включает в себя электронные учебно-методические комплексы дисциплин в свободном доступе (информационное наполнение научно-исследовательской работы) с постоянно обновляющимся информационным банком(электронные учебники и пособия, тестовые задания, образцы выполненных проектов), методические рекомендации и направлено на решение следующих задач: обеспечение доступности научно- и учебно-методической информации, необходимой для успешного осуществления научно-исследовательской работы; техническое обеспечение научно-исследовательской работы магистрантов; организация свободного доступа магистрантов к ресурсам Интернет; осуществление контроля и аттестации магистрантов по результатам выполнения научно-исследовательской работы.

Примером информационно-методического сопровождения научно-исследовательской работы магистрантов педагогического образования с использованием ДОТ является дистанционный ресурс «Организация исследовательской деятельности» на сервере Blackboard, включающий программу дисциплины, банк теоретических материалов по ключевым темам (Понятие и сущность исследования как вида деятельности. Место научно-исследовательской деятельности в структуре профессиональной подготовки магистра. Основные функции научного знания. Источники научной информации. Эмпирические и теоретические методы научного исследования. Особенности педагогического эксперимента как метода исследования. Изучение и обобщение педагогического опыта. Магистерская диссертация как вид научного изыскания. Выбор темы исследования и ее обоснование. Объект и предмет, цель и задачи исследования и их формулировка. Основные этапы научного исследования. Структура научной работы. Проблема научной разработанности темы, степень новизны исследования и положения, выносимые на защиту. Методы диагностики и анализа педагогической деятельности. Апробация работы и представление результатов исследовательской деятельности научному сообществу), блок практических заданий для формирования исследовательских умений, материалы для контроля динамики их формирования (тестовые материалы, задания для самостоятельной работы), рекомендации по работе с ресурсом, ссылки на полезные учебно-методические материалы.

Приведем варианты заданий исследовательского характера, представленные в рамках дистанционного образовательного ресурса:

Задание 1. Составьте обобщающую таблицу по теме «Методы научного исследования» на основе анализа рекомендованной литературы (студенту предложен перечень 3-4 источников, допустимо использовать свои).

Задание 2. Прочитайте отрывок из кандидатской диссертации И.Н. Поповой. (Магнитогорск, 2006 г.). Обратите внимание, как сформулирована актуальность данного исследования. Определите, какой прием использован автором при обосновании актуальности исследования. В качестве подсказки используйте таблицу (студенту предлагается таблица с возможными параметрами: социальная аргументация проблемы, научная аргументация проблемы, историко-аналитическое обоснование проблемы с позиции развития идеи в прошлом и настоящем, обоснование проблемы с точки зрения современной профессиональной деятельности; приведены расшифровки параметров).

Задание 3. Прочитайте автореферат кандидатской диссертации О.П. Журавлевой «Воспитание профессионально значимых качеств будущего педагога в образовательном процессе» (Красноярск, 2012 г.) Обратите внимание на структуру автореферата, из каких частей он состоит. Проанализируйте, как взаимосвязаны выявленные в работе противоречия, проблема и цель исследования. Определите, в чем состоит теоретическая значимость и научная новизна результатов исследования.

Задание 4. Сделайте подборку научных журналов по педагогике (студенту предлагается таблица для систематизированного оформления результатов поиска).

Задание 5. Подберите научную статью по теме, близкой к проблематике Вашей магистерской диссертации и проанализируйте ее: выпишите ключевые слова, представленные в этом тексте; определите, какую проблематику автор рассматривает в данном тексте; каким образом автор доказывает ее существование; что предлагает автор для решения поставленной проблемы; как доказывает правомерность выдвинутого пути решения; предложите свои пути решения выдвинутой проблемы и оцените возможные социальные и этические последствия их реализации; какая информация, представленная в этой статье, полезна для Вашего исследования; выступите оппонентом по отношению к автору статьи, напишите 2–3 критических замечания; напишите рецензию на статью.

Задание 6. Составить опорный конспект по теме «Особенности педагогического эксперимента как метода исследования». В ходе работы определить понятие «эксперимент», «педагогический эксперимент»; выявить сущность эксперимента в различных трактовках как научно-обоснованный опыт, проверка гипотезы, воспроизведение кем-то разработанной методики в новых условиях, исследовательская работа в учебном заведении по той или иной проблеме, метод познания, с помощью которого в естественных или искусственно созданных контролируемых и управляемых условиях исследуется педагогическое явление, ищется новый способ решения задачи, проблемы (А.М. Новиков), строго направленная и контролируемая педагогическая деятельность по созданию и апробации новых технологий обучения, воспитания и развития детей; назвать типологии экспериментов; указать структуру эксперимента, что входит в эксперимент, дать краткую характеристику каждому компоненту.

Предложенные задания направлены на формирование умений осуществлять библиографический поиск; работать с научной литературой; критически анализировать информацию, систематизировать и классифицировать материал; соотносить и сравнивать факты, явления, концепции, точки зрения; интерпретировать их; выводить конкретное содержание из общих положений, проводить обобщение на основе анализа собранного фактического материала.

Информационно-методическое сопровождение научно-исследовательской работы магистрантов с использованием ДОТ является навигатором для начинающего исследователя, позволяя магистранту легко ориентироваться в информационном пространстве, последовательно формировать исследовательские умения и компетенции, предусмотренные требованиями ФГОС ВПО, в то время как преподаватель получает эффективный инструмент для контроля за этой деятельностью и своевременной корректировки ее результатов.

Список литературы:

1. Бороненко Т.А., Федотова В.С. Формирование исследовательской компетентности бакалавров и магистров педагогического образования в праксиологической среде// Вестник Череповецкого государственного университета. 2013. Т. 2. № 1 (46). С. 79-82.
2. Зимняя И.А., Шашенкова Е.А. Исследовательская работа как специфический вид человеской деятельности [Текст] / И.А. Зимняя, Е.А. Шашенкова. Ижевск: Исследовательский центр проблем качества подготовки специалистов, 2001. 103 с.
3. Мингалеева Л.Б. Исследовательская деятельность студентов в среде информационных технологий [Текст] / Л.Б. Мингалеева. Набережные Челны: Изд-во Кам. гос. пед. экон. акад., 2008. 164 с.
4. Никитина Г.В., Тряпицына А.П. Развитие творческих исследовательских умений студентов: методические рекомендации на материале дисциплин естественнонаучного цикла. Л.: ЛГПИ, 1989. 59 с.
5. Сычкова Н.В. Исследовательская подготовка студентов университета [Текст]. Магнитогорск: МаГУ, 2002. 224 с.
6. Яковлева Н.М. Формирование исследовательских умений у студентов педагогического вуза [Текст]: дис. ... канд. пед. наук. Челябинск, 1977. с. 192.

Аркадьева Т.Г.
профессор, доктор филологических наук, заведующий кафедрой русского языка как иностранного РГПУ им. А.И. Герцена, kafrki@mail.ru

Васильева М.И.
доцент, кандидат педагогических наук, доцент кафедры русского языка как иностранного РГПУ им. А.И. Герцена, kafrki@mail.ru

Владимирова С.С.
доцент, кандидат исторических наук, доцент кафедры русского языка как иностранного РГПУ им. А.И. Герцена, kafrki@mail.ru

Шарри Т.Г.
доцент, кандидат педагогических наук, доцент кафедры русского языка как иностранного РГПУ им. А.И. Герцена, kafrki@mail.ru

Федотова Н.С.
доцент, кандидат филологических наук, доцент кафедры русского языка как иностранного РГПУ им. А.И. Герцена, kafrki@mail.ru

ОЦЕНКА УРОВНЯ СФОРМИРОВАННОСТИ ПРОФЕССИОНАЛЬНЫХ КОМПЕТЕНЦИЙ ИНОСТРАННОГО ВЫПУСКНИКА – БАКАЛАВРА ЛИНГВИСТИКИ

Заключительным этапом в обучении иностранных студентов в российском вузе, в частности, на факультете русского языка как иностранного Российского государственного университета им. А.И. Герцена является написание и защита выпускной квалификационной работы (ВКР) [1]. ВКР имеет своей целью определение уровней сформированности профессиональных компетенций иностранного выпускника в процессе решения им профессиональных задач на русском языке в области лингвистики. ВКР свидетельствует о качестве профессиональной подготовки и требует разработки специальных критериев оценивания этой работы, в частности, обнаружения характеристик, составляющих базу профессиональных компетенций выпускников.

В контексте современной компетентностной парадигмы профессионального образования авторским коллективом кафедры РКИ РГПУ им. А.И. Герцена разработана модель оценки качества подготовки иностранного бакалавра на этапе государственной итоговой аттестации. Данная модель включает следующие в себя структурные компоненты:

– объекты оценивания и их качественные показатели (процесс написания ВКР, подготовка ВКР к защите, защита ВКР студентом);

– субъекты оценивания (научный руководитель, рецензент, члены экзаменационной комиссии);

– требования к написанию ВКР, подготовке ВКР к защите и защиты ВКР;

– критерии оценки как оценочные средства, позволяющие установить уровни соответствия объектов оценки установленным требованиям, нормам, стандартам;

– технологии (процедуры) оценивания.

Практическая реализация общей модели оценивания качества учебных достижений студента осуществляется в течение всего периода работы над ВКР, тем самым адекватно отражая результаты обучающегося за все время обучения в вузе.

В данной статье представлен фрагмент модели, в частности, критерии, позволяющие выявить многогранность профессиональной подготовленности иностранного бакалавра, включающей кроме традиционных званий, умений и навыков некоторые профессионально значимые личностные характеристики (ценностное отношение к профессиональной деятельности, подготовленность к самостоятельной творческой деятельности, оригинальность профессиональных решений), которые в процессе оценивания рассматриваются как частные переменные. Выпускная квалификационная работа иностранного бакалавра лингвистики представляет собой законченную самостоятельную учебно-исследовательскую работу, в которой решается конкретная актуальная для лингвистики задача.

Основными задачами выполнения ВКР являются:

• закрепление, углубление теоретических знаний и практических умений студентов в области лингвистики, их применение в профессиональной деятельности;

• развитие навыков самостоятельной работы с научной и научно-методической литературой, творческой инициативы студентов-иностранцев, стремления к поиску оригинальных, нестандартных профессиональных решений;

• развитие навыков научного и стилистически грамотного изложения материала, убедительного обоснования выводов;

• выявление подготовленности студентов-иностранцев к самостоятельной творческой деятельности по избранному направлению;

• формирование ценностного отношения иностранных студентов к профессиональной деятельности;

• выявление умений иностранного выпускника применять теоретические знания для решения конкретных профессиональных задач в области лингвистики;

• систематизация и углубление теоретических и практических знаний по избранной специальности, их применение на практике;

• формирование умений ведения научной дискуссии и защиты собственной исследовательской позиции.

В результате выполнения ВКР у студента должны быть сформированы следующие компетенции: ПК-38,39,40,41,42,43,44.

ПК-38 – умеет видеть междисциплинарные связи изучаемых дисциплин и понимает их значение для будущей профессиональной деятельности.

Критерии оценки:

- знает устройство и особенности функционирования, метаязыка науки, методы изучения и описания языка, а также сферы использования теоретических достижений лингвистики (от 1 до 5 баллов);
- ориентируется в современной проблематике лингвистической науки и современных направлениях лингвистических исследований (от 1 до 5 баллов);
- обобщает результаты исследования, делает обоснованные выводы, формулирует рекомендации, логически вытекающие из содержания работы (от 1 до 5 баллов);
- владеет общелингвистической терминологией, используемой в современных работах по различным аспектам языкознания (от 1 до 5 баллов).

Данная компетенция максимально оценивается в 20 баллов, что соответствует «отлично».

2. ПК-39 – владеет основами современной информационной и библиографической культуры.

Критерии оценки:

- умеет анализировать научную, учебно-методическую литературу и периодику по проблеме исследования (от 1 до 5 баллов);
- владеет навыками работы с научной литературой по лингвистике, лингвистическими словарями и справочниками (от 1 до 5 баллов).

Данная компетенция максимально оценивается в 10 баллов, что соответствует «отлично».

3. ПК-40 – умеет выдвинуть гипотезы и последовательно развивать аргументацию в их защиту.

Критерии оценки:

- умеет четко формулировать методологические характеристики исследования (от 1 до 5 баллов);
- владеет навыками аргументации (от 1 до 5 баллов).

Данная компетенция максимально оценивается в 10 баллов, что соответствует «отлично».

4. ПК-41 – владеет стандартными методиками поиска, анализа и обработки материала исследования.

Критерии оценки:

- умеет оценивать и отбирать языковые единицы и языковые явления в зависимости от целей и задач их лингвистического анализа и описания (от 1 до 5 баллов);
- умеет обнаруживать и формулировать требующую решения научно-практическую проблему в области лингвистики (от 1 до 5 баллов);

- владеет современными технологиями поиска и извлечения лингвистической информации из различных источников (от 1 до 5 баллов).

Данная компетенция максимально оценивается в 15 баллов, что соответствует «отлично».

5. ПК-42 – обладает способностью оценить качество исследования в данной предметной области, соотнести новую информацию с уже имеющейся, логично и последовательно представить результаты собственного исследования.

Критерии оценки:

- знает основные фонетические, лексические, грамматические, словообразовательные, стилистические категории и закономерности функционирования языковых единиц (от 1 до 5 баллов);

- умеет определять цели и задачи исследования, выдвигать его гипотезу, выбирать адекватные предмету исследования методы и приемы описания языковых явлений (от 1 до 5 баллов);

- владеет навыками оформления результатов исследования в соответствии с требованиями стандарта (от 1 до 5 баллов);

Данная компетенция максимально оценивается в 15 баллов, что соответствует «отлично».

6. ПК-43 – ориентируется на рынке труда и занятости в части, касающейся своей профессиональной деятельности (обладает системой навыков экзистенциальной компетенции - изучение рынка труда, составление резюме, проведение собеседования и переговоров с потенциальным работодателем)

- умеет осуществлять межкультурный диалог в общей и профессиональных сферах общения (от 1 до 5 баллов)

- владеть технологиями поиска и извлечения профессиональной информации из различных источников (от 1 до 5 баллов);

- умеет применять теоретические знания для решения конкретных профессиональных лингвистических задач (от 1 до 5 баллов).

Данная компетенция максимально оценивается в 15 баллов, что соответствует «отлично».

7. ПК-44 – владеет навыками организации групповой и коллективной деятельности для достижения общих целей трудового коллектива

- умеет принимать оригинальные профессиональные решения (от 1 до 5 баллов);

- уметь использовать этикетные формулы в устной и письменной коммуникации (от 1 до 5 баллов);

- владеть навыками ведения дискуссии в рамках предложенной проблемы (темы) (от 1 до 5 баллов).

Данная компетенция максимально оценивается в 15 баллов, что соответствует «отлично».

Таким образом, максимальная оценка составляет 100 баллов

90-100 баллов – высокий уровень сформированных профессиональных компетенций («отлично»), 80-89 баллов – средне-высокий уровень («хорошо»), 70-79 баллов – средний уровень («удовлетворительно»), 60-69 баллов – низкий уровень («неудовлетворительно»).

Высокий уровень характеризуется следующим описанием:

Обоснована актуальность проблемы и темы ВКР, её практическая значимость. Определены объект, предмет, цель, задачи, методы исследования. Структура ВКР соответствует целям и задачам, содержание соответствует названию параграфов, части работы соразмерны. Выводы логичны, обоснованы, соответствуют целям, задачам и методам работы. Ссылки, графики, таблицы, заголовки, оглавление оформлены безупречно, работа вычитана. Студентом проявлена высокая степень самостоятельности в подборе литературы, анализе материала.

Текст ВКР и выступление выпускника в ходе защиты логичны, последовательны, грамотны, репрезентативны, соблюдаются грамматические и синтаксические особенности научного стиля.

Студент раскрыл сущность своей работы, точно ответил на вопросы, продемонстрировал умение вести научную дискуссию, отстаивать свою позицию, признавать возможные недочёты.

Средне-высокий уровень характеризуется следующим описанием:

Обоснована актуальность проблемы и темы ВКР, её практическая значимость. Определены объект, предмет, цель, задачи, методы исследования. Структура ВКР в основном соответствует целям и задачам, содержание соответствует названию параграфов, наблюдается некоторая несоразмерность частей работы. Выводы логичны, обоснованы, соответствуют целям, задачам и методам работы. Имеются отдельные нарушения в оформлении ссылок, таблиц, заголовков. Студентом проявлена высокая степень самостоятельности в подборе литературы, анализе материала.

Текст ВКР и выступление выпускника в ходе защиты не всегда логичны, последовательны, грамотны, репрезентативны, хотя в целом соблюдаются грамматические и синтаксические особенности научного стиля.

Студент раскрыл сущность своей работы, ответил на вопросы, продемонстрировал умение вести научную дискуссию, однако не всегда мог отстоять свою позицию, признать допущенные недочеты.

Средний уровень характеризуется следующим описанием:

Актуальность проблемы и темы ВКР обоснованы нечетко, её практическая значимость определена частично. Сформулированы объект, предмет, цель, задачи, однако методы исследования не указаны. Структура ВКР в основном соответствует целям и задачам, содержание не всегда соответствует названию параграфов, наблюдается несоразмерность частей работы. Выводы присутствуют не в каждой части работы. Имеются нарушения в оформлении ссылок, таблиц, заголовков. Студентом проявлена невысокая степень самостоятельности в подборе литературы, анализе материала.

Текст ВКР и выступление выпускника в ходе защиты не всегда логичны, последовательны, грамотны, репрезентативны, недостаточно соблюдаются грамматические и синтаксические особенности научного стиля.

Студент в целом раскрыл сущность своей работы, однако испытывал затруднения при ответах на вопросы и ведении научной дискуссии, не всегда мог отстоять свою позицию, признать допущенные недочеты.

Низкий уровень характеризуется следующим описанием:

Актуальность проблемы и темы ВКР не обоснованы, её практическая значимость не определена. Нечетко сформулированы объект, предмет, цель, задачи, методы исследования. Структура ВКР не соответствует целям и задачам, имеется рассогласование в содержании и названии параграфов, наблюдается несоразмерность частей работы. Выводы отсутствуют. Работа не вычитана, содержит орфографические и пунктуационные ошибки. Имеются серьезные нарушения в оформлении ссылок, таблиц, заголовков. Студент не обнаруживает самостоятельности в подборе литературы, анализ материала отсутствует.

Ответы на вопросы являются неубедительными. Студент не владеет научным стилем речи, не ориентируется в содержании ВКР.

Разработанные критерии оценки, шкала оценки и описание уровней сформированных профессиональных компетенций иностранных выпускников-бакалавров лингвистики отражают суть компетентностного подхода, обращенного на личность обучаемого, учет его личностных, деятельностных характеристик: творческой инициативы, самостоятельности, конкурентоспособности, мобильности; обеспечение возможностей для осуществления саморазвития и самореализации, личностного роста обучающегося.

Литература

1. Федеральный государственный образовательный стандарт высшего профессионального образования по направлению подготовки 035700 Лингвистика (степень бакалавр) // [URL] http://www.herzen.spb.ru/img/files/osipumu/doc/standartfgos/035700_Lingvistika_bak.pdf

Черных Н.С.
аспирант кафедры политологии Волгоградского государственного университета
Желенков А.М.
студент (бакалавр) Волгоградского государственного университета

ФОРМИРОВАНИЕ «ИННОВАЦИОННОЙ ЛИЧНОСТИ» КАК СПОСОБ ПРОФИЛАКТИКИ МОЛОДЕЖНОГО РАДИКАЛИЗМА В СОВРЕМЕННОЙ РОССИИ

Изменения, произошедшие в системе ценностей россиян после распада советской политической системы, вследствие резкого экономического спада и острого имущественного расслоения, способствовало проявлению радикализма, национальной нетерпимости и экстремизма, что нашло выражение в образовании новых общественно-политических объединений радикального толка, вовлекающих в свою деятельность молодое поколение. Необходимо отметить, что в России уже длительное время существует достаточно многочисленные группы радикально настроенной молодежи, которые обладают значительной активностью и строят свою деятельность на соответствующих идеологических основаниях. Существование данных групп, а в особенности их радикальная деятельность, может оказать существенное негативное влияние на устойчивость политической системы государства, что в свою очередь требует от общества и власти эффективных способов по профилактики радикализации молодежных общественно-политических движений в России.

Радикализм в деструктивной форме, по словам В.Ф. Пилипенко, представляет собой «спонтанную, стихийную социальную агрессию тех социальных групп и сил, которых сложившаяся социальная ситуация ставит перед проблемой самосохранения или перед угрозой потери культурной идентичности»[1]. В свою очередь внутри деструктивного радикализма можно выделить две его подформы или разновидности. Первая разновидность базируется на фанатической идеологии и представляет утопическую программу преобразования общества. Основная идея данного типа – это «фанатизм», который заключается в перестройки миропорядка по своему собственному идеалу. Вторая разновидность основана на идеологии фундаментализма. Предполагает консервацию существующих общественно-политических порядков, либо возвращения к старым образцам жизнедеятельности.

Анализируя, современные молодежные радикальные движение в России, стоит отметить, что данный феномен обладает сложной структурой. По словам А.Г Кузьмина, он «включает в себя, помимо политических партий и общественных объединений, элементы особой специфической субкультуры (например, скин-движение), религиозный идеологический компоненты»[2].На сегодняшний день, на наш взгляд, потенциальную угрозу дестабилизации политической системы могут составить различного рода скин-движения. По данным независимого информационно-аналитического центра «Сова» за 2013 г., в России насчитывается 60000–65000 скинхедов [3]. Зачастую в данные ряды приходят молодые люди, столкнувшиеся на практике с социальной неустроенностью, неудовлетворенностью в различных проявлениях. В итоге, в нашей стране складывается ситуация, когда молодежи, которая не смогла найти поддержку в решении своих проблем у государства, находит ее в рядах тех же самых скин-движениях. В данных организациях молодым людям на доступном им языке «объясняют кто виноват» в их материальном неблагополучии и социальной неустроенности, и как с этими «виноватыми» бороться. Именно такие упрощенные ответы на интересующие молодежь вопросы делают скин-движения особенно привлекательными.

Таким образом, для того, чтобы предотвратить распространение деструктивных практик поведения молодежи по средствам участия в радикальных движениях, обществу с помощью государства необходимо воспитывать у молодежной когорты такие качества как креативность, предприимчивость, способность к рефлексии и самоанализу, плюрализм мнений. По словам В.Н. Шевченко присутствие данных черт у гражданина делает его «инновационной личностью», «способной своими конкретными делами оказывать реальное воздействие на ход и направление практического развития той или иной сферы общественной жизни».[5,39]

На государственном уровне вопрос формирования «инновационной личности» был затронут в «Стратегии инновационного развития Российской Федерации на период до 2020 года». Необходимо отметить тот факт, что целый раздел Стратегии, наряду с такими как «Инновационный бизнес», «Содействие инновационному развитию секторов экономики», «Государственные закупки» и т.д. освещает проблему необходимости формирования «инновационной личности». В документе под ней понимают гражданина, который «должен стать адаптивным к постоянным изменениям: в собственной жизни, в экономическом развитии, в развитии науки и технологий, – активным инициатором и производителем этих изменений»[4]. При этом указаны компетенции, которым необходимо, соответствовать данному типу личности: способность к критическому мышлению; способность к непрерывному образованию, постоянному совершенствованию, переобучение и самообучение, профессиональная мобильность, стремление к новому; способность и готовность к разумному риску, креативность и предприимчивость, умение работать самостоятельно, готовность к работе в команде и высококонкурентной среде; владение иностранными языками, предлагающее способность к свободному бытовому и профессиональному общению.

Однако для реализации инновационного потенциала личности с целью предупреждения радикадьных настроений у молодежи, государству и обществу потребуется решения таких задач как разработка стратегии по воспитанию компонентов «инновационной личности»; внедрение конкретных технологий по обучению инновационным качествам; формирование методик выявления индивидуальных особенностей личности склонных к инновационной деятельности; популяризация инновационной активности среди населения. Эффективное решение данных задач позволит молодежи быстрее адаптироваться к меняющимся реалиям, четко сформировать свою гражданскую позицию, тем самым значительно снизить уровень деструктивного поведения.

Литература:

1. Безопасность: теория, парадигма, концепция, культура. Словарь – справочник / Автор-сост. профессор В. Ф. Пилипенко - URL: http://slovari. yandex. ru/ экстремизм/Безопасность/Экстремизм/ (дата обращения 16.01.2014)
2. Кузьмин А.Г. Праворадикальное движение в современной России: особенности идеологии и перспективы развития - URL: http://www.politex.info/content/view/325/ (дата обращения 18.01.2014).
3. Расизм и ксенофобия в России. Итоги ноября 2013 - URL: http://www.sova-center.ru/racism-xenophobia/publications/2013/12/d28541/ (дата обращения 18.01.2014).
4. Стратегия инновационного развития 2020 мнение экспертов - URL: www.rg.ru/pril/63/14/41/2227_strategiia.doc (дата обращения 25.12.2013).
5. Шевченко В.Н. Инновационная личность как социальный тип // Научные ведомости БелГУ. Серия: Философия. Социология. Право, № 11, 2010, с. 37-51.

Примечание:

Работа выполнена при финансовой поддержке РГНФ, проект № 14-33-01202.

Лукьянов В.Ю.
доцент, кандидат исторических наук, доцент кафедры Всемирной истории Санкт-Петербургского национального университета информационных технологий механики и оптики

ООН В ПОСТБИПОЛЯРНУЮ ЭПОХУ (ПРОБЛЕМЫ РЕФОРМИРОВАНИЯ)

События конца 20 века ознаменовались глобальными изменениями в системе международных отношений — распадом СССР и крахом биполярной модели, превращением США — единственной оставшейся сверхдержавы в мирового политического лидера. В этих условиях роль и значение ООН как главной международной структуры, обеспечивающей стабильность системы международных отношений многократно увеличилось.

Работа ООН в новых условиях началась с достаточно сложного испытания - необходимости отреагировать на агрессию Ирака против Кувейта, имевшую место в 1990 году. Вкратце напомним, что причиной агрессии было желание Ирака захватить богатейшую нефтедобывающую страну. В качестве предлога для вторжения Ирак использовал устроенный кувейтскими офицерами мятеж и создание ими «Временного правительства свободного Ирака», которое немедленно обратилось к лидеру Ирака Саддаму Хуссейну с просьбой о присоединении Кувейта к Ираку. Под предлогом оказания помощи «братскому народу Кувейта» иракская армия за несколько дней оккупировала Кувейт.

На первый взгляд, ООН, точнее, ее главная структура - Совет Безопасности это испытание выдержала. Государства Совета Безопасности единогласно, при одном воздержавшемся (Китай) приняли резолюцию о признании Ирака государством — агрессором, применили против него политические и экономические саанкции, а впоследвиии приняли решение о создании коалиции из 29 стран во главе с США, для проведения военной операции по освобождению Кувейта. Операция, вошедшая в историю под названием «Буря в пустыне» закончилась освобождением Кувейта от иракской оккупации.

На первый взгляд, согласованная деятельность государств — членов Совета Безопасности свидетельствовала о принципиальном изменении ситуации в мире в пост биполярную эпоху, о начале возрождения ООН как инструмента поддержания мира, о том, что период противостояния в Совете Безопасности великих держав — СССР и США, характерный для эпохи «холодной войны», использования ими Совета Безопасности и ООН в целом как инструмента достижения своих политических целей ушел в прошлое.

Однако солидарная позиция, занятая государствами членами Совета Безопасности в кувейтском вопросе объяснялось не только, а возможно и не столько чувством ответственности за сохранение мира и стремлением покарать агрессора, сколько более прагматичными вещами. Прежде всего, в освобождении Кувейта были кровно заинтересованы США, которые стремились сохранить и расширить контроль над важным с политической и экономической точек зрения регионом мира — Ближним Востоком вообще и обладающей богатейшими запасами нефти страной этого региона — Кувейтом в частности. Предельно четко отношение США к делам Ближнего Востока сформулировал видный американский политолог и госудасртвенный деятель З. Бжезинский. «Доступ к нефтяным запасам Персидского залива, где сосредоточено две трети разведанных мировых запасов нефти является главной ставкой в Юго-Западной Азии». [9].

Что же касается позиции других стран-постоянных членов Совета Безопасности, то она в силу опреденных причин сопадала с позицией США. СССР был главным оппонентом США и традиционно поддерживал все антиамериканские силы на Ближнем Востоке, а Ирак в момент кризиса вообще входил в число ближайших союзников СССР. Однако СССР в 1990 году находился в состоянии глубочайшего кризиса, практически разваливался, прекращая свое существование. В этой ситуации советское руководство просто не имело сил для того, чтобы противостоять США в Совете Безопасности. Это хорошо осознавала американская сторона, которую мнение советской стороны в иракском вопросе вообще мало интересовало.[1,232]Два других постоянных члена Совета — Англия и Франция в тот момент были союзниками США и не были заинтересованы в том чтобы им противостоять.

Дальнейшие события подтвердили, что согласованные действия Совета Безопасности в период событий в Кувейте в 1990- 1991 годах были не более чем эпизодом. Надежды на превращение ООН в орган, эффективно координирующий и руководящий системой международных отношений, обеспечивающий сохранение мира, не оправдались. Развитие ситуации в период 1990-х 2000-х годов показало, что ООН сталкивается с теми же проблемами, что и в эпоху «холодной войны». Прежде всего — это все та же тенденция к использованию государствами мира, в первую очередь сверхдержавами вооруженной силы без согласия Совета Безопасности, фактическое игнорирование ООН. Наиболее яркие и резонансные случаи - бомбардировка Белграда авиацией НАТО в 1999 году и военная операция России против Грузии в 2008 году. Примечательно, что в названных случаях государства, использовавшие военную силу без согласия Совета Безопасности, мотивировали это теми же аргументами, что и в эпоху «холодной войны» - необходимостью защиты соотечественников, «демократических ценностей», правом на самооборону и т. д. Например, обосновывая правомерность ввода войск

России в Южную Осетию президент России Д.А. Медведев 26 августа 2008 года заявил, что «действия грузинской стороны привели к человеческим жертвам, в том числе среди российских миротворцев... Именно Россия остановила истребление абхазского и осетинского народов». [2,27]Что же касается США, то они в период 1990-х 2000-х годов пошли еще дальше, сформулировав свое право на вмешательство во внутренние дела других стран как официальную внешнеполитическую доктрину в виде так называемой концепции «демократических транзитов», предусматривающей максимально возможное расширение демократического пространства, то есть создание как можно большего числа государств с демократической формой правления и концепцией «гуманитарного вмешательства», допускающей вмешательство США в дела других государств под предлогом защиты прав человека и этнических меньшинств.[3, 38] То есть, здесь мы видим ни что иное, как принятое на официальном уровне право США определять ход развития международных отношений, игнорируя ООН.

Осталась и другая важнейшая проблема, актуальная в период «холодной войны» - злопотребление государствами — постоянными членами Совета Безолпасности правом «вето». В годы «холодной войны», противостояния СССР и США сверхдержавы, борясь друг с другом, активно использовали так называемое право «вето». Суть право «вето» заключалось в том, что любое государство, являющееся постоянным членом Совета Безопасности ООН — то есть Россия, США, Англия, Франция или Китай может, проголосовав против принимаемого решения, блокировать его принятие. Этой возможностью активно пользовались великие державы — прежде всего СССР и США в эпоху «холодной войны».

Сегодня можно наблюдать ту же тенденцию. Наиболее яркий пример — события вокруг Сирии, ставшие «камнем преткновения» в отношениях США и европейских государств с одной стороны — России и Китая с другой. Напомним вкратце, что сутью событий в Сирии стало начавшееся в 2011 г. вооруженное противостояние между президентом страны Башаром Асадом и сирийской оппозицией. На сегодняшний день события в Сирии переросли по сути дела в масштабную гражданскую войну. Все попытки США и европейских государств — Франции, Англии и Германии добиться решения Совета Безопасности о применении санкций против режима Башара Асада, который США и их союзники считают диктаторским и антинародным наталкиваются на противодействие сразу двух членов Совета Безопасности — России и Китая, последовательно блокирующие усилия США и их европейских союзников использованием права «вето». Россия и Китай накладывали «вето» на проект соответствующего решения Совета Безопасности дважды — в октябре 2011 и феврале 2012 годов.

По мнению официальных представителей России и Китая, насилие в Сирии должно быть прекращено через политический диалог противостоящих сторон — то есть президента Асада и оппозиции. [6;8]По словам президента России Д.А. Медведева «Россия готова поддержать резолюцию Совета Безопасности ООН в том случае, если она будет адресована обоим сторонам конфликта и не повлечет применения санкций». [4]

А министр иностранных дел России С.А. Лавров пошел еще дальше, заявив о том, что «Резолюция, о которой говорят наши западные партнеры ... замышляется ими исключительно с одной целью: обострить ситуацию и создать условия для смены режима». [5]

Попробуем подвести итог развития ООН в постбиполярную эпоху. Обобщая можно сказать, что в период 1990-х — 2010-х годов, то есть в годы, пследовавшие после распада СССР и краха биполярности, ООН сохранила, по сути дела, те же проблемы, что и в эпоху «холодной войны». Важнейшую проблему, стоящую перед ООН можно определить как недостаточную эффективность ООН в решении главной задачи, ради которой она была создана — сохранение мира, недопущение агресии. Государства мира, в первую очередь входящие в Совет Безопасности великие державы, по прежнему игнорируют Совет Безопасности, осуществляя вмешательство, (вплоть до военной агрессии) в дела других стран в одностороннем порядке, без соответствующей санкции Совета. С другой стороны, входящие в Совет безопасности державы так же как и в годы «холодной войны» злоупотребляют правом «вето», действуя по принципу «двойных стандартов». Право «вето» зачастую используется великими державами избирательно, исключительно в корыстных соображениях, ради собственной выгоды, но не ради сохранения мира.

Вывод, который можно сделать — ООН нуждается в серьезном реформировании. Прежде всего, нуждается в реформировании Совет Безопасности, как главная структура в рамках ООН. Многие эксперты и государственно-политические деятели солидарны в том, что реформа должна проходить в двух направлениях — отмена или как минимум корректировка принципа «вето» и расширение числа постоянных членов Совета. Так в марте 2005 года Генеральный секретарь ООН Кофи Анан предложил расширить Совета до 24 членов, и, самое главное — увеличить число постоянных членов Совета с 5 до 10, включив в их число Японию, Бразилию, Индию, Германию(так называемая четверка - G4) и одну из стран Африки.[7]Подобное расширение с целью улучшения работы Совбеза, повышения ее эффективности, более адекватного отражения позиции мирового сообщества представляется необходимым.

В пересмотре нуждается и принцип «вето». Выше уже был определен главный недостаток принципа - его использование в корыстных, эгоистических интересах кем либо из стран постоянных членов Совета, результатом чего становиться блокирование его работы. Очевидно, что и здесь необходим либо переход от принципа единогласного принятия решений к принципу принятия решений большинством голосов, либо некий компромиссный вариант — например, ограничение применение права «вето» строго определенным кругом международных проблем.

Литература и источники

1. Бешлосс М.Р. Толбот С. На самом высоком уровне. Закулисная история окончания «холодной войны». Пер. С англ. М., 1994.

2. Захаров А.А. Арешев А.Г. Кавказ после 08.080.08. Старые игроки в новой расстановке сил. М.: 2010.

3. Лэйк Э. Новая стратегия США: от «сдерживания» к «расширению». // США: экономика, политика, идеология. 1994, №3.

4. Возмущенные словами Медведева сирийцы жгут флаги России. Сегодня.Ua 14.09.2011.http:|www.segodnya.ua| (дата обращения 11.12.2013)

5. Запад пытается обострить ситуацию, чтобы сменить режим в Сирии — Лавров. Интерфакс. 05.11.2012 http://www.interfax.ru/news.asp (дата обращения 11.12.2013)

6. Клинтон: России и Китаю придеться объясниться перед народом Сирии. Росбалт.Ru , 06/10/2011.http://www.rosbalt.ru/main/allnews (дата обращения 11.12.2013)

7. При большей свободе: к развитию, безопасности и правам человека для всех. Доклад Генерального секретаря. Http:\\daccess-dds-ny.un.org\doc\gen\№5 (дата обращения 11.12.2013)

8. Чуркин: Заблокированная РФ резолюция по Сирии отражала конфронтационный подход. Росбалт.Ru, 05/10/2011 http://www.rosbalt.ru/main/allnews (дата обращения 11.12.2013)

9. The Washington Post. 1987. June 7.

Орехов А.Н., Паламонов И.Ю.

Орехов Александр Николаевич - доктор психологических наук, профессор кафедры психологии личности и дифференциальной психологии Московского института психоанализа;

Паламонов Игорь Юрьевич - методист Государственного бюджетного учреждения города Москвы «Городской центр «Дети улиц»

ВНЕДРЕНИЕ СОЦИАЛЬНО-ПСИХОЛОГИЧЕСКОЙ ТЕХНОЛОГИИ ПОВЫШЕНИЯ ЦЕННОСТИ СОБСТВЕННОЙ ЖИЗНИ НЕСОВЕРШЕННОЛЕТНИХ

Исследования в области социальной психологии в последние годы можно охарактеризовать всплеском разработок различного рода социально-психологических технологий. Данная статья посвящена одной из таких разработок, а именно технологии преобразования аттитюдов несовершеннолетних 14-17 лет в ценность их собственной жизни, и раскрывает теоретические основы ее создания, а также некоторые аспекты практически внедрения, в частности, профилактическую программу для несовершеннолетних «Я в 25 лет».

Представляемая технология ориентирована на широкое применение онлайн ресурсов, использует испытанные в практической работе по профилактике асоциального поведения несовершеннолетних интернет-приложения [4].

При создании технологии авторы опирались на общую теорию психических процессов [3], которая обосновывает применение общего и индивидуального психического воздействия с целью преобразования аттитюдов.

В процессе общего психического воздействия с целью преобразования аттитюдов в ценность собственной жизни технология использует воздействия на комплекс факторов, включающих социальную компетентность, профессиональное самоопределение, внутреннюю мотивацию к познанию, в сочетании с критическим мышлением и навыками выработки собственного мнения с учетом мнения окружающих.

В процессе индивидуального психического воздействия с целью преобразования аттитюдов аттитюдов в ценность собственной жизни используются методы модификации поведения, основанные на социальном бихевиоризме Дж.Мида, идеях группового обсуждения, теории выделения и, связанной с ней идеей коннотации слов, теории управления впечатлением И.Гоффмана, теории самовосприятия Д.Бема, теории информационной интеграции Н.Андерсона, теории «объектного самоанализа» С.Дюваля и Р.Виклунда, модели наиболее вероятного пути обработки сообщения Р.Петти и Дж.Качиоппо [5].

Для общего воздействия используются интернет-ресурсы

видеоконференцсвязи и специально разработанные сайты [6]. Для индивидуального воздействия используются социальные сети [1]. Технология состоит из восьми модулей и двух диагностик. Основное время занятий по модулю – от 60 до 75 минут. Ряд предварительных действий, необходимых для освоения содержания занятий, выводится за рамки основного времени.

Для анализа эффективности воздействия по технологии, используются:

1. адаптированный для целей исследования вариант теста СИУ (семантическое исследование социальных установок) А.Н.Орехова [2],

2. тест ПСП (персональный смысловой профиль) – адаптированный русскоязычный вариант теста РМР П.Вонга [7],

3. разработанный авторский тест для измерения источников повышения ценности собственной жизни ТОП ЦСЖ (Тест Орехова-Паламонова Ценность Собственной Жизни).

Анализ полученных данных осуществляется программой А.Н.Орехова «АлНикОр», использующей SPSS-18, что обеспечивает автоматическую обработку и интерпретацию результатов.

Социально-психологический эксперимент по верификации данной технологии проводился на базе Городского бюджетного учреждения «Городской центр социального сопровождения и профилактики правонарушений несовершеннолетних, находящихся в социально опасном положении «Дети улиц» города Москвы, школ и колледжей города Москвы, и учреждений системы профилактики асоциального поведения несовершеннолетних в течение 2009-2013 гг.

В данной статье мы остановимся на описании процесса внедрения технологии в практику работы Городского центра «Дети улиц» в форме профилактической программы сопровождения процесса ресоциализации несовершеннолетних оказавшихся в социально опасном положении. Объектом внедрения является программа «Я в 25 лет» – технология преобразования аттитюдов несовершеннолетних в ценность собственной жизни. Процесс внедрения был выполнен при использовании социально-психологического эксперимента, состоящего из трех этапов: диагностического, формирующего и оценочного, с последующим обучением специалистов организации практическим навыкам проведения занятий по представленной программе.

В социально-психологическом эксперименте участвовали несовершеннолетние в возрасте 14-17 лет: экспериментальная группа – 144 испытуемых (73 юноши и 71 девушка), разбитых на две подгруппы и контрольная группа 158 испытуемых (82 юноши и 76 девушек), также разбитых на две подгруппы:

1-я подгруппа – это несовершеннолетние, находящиеся в социально опасном положении,

2-я подгруппа – это несовершеннолетние – учащиеся образовательных учреждений.

Первая подгруппа экспериментальной группы в количестве 73 испытуемых, были примерно одной возрастной группы и примерно поровну разделены по полу: 41 юноша и 32 девушки. Мероприятия с первой группой проводились в период с июня по август 2013 года. Вторая подгруппа экспериментальной группы – 71 человек, из них 32 юноши и 39 девушек. Все испытуемые относились к одному социальному слою, а также обладали приблизительно одинаковым уровнем интеллектуального развития. С этой группой мероприятия проводились с апреля по май 2013 года.

Тестирование двух подгрупп в экспериментальной и контрольной группах проходило в одинаковые промежутки времени с разницей 1-2 дня.

Экспериментальная апробация технологии для всех групп проходила в три этапа: диагностический, формирующий и оценочный. Отличие групп заключалось в формирующем этапе, в нем не участвовала контрольная группа. Все 144 несовершеннолетних экспериментальной группы (73 юноши и 71 девушка) прошли тестирование до и после формирующего этапа исследования, то есть на диагностическом и оценочном этапах.

На первом, диагностическом этапе проводился сбор эмпирических данных, полученных в результате выполнения испытуемыми тестов на сайте www.моятема-мояжизнь.рф. Полученные результаты легли в основу рекомендаций по учету индивидуальных особенностей работы с каждым несовершеннолетним.

На втором, формирующим этапе исследования, осуществлялось воздействие на испытуемых экспериментальной группы, с использованием разработанной технологии, с опорой на рекомендации, полученные на этапе диагностики. Основной задачей данного этапа являлось преобразование аттитюдов в ценность собственной жизни.

На втором этапе воздействия к каждой из подгрупп различались. Первая подгруппа проходила онлайн курс программы «Я в 25 лет» (все восемь модулей). Вторая группа проходила только 6-й и 7-й модули программы в режиме оффлайн.

На третьем, оценочном этапе была проведена оценка эффективности разработанной технологии воздействия и сформулированы результаты социально-психологического эксперимента.

Учитывая ограничения на объём статьи, приведем оценку результатов социально-психологического эксперимента.

В результате прохождения несовершеннолетними занятий по полной программе «Я в 25 лет»:

1. Заметно увеличились численные выражения таких факторов смысла жизни, как:

– Достижения,

- Саморазвитие,
- Самопринятие.

2. Значительно увеличилась устойчивость таких глубинных установок, как:
- Не высоко оценивает свою жизнь–Высоко оценивает свою жизнь,

3. Значительно возросли численные выражения факторов, повышающих ценность собственной жизни, а именно:
- Внутренние источники повышения ЦСЖ,
- Ощущение ЦСЖ в зависимости от собственных состояний и деятельности.

Все это мы расцениваем как значимые свидетельства повышения ценности собственной жизни у участников занятий по полной программе «Я в 25 лет».

В результате прохождения несовершеннолетними укороченного варианта программы «Я в 25 лет»:

1. Заметно увеличились численные выражения таких факторов смысла жизни, как:
- Достижения,
- Самопринятие.

2. Значительно увеличилась устойчивость таких глубинных установок, как:
- Не высоко оценивает свою жизнь–Высоко оценивает свою жизнь,

3. Значительно возросли численные выражения таких факторов, повышающие ценность собственной жизни, как:
- Внутренние источники повышения ЦСЖ,
- Ощущение ЦСЖ в зависимости от собственных состояний и деятельности.

Все это расценено нами к значимые свидетельства повышения ценности жизни у участников занятий укороченного варианта программы «Я в 25 лет».

Анализ результатов тестирования контрольной группы обоих подгрупп (несовершеннолетних, не подвергавшихся психологическим воздействиям по программе «Я в 25 лет») статистически значимых изменений не выявил.

Сравнение изменений после прохождения полной и короткой программ продемонстрировало количественные различия при качественном соответствии, что доказывает эффективность полной и короткой программ.

В результате проделанной работы появились значимые аргументы в пользу того, что использование общей теории психических процессов, социальных сетей, ресурсов видеоконференцсвязи и специально разработанных сайтов, позволило создать технологию преобразования аттитюдов несовершеннолетних в ценность их собственной жизни.

Осуществлена экспериментальная верификация созданной технологии, показавшая ее эффективность.

Проведен обучающий мастер-класс для сотрудников по применению программы «Я в 25 лет» в рамках услуг сопровождения несовершеннолетних, находящихся в социально опасном положении.

На наш взгляд, целесообразно продолжить исследования для выяснения устойчивости произошедших изменений во времени.

Литература:

1. Алексеева, Е.В. Влияние через социальные сети; под общей ред. Е.Г. Алексеевой. - М.: Фонд «ФОКУС-МЕДИА», 2010. - 200 с. - [Электронный ресурс] - http://sarafannoeradio.org/webiz/775-vliyanie-cherez-sotsialnye-seti.html
2. Орехов, А.Н. Диагностирование ценностных ориентаций: номотетический подход [Текст] / А.Н. Орехов, Л.В. Тетик // Вестник университета (Государственный университет управления) - 2007. – №10. - С.93-96
3. Орехов, А. Н. Моделирование психических и социально-психологических процессов: номотетический подход [Текст] : дис. д-ра психол. наук : 19.00.01, 19.00.05 Москва, 2006. - 424 с.
4. Орехов, А.Н. Паламонов И.Ю. Применение психологически эффективных интернет приложений при сопровождении процесса ресоциализации подростков группы риска / Психологическая помощь социально незащищенным лицам с использованием дистанционных технологий (интернет-консультирование и дистанционное обучение): Материалы III Международной научно-практической конференции, Москва, 27-28 февраля 2013 г.; под ред. Б.Б. Айсмонтаса, В.Ю. Меновщикова. - М.: МГППУ. 2013.-371 с., С.58-65
5. Паламонов, И.Ю. Возможности эффективного использования теорий модификации поведения в профилактической работе с подростками в интернет-среде [Текст] // Психологическая помощь социально незащищенным лицам с использованием дистанционных технологий (интернет-консультирование и дистанционное обучение): Материалы II международной научно-практической конференции, М., 21–22 февраля 2012 г. / под ред. А.Б. Айсмонтаса, В.Ю. Меновщикова. – М.: МГППУ, 2012. – 266 с. - стр.35-42
6. Паламонов, И.Ю. Первичная профилактика асоциального поведения с использованием интернет-решений [Текст] // В кн.: Профилактика отклоняющегося поведения несовершеннолетних группы

социального риска: материалы Всероссийской научно-практической заочной конференции. Москва. ГБУ «ГЦ «Дети улиц». 2012. – С. 119-121

7. Wong, Paul T. P. – The Human Quest for Meaning: Theories, Research, and Applications (Personality and Clinical Psychology) - Routledge, 2012. - 768 p.

Мозговая Т.П.
преподаватель, Новосибирский государственный технический университет
tatiana26@yandex.ru
Сычук М.А.
студент, Новосибирский государственный технический университет

ВОССТАНОВИТЕЛЬНЫЕ ТЕХНОЛОГИИ КАК РЕСУРС В ДЕЯТЕЛЬНОСТИ ПО ПРОФИЛАКТИКЕ ПРАВОНАРУШЕНИЙ НЕСОВЕРШЕННОЛЕТНИХ

Противоправное поведение несовершеннолетних является одной из острейших проблем современного российского общества и государства. Несмотря на меры, принимаемые органами власти и специалистами всех уровней, наблюдается неуклонный рост количества правонарушений совершаемых несовершеннолетними.

В этих условиях одной из базовых задач субъектов системы профилактики является создание действенных механизмов предупреждения противоправного поведения несовершеннолетних и защиты их прав. Необходимым условием решения данной задачи является совершенствование комплексной работы по профилактике правонарушений несовершеннолетних, в том числе, посредством внедрения инновационных социальных технологий.

В этой связи особую теоретическую и практическую значимость приобретает проблема определения места и роли восстановительных технологий в профилактике правонарушений несовершеннолетних.

Восстановительные технологии («восстановительная медиация», «школьная конференция», «семейная конференция», «программа примирения в семье», «круги заботы» и др.) возникли и развивались в рамках восстановительного правосудия, которое сформировалось на Западе во второй половине XX века в противовес карательной системе официального правосудия [1,34].

Анализ теории и методики реализации восстановительных технологий показывает, что наиболее эффективными в работе с несовершеннолетними правонарушителями являются такие технологии как: «восстановительная медиация», «школьная конференция», «круги заботы». [3, 21]

«Восстановительная медиация» направлена на преодоление конфликтов и непонимания во взаимоотношениях узкого круга лиц. Эта технология дает ее участникам возможность примирения и возмещения ущерба, причиненного правонарушением, осознания ответственности и необходимости приложения усилий каждой из сторон по изменению сложившейся ситуации и восстановлению отношений [2].

«Школьная конференция» предполагает реализацию совместных усилий членов семьи ребенка и коллектива школы по выходу из кризисной ситуации, связанной с совершением правонарушения [2].

«Круги заботы» проводятся в случаях, когда фактически разрушена или отсутствует семья. В этой ситуации создается некий эквивалент первичной социальной среды, поддерживающей несовершеннолетнего, при участии родственников, соседей, учителей, сверстников и др. с целью недопущения проявления противоправного поведения и совершения им правонарушений [2].

Опыт внедрения восстановительных технологий в деятельность субъектов профилактики в рамках реализации пилотных проектов в Москве, Великом Новгороде, Новосибирске, Красноярске, Ростове-на-Дону и др. показал, что наиболее эффективным является их применение в деятельности комиссий по делам несовершеннолетних и защиты их прав (КДН и ЗП), учреждений социальной защиты населения и образования [3, 61]. При этом наиболее эффективным звеном, осуществляющим профилактическую деятельность с использованием восстановительных технологий в области профилактики правонарушений несовершеннолетних, являются КДН и ЗП.

Следует отметить, что необходимым условием применения восстановительных технологий в профилактике правонарушений несовершеннолетних является внедрение в деятельность специалистов системы профилактики восстановительного подхода. Восстановительный подход характеризуется тем, что рассматривает нарушение социально-правовых норм не только и не столько как нарушение закона, а как вред, причиненный лицом окружающим и обществу в целом [4, 143]. Работая в рамках восстановительного подхода, специалист выстраивает отношения с клиентом на основе доверия, сотрудничества, уважения, что создает условия для формирования подлинного ответственного поведения клиента, заглаживания причиненного ущерба, восстановления нарушенных общественных связей и отношений [5, 83].

Кроме того, институционализация восстановительных технологий предполагает: разработку и апробацию методик применения восстановительных технологий в работе с несовершеннолетними и их ближайшим социальным окружением, подготовку и отбор специалистов обладающих необходимыми профессиональными и личностными качествами для их реализации, нормативно-правовое закрепление использования восстановительного подхода и восстановительных технологий в профилактике правонарушений несовершеннолетних.

Подводя итог можно сделать вывод о том, что восстановительные технологии в профилактике правонарушений несовершеннолетних представляют собой социальные технологии, направленные на формирование механизмов ответственного поведения несовершеннолетнего и членов его семьи, возмещение причиненного ущерба, и восстановление разрушенных семейных и социальных связей. Внедрение восстановительных технологий в деятельность субъектов профилактики правонарушений несовершеннолетних предполагает разработку и апробацию восстановительной модели работы, что, в свою очередь, требует совершенствования организационной, методической, кадровой и нормативно-правовой базы системы профилактики на основе восстановительного подхода.

Литература:

1. Карнозова Л.М. Включение программ восстановительной ювенальной юстиции в работу суда: Методическое пособие. - М.: ООО «Информполиграф», 2009.- 108 с.
2. Максудов Р.Р. Восстановительное правосудие: концепция, понятия, типы программ [Электронный ресурс]. URL: http://www.sprc.ru/library. (дата обращения: 13.01.2014).
3. Максудов Р.Р. Восстановительный подход в работе с правонарушениями и конфликтами с участием несовершеннолетних. Волгоград: Институт права и публичной политики, 2009. - 118 с.
4. Жданова И.В., Мозговая Т. П. Восстановительные технологии как ресурс формирования компетенции ответственного поведения пожилых людей в рамках геронтологического образовательного пространства / Т. П. Мозговая // Философия образования. – 2011. – Т. 34, № 1. – С. 142-148.
5. Пранис К. Восстановительное правосудие, социальная справедливость и возвращение полномочий маргинальным группам населения. Пер. с англ. // Вестник восстановительной юстиции. – 2003. – №5. – С. 79-90.

Исмагилов М.Ф.
д.м.н., проф. каф. неврологии, нейрохирургии и
медицинской генетики КГМУ
nevrol@kgmu.kcn.ru
Порунов А.А.
к.т.н., проф. каф. ПИИС КНИТУ-КАИ им. А.Н. Туполева
porunov_aa@mail.ru
Ягудина Р.О.
студентка, КНИТУ-КАИ им. А.Н. Туполева
777willbe@mail.ru
Ягудин А.М.
студент, КНИТУ-КАИ им. А.Н. Туполева
adelyagudin@yandex.ru

СОВРЕМЕННОЕ СОСТОЯНИЕ И РАЗРАБОТКА НЕЙРОЭЛЕКТРОСТИМУЛЯТОРОВ ДЛЯ КОРРЕКЦИИ СОСТОЯНИЯ ГОЛОВНОГО МОЗГА

М.Ф. Исмагилов, А.А. Порунов, Р.О. Ягудина, А.М. Ягудин.

Представлен анализ динамики развития методов и средств нейроэлектростимуляции за последние 13 лет. Рассмотрены особенности построения и применения нейростимуляторов применительно к задачам как для предупреждения и подавления развития эпилептиформной активности.

В начале 70-х годов XX века Хосе Мануэль Родригес Дельдаго, профессор физиологии Йельского университета (США), являясь одним из выдающихся нейрофизиологов своего времени, разработал основы методики вживления в мозг электронных устройств, способных обмениваться сигна-лами. Это впервые позволило поставить задачу применения нейроэлектростимуляции при лечение таких заболеваний как: эпилепсии, болезни Паркинсона и других заболеваний головного мозга.

Эпилепсия – хроническое заболевание головного мозга, характеризующееся повторными припадками, возникающими в результате чрезмерных нейронных разрядов, сопровождающихся разнообразными клиническими и параклиническими симптомами.[1] Для лечения эпилепсии широко известны метод хирургического удаления эпилептического очага и применение фармацевтических препаратов [1]. Однако, в последнее время, благодаря большим достижениям микроэлектроники, все большее внимание уделяется применение нейроэлектростимуляторов [2] особенно в случаях фармакорезистентных больных, страдающих, очаговой формой эпилепсии. Нейроэлектростимуляторы предназначены для предотвращении невропатической боли, возникающей в результате приступа при эпилепсии. Они устраняют 50-70% болевых ощущений, возникающих в результате приступа. Благодаря повышенному числу больных страдающих эпилепсией, возникает задача разработки современных нейроэлектростимуляторов, что позволяет определить основные направления развития нейрохирургии.

Существует множество методов и средств контроля состояния головного, спинного мозга, основанных на регистрации таких характеристик как ЭЭГ, ЭКГ, РЭГ, и др.[3]. Однако, наиболее часто для диагностики или предиагностики состояния головного мозга используются записи ЭЭГ сигналов, что позволяет специалистам на основе анализа сигнала выявлять отклонения в его работе. Этот метод позволяет объективно оценить особенности функционального состояния мозга, что важно при уточнении диагноза, прогнозе течения заболевания и выработке тактики лечения пациента.

С целью анализа эволюции развития методов и средств электронейростимуляции, разобьем все публикации этой тематики на этапы, с интервалом в 3 года. Результаты этих исследований представим в виде графика на рис. 1.

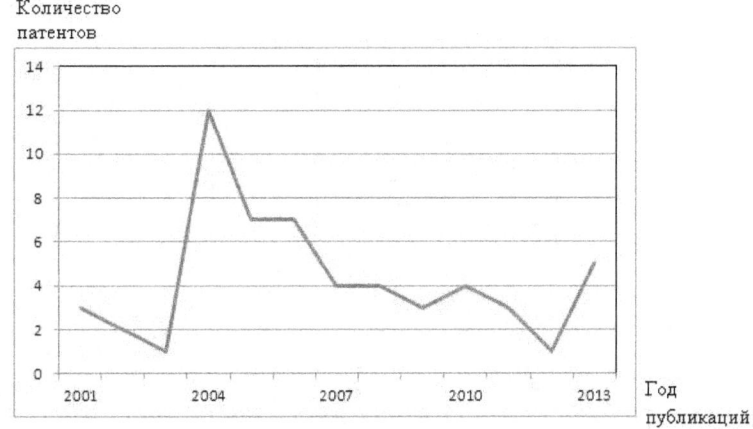

Рис. 1 Динамика публикаций и развития нейроэлектростимуляторов с периода от 2001 по 2013 годы

Из графика следует, что на первом этапе 2001-2004 гг. наблюдается резкий рост публикаций по этой тематике, что свидетельствует о значительной активности в этот период исследований, в основном теоретического характера. В рамках первого этапа основной проблемой являлось обеспечение помехоустойчивости и исключение артефактов, вызываемых недостатками в установке и локализации электродной системы.

Данная проблема частично решалась в техническом решении, предложенном Fischell Robert E, Fischell David R, Upton Adrian R M (№US20010932535, 2001).

Основная проблема заключалась в достоверном обнаружении предстоящего приступа с помощью ЭЭГ, в присутствии внешнего шума, используя современные и сложные методы обработки сигнала. Определенно, электрический сигнал от эпилептического центра в определенной и ограниченной пространственной области может быть достоверно обнаружен, объединяя сигналы, полученные с различных электродов, которые размещаются на разных расстояниях от эпилептического центра. Чтобы улучшить отношение сигнал-шум, сигнал, полученный с нужного электрода, расположенного на определенном расстоянии от эпилептического центра, должен иметь определенную временную задержку, составляющую время распространения, которое требуется сигналу для достижения электрода. Особенностью данного изобретения является - способность сделать запись сигнала ЭЭГ с любого или всех электродов обнаружения. Также в качестве ключевого элемента используется центральный процессор.

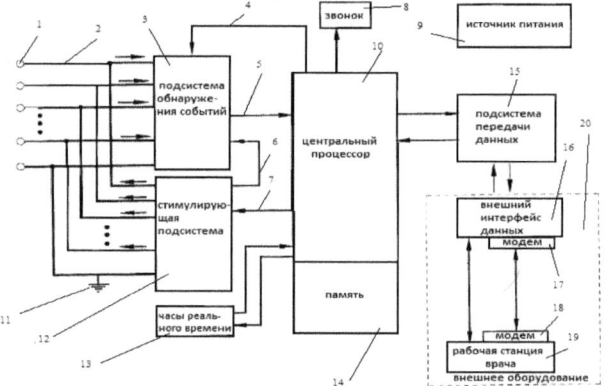

Рис. 2 Функциональная схема внедренных и внешних частей системы (2001 г.)

Дальнейшее решение этой проблемы во втором периоде представлено на рис. 3, показывающего работу устройства, отличающегося введением малошумящего усилителя, программно перестраиваемых узкополосных фильтров, устройства выборки и хранения, ОЗУ, микроконтроллера с управляемым ПЗУ, ЖКИ с блоком внешнего управления, что позволяет значительно повысить помехоустойчивость при приеме сигнала.

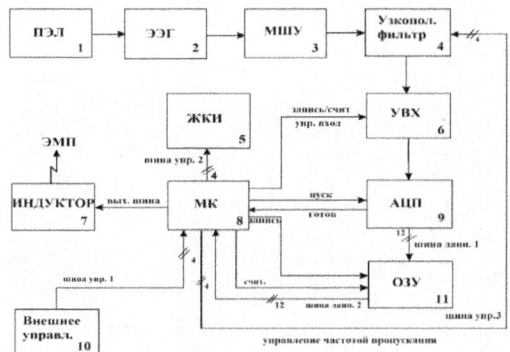

Рис. 3 Функциональная схема внедренных и внешних частей системы (2004 г.)

Важной задачей являлось обеспечение самостоятельного запуска пациентом электронейростимулятора, в случае, когда элементы этого устройства допускают пропуск приближения приступа.

Устройство, новизна которого состоит в использовании операционного усилителя, микроконтроллера и АЦП, представлено на рис. 4. В состав его командного блока входит постоянный магнит, отделенный от электрической цепи экранирующей перегородкой, в целях исключения магнитных наводок на электрическую схему. Эффективность лечения достигается за счет адаптации устройства к эпилептическому приступу, что позволяет ему работать быстрее предыдущих моделей нейроэлектростимуляторов, использующих в качестве ядра микропроцессор.

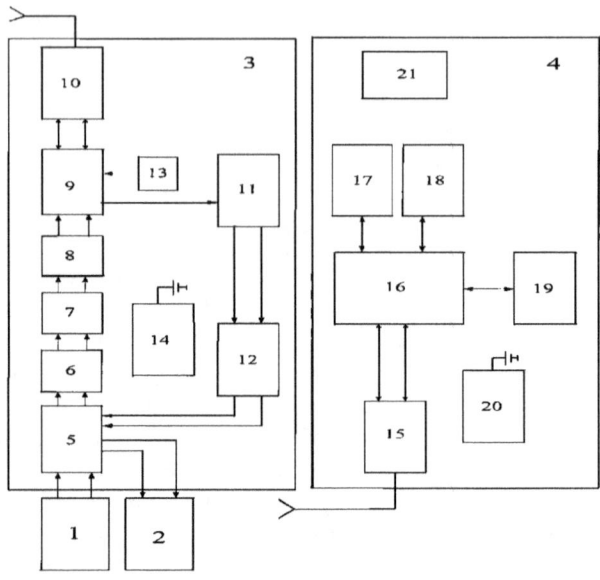

Рис. 4 Функциональная схема внедренных и внешних частей системы (2011 г.)

На современном этапе исследований нейростимуляторов особый интерес представляют работы по созданию устройства, использующих принципиально отличный механизм подавления эпилептического приступа, состоящий в тепловом воздействии (охлаждении) патологического очага [4,5], пример построения показан на рис.5.

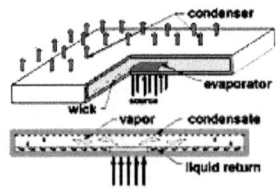

Рис.5. Графическая интерпретация механизма теплового подавления эпилептической активности.

Рис.6. Внешний вид устройства Kinetra® для стимуляции таламуса фирмы Medtronic

В последние годы интенсивно исследуются пути повышения эффективности терапевтического воздействия, построенном на комбинированном механизме воздействия, включающем вливание ПЭП в участок мозга, а также электростимуляцию, повышающем уровень терапевтического эффекта.

В настоящее время также среди антиэпилептических систем разомкнутого типа успешно развивается направление стимуляции глубинных структур головного мозга (СГС) при эпилепсии.

Первым устройством разомкнутого типа для СГС, прошедшим клинические испытания, является нейростимулятор Kinetra® фирмы Medtronic (Миннеаполис, Миннесота). Изначально требующее двух отдельно вживляемых генератора импульса, по одному под каждой ключицей, данное устройство содержит два вживляемых генератора импульса в одном блоке, имплантированного только с одной стороны груди. Стимулирующие электроды помещаются стереотаксически в левое и правое переднее ядро таламуса.

(A) 1 – устройство, содержащее два генератора импульса - по одному для каждого электрода, имплантированное в подключичную область ; 2 - внутричерепные электроды.
(B) сагиттальное сечение и (C) поперечный вид, демонстрирующие размещение стимулирующих электродов в таламусе.

Параметры нейростимуляции могут неинвазивно регулироваться врачом, используя внешний программатор, который передает заданные установки с помощью телеметрии на подкожно имплантированный нейростимулятор.

Чувствуя приближающийся эпилептический припадок, пациент использует пульт управления и активирует через кожу имплантируемый нейростимулятор. Регулировка параметров стимуляции пациентом возможна только в пределах, установленных врачом.

Экспериментальные исследования показали, что контроль приступа может быть достигнут, если использовать устройство Kinetra ® для стимулирования гиппокампуса [3]. Подобные стратегии разомкнутого контура использовались в субталамическом ядре и centromedian ядре у людей, и за последние 20 лет стимулировались многие другие цели. Исследования в отношении этих дополнительных целей стимуляции все еще находятся на ранней стадии разработки и пока не продвинулись до крупномасштабных испытаний.

Результаты представленного анализа могут быть использованы при разработки и исследовании перспективных образцов систем обнаружения и предупреждения эпилептиформной активности.

Список использованной литературы:

1. Зенков Л.Р. "Клиническая электроэнцефалография с элементами эпилептологии", 2004 г.
2. Патент РФ № 2465930 "Нейростимулятор и способ стимуляции нервной ткани" ЙОЛЛИ Клод (AT) 10.07.2007 г. 127055, Москва, а/я 11, пат.пов. Н.К.Попеленскому, рег. № 31
3. Крючкова М.В., Порунов А.А., Исмагилов М.Ф. Нейроинженерные аспекты построения вживляемых систем обнаружения и предупреждения эпилептиформной активности // Неврологический вестник им.Бехтерева. – 2011,Т XLIII №2. - С.72-80.
4. Ягудин А.М. и др., Основные инженерные аспекты построения нейростимулирующей системы предупреждения эпилептического приступа // Сб. трудов 17-го Международного молодежного форума «РАДИОЭЛЕКТРОНИКА И МОЛОДЕЖЬ В XXI ВЕКЕ». – Украина: ХНУРЭ, 2013. – С.128-129.
5. Ягудина Р.О. и др., Анализ и синтез системы обнаружения и предупреждения эпилептического припадка на основе кворирования потока первичных сигналов// Сб. трудов 17-го Международного молодежного форума «РАДИОЭЛЕКТРОНИКА И МОЛОДЕЖЬ В XXI ВЕКЕ». – Украина: ХНУРЭ, 2013. – С.130-131.

Смирнов А.Б.
доцент, д.т.н., СПбГПУ
Гедько П.Ю.
ООО «Горные технологии и инновации»
Зиеп Хуанг Фи
СПбГПУ

ПЬЕЗОЭЛЕКТРИЧЕСКИЕ МИКРОМАНИПУЛЯЦИОННЫЕ И ПОЗИЦИОНИРУЮЩИЕ УСТРОЙСТВА С ПАРАЛЛЕЛЬНОЙ КИНЕМАТИКОЙ

В приборостроении, электронной промышленности и в биологических исследованиях широко используются микроманипуляционные и позиционирующие многокоординатные устройства с пьезоэлектрическими приводами и актюаторами.

Эти устройства можно разделить на две основные группы – с последовательной и параллельной кинематикой. В первом случае все звенья соединены последовательно, причем каждое обеспечивает только одну степень подвижности. Во втором случае звенья могут обеспечивать две и более степени подвижности. Пьезоэлектрические устройства с параллельной кинематикой имеют ряд преимуществ по сравнению с устройствами, имеющими последовательную кинематику: они более компактны, имеют более высокую жесткость и быстродействие [1, 86].

Микророботы и микропозиционеры отличаются также по способу передачи движения от пьезоактюатора на рабочее звено: либо только за счет деформации самого пьезоактюатора, либо, используя силу трения, за счет проскальзывания рабочего звена относительно пьезоактюатора. Во втором случае перемещение выходного звена на несколько порядков выше, чем в первом случае, однако высокая точность позиционирования выходного звена достигается более сложным и дорогим способом.

Микроробот со сферическим звеном относится к системам с параллельной кинематикой с использованием силы трения. Сферический шарнир микроробота имеет три степени подвижности и представляет собой шар, установленный на пьезоэлектрическую трубку, которая выступает в качестве привода для всех степеней подвижности (рис. 1). На внешней стороне пьезотрубки выполнены 18 электродов. Каждая степень подвижности управляется по трем параметрам: по напряжению, частоте и фазе. Рабочий орган в такой системе крепится непосредственно на поверхности шара, усилие с пьезопривода на шар передается за счет силы трения. Поскольку поверхность шара однородна (кроме места крепления рабочего органа), то зона действия рабочего органа практически совпадает со сферой. Таким образом, можно получать углы сервиса манипулятора почти 360^0 по трем координатам, что является хорошим показателем. Сферический шарнир позволяет изменять усилие прижима шара к опорам при помощи внешнего магнитного поля, что повышает нагрузочную способность микроробота. Аналогичен принцип действия микроробота (рис. 2), в котором в качестве актуатора используется другой тип пьезопривода – биморфный пьезокерамический диск с четырьмя секторами-электродами [2, 117; 3, 9].

 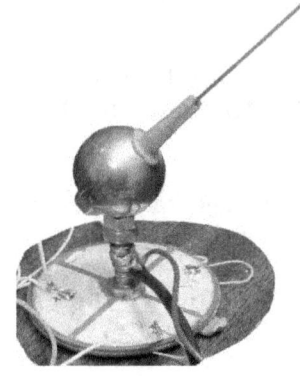

Рис. 1. Микроробот с приводом шара от пьезокерамической трубки

Рис. 2. Микроробот с приводом от биморфного пьезодиска

После ряда экспериментов для управления микророботом был выбран импульсный режим, заключающийся в подаче «пакетов» гармонических напряжений с определенной скважностью. Выбранный способ управления удобен, поскольку параметры (частота и амплитуда) управляющего сигнала постоянно корректируются системой поддержания резонанса и обратной связи по положению шара. В этом случае при движении шара постоянно чередуются режимы разгона и торможения. Использование импульсного типа управления позволяет избежать указанных выше сложностей управления и своевременно вносить коррективы в управляющий сигнал. Система управления была смоделирована в среде Simulink, где входной сигнал – амплитуда напряжения, выходной сигнал – угол поворота шара (рис. 3).

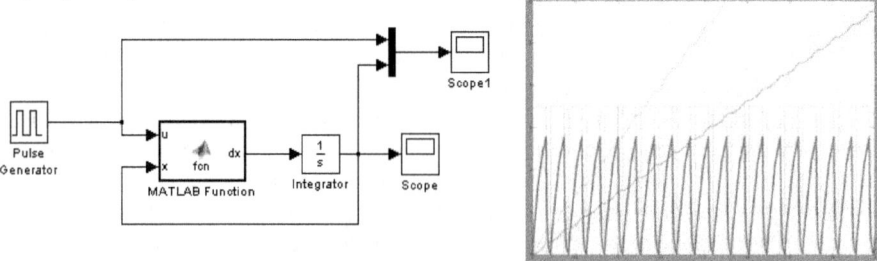

Рис. 3. Модель системы управления микроробота и зависимости угла

поворота шара от подаваемых импульсов при различной скважности

Микропозиционер (рис. 4) позволяет осуществлять точное перемещение и позиционирование столика микроскопа по трем координатам: поступательное перемещение по осям X и Y, а также вращение вокруг оси Z.

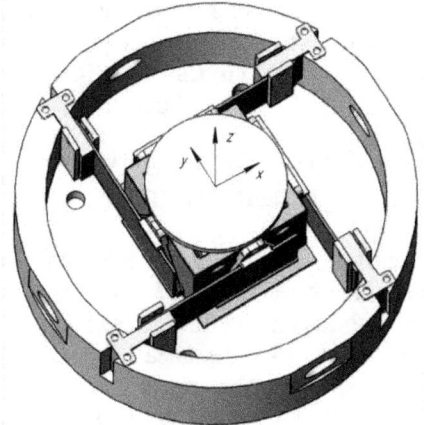

Рис. 4. Микропозиционер с параллельной кинематикой

В качестве приводов столика используются биморфные пьезоэлектрические актюаторы, которые работают попарно. При движении, например, по оси X одна пара биморфных пьезоактюаторов неподвижна и играет роль параллельных направляющих, а другая пара биморфных пьезоактюаторов изгибается в одном направлении, толкая столик вдоль указанных направляющих. Вращение вокруг оси Z осуществляется за счет прецессии столика при подаче гармонического напряжения на обе пары биморфных пьезоактюаторов со сдвигом фазы 90^0. Для реализации обратной связи по положению предусмотрены емкостные датчики.

Литература

1. Смирнов А.Б. Элементная база автоматических машин и оборудования. Мехатронные модули микроперемещений технологических машин: Учеб. пособие. – СПб.: изд-во Политехн. ун-та, 2008. – 172 с

2. Борисевич А.В., Гедько П.Ю., Смирнов А.Б. Микроробот на базе сферического шарнира с пьезоприводом// Научно-технические ведомости СПбГПУ. Наука и образование. 4(110)/2010. С. 116 – 124.

3. Гедько П.Ю., Смирнов А.Б., Пугачев С.И., Рытов Е.Ю. Исследование пьезоэлектрических актюаторов микроробота// Изв. Вузов. Приборостроение. Т. 55, № 6, 2012. С. 7 – 15.

Шутов Е.А.
доцент, к.т.н., ФГБОУ ВПО «Национальный исследовательский Томский политехнический университет
Бабинович Д.Е.
ФГБОУ ВПО «Национальный исследовательский Томский политехнический университет
Турукина Т.Е.
ООО «Госети»

РОЛЬ ПРОГНОЗИРОВАНИЯ В ЭНЕРГОЭФФЕКТИВНОСТИ ПРЕДПРИЯТИЙ

В связи с изменением действующего законодательства и вступления в силу Постановления Правительства РФ от 4 мая 2012 года №442 «О функционировании розничных рынков электрической энергии, полном и (или) частичном ограничений режима потребления электрической энергии» изменился порядок определения цены электрической энергии (ЭЭ), а также установлен порядок выбора ценовой категории для расчетов за потребленную ЭЭ. Потребители осуществляют выбор ценовой категории в соответствии с п.97 данного постановления и имеют право выбрать ценовую категорию, в зависимости от которой изменяется порядок трансляции цен оптового рынка на розничный. Потребители, имеющие возможность почасового учета, могут выбрать пятую или шестую ценовые категории, которые делаю обязательным условие почасового планирования и прогнозирования «на сутки вперед». Рассчитываются отклонения от планового значения «на сутки вперед», и потребитель производит оплату за данные величины отклонений по установленным тарифам. При такой системе оплаты для каждого часа суток устанавливается своя стоимость потребленной ЭЭ. Вероятность регулирования работы оборудования предоставляет возможность перевода наибольшей нагрузки в часы минимальной стоимости ЭЭ. В условиях рынка пятая и шестая ценовые категории позволят значительно снизить средневзвешенную стоимость ЭЭ [1].

Используя модель Autoregressive moving-average model (ARMA(p,q))/Generalized autoregressive conditional heteroscedasticity (GARCH(p,q)) на примере объекта водоснабжения, а именно насосной станции (НС) третьего подъема была построена адекватная модель прогноза потребления ЭЭ на каждый час суток с точностью 2,7%. При учете отмены платы за отклонения для первых четырех ценовых категорий существует возможность оценить полученную точность прогнозирования при вероятности перехода предприятия в шестую ценовую зону на двухставочный тариф. С точки зрения величины полученных отклонений результаты прогнозирования позволят экономить 1426 руб. в месяц, что составляет 0,1% от общей стоимости платежа по двухставочному тарифу.

Прогнозирование графика нагрузки обеспечит не только экономию финансовых средств на приобретение ЭЭ у энергосбытовой компании, но и позволит использовать математический аппарат прогноза при построении адаптивных регуляторов приводов насосов. При наличии установленного частотного привода насосного агрегата появляются возможности снижения электропотребления и предельной адаптации работы основного технологического оборудования к прогнозному графику нагрузки. Для определенного интервала времени должна быть предусмотрена функция прогноза-коррекции. Когда электропривод НС отрабатывает не предсказанные значения графика нагрузки, а скорректированные (в рамках допуска технологического процесса) величины. Актуальность данной процедуру имеет наибольшую значимость в часы, когда наблюдается максимальное потребление ЭЭ в энергосистеме и формируется наибольшая стоимость киловатт-часа, как за покупку ЭЭ, так и за отклонения.

График нагрузки объекта водоснабжения характеризуется устойчивыми циклами, а именно изменением потребления ЭЭ в течение суток (утренние и вечерние максимумы и ночные минимумы нагрузки), а также в течение недели (снижение нагрузки в выходные дни за счет отсутствия потребления воды предприятиями). Ставки для фактических почасовых объемов покупки ЭЭ и суточный график нагрузки объекта хорошо скоррелированы по времени и представляют, вероятно, один из худших вариантов для предприятия. Максимум расхода воды, а значит и максимум потребления ЭЭ, совпадает с максимумами цен на ЭЭ. Проблема снятия корреляции указанных зависимостей, при сохранении параметров технологического процесса, решается путем включения процедуру краткосрочного прогнозирования (горизонт прогноза – сутки) в аппарат векторного управления электроприводом. Прогноз и планирование потребления ЭЭ становится в таком случае элементом планово-финансового управления производством и позволяет оценить не только возможную экономию денежных средств на приобретение ЭЭ, но и грамотно выстраивать технологические режимы работы оборудования.

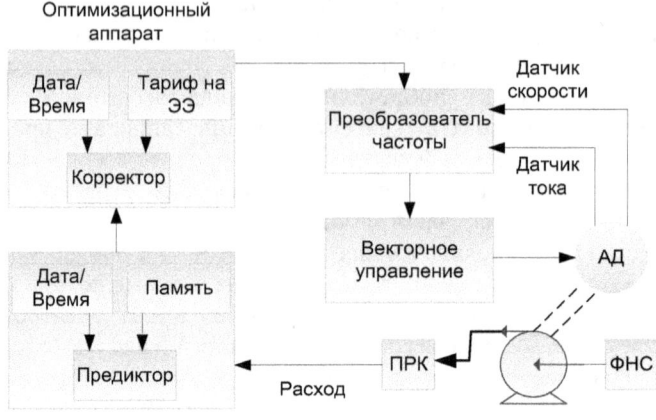

Рисунок 1 – Функциональная схема управления НС 3-го подъема

Средствами пакета прикладных программ MATLAB, реализована виртуальная модель НС 3-го подъема. Оптимизация режима работы насосной установки достигается путем введения дополнительной обратной связи в контур управления объектом (рис. 1). Функциональное векторное управление дополнено структурой предиктора-корректора. Блок памяти хранит исторические данные графика нагрузки. Блок предиктора отвечает, как за подготовку данных, так и непосредственно за саму процедуру предсказания [2]. Оптимизационный аппарат представляет собой корректор с информационной связью с блоком управления, по которому ежесуточно подаются данные о тарифах на сутки вперед.

При осуществлении стандартного векторного управления график потребления ЭЭ, естественным образом, повторяет качество графика нагрузки объекта водоснабжения. Внедрение в алгоритм векторного управления процедуры прогноз-оптимизация позволяет снизить затраты на 26%. Упрощение алгоритма прогноз-оптимизация допустимо путем создания самообучающейся системы и формирования библиотек типовых прогнозных и оптимизационных решений для конкретных условий производства.

Список используемой литературы:

1. О функционировании розничных рынков электрической энергии, полном и (или) частичном ограничении режима потребления электрической энергии [Электронный ресурс]: постановление правительства РФ № 442 от 04.05.2012 г. Доступ из справ.- правовой системы «Консультант Плюс»

2. Халафян А.А. Statistica 6. Статистический анализ данных.- М: Бином-Пресс, 2007

Мирюк О.А.
профессор, д.т.н., Рудненский индустриальный институт

ФОРМИРОВАНИЕ МАГНЕЗИАЛЬНОГО ЯЧЕИСТОГО КОМПОЗИТА С ПЕРЕМЕННОЙ ПЛОТНОСТЬЮ

Вариатропный бетон характеризуется переменными значениями средней плотности и прочности по сечению формуемого массива, возможностью получения дифференциальной ячеистой пористости, а в изделиях – плавного перехода конструкционных свойств в теплоизоляционные. Технология вариатропных изделий позволяет изготавливать бетон с низким коэффициентом вариации физико-технических свойств и отличительной поровой структурой. Вариатропная макроструктура целесообразна для стеновых панелей, плит покрытий и перекрытий. Переход к вариатропному строению повышает несущую способность, уменьшает толщину и снижает прогиб плит под нагрузкой, сокращает расход арматуры [1, 237].

Вариатропная структура ячеистых бетонов формируется в основном следующими приемами (рисунок 1):

– прикатка горбушки (вал, опирающийся на борта формы);
– формование в гидравлически открытых формах; частичное обезвоживание газобетонной смеси, затрудняющее вспучивание;
– изменение температуры в различных слоях газобетонной массы;
– введение пассиватора газообразования в нижние слои массы;
– дегазация локальной зоны формовочной массы;
– автофреттаж [1, 239; 2, 22; 3, 229].

Анализ сведений о развитии вариатроного ячеистого бетона свидетельствует, что формирование структуры с переменной плотностью реализуется главным образом в технологии газобетона из традиционных вяжущих. Реализация вариатропной структуры для пенобетона технически и технологически затруднительна. Сведения о вариатропной структуры магнезиальных ячеистых бетонов в публикациях отсутствуют.

Цель работы – исследование возможности формирования магнезиального пенобетона переменной плотности.

В результате экспериментов предложены следующие способы формирования вариатропной структуры магнезиальных ячеистых бетонов:

– заполнение формы горизонтальными слоями из смесей, отличающихся пористостью, и, следовательно, плотностью (рисунок 2);
– заполнение формы вертикальными слоями смесями, имеющими различную пористость и плотность; во избежание «расплыва» масс различного состава предполагается кратковременная установка съемной перегородки (рисунок 3);
– установка крышки на форму, заполненную газопенобетонной смесью, что обеспечит формирование верхнего уплотненного слоя.

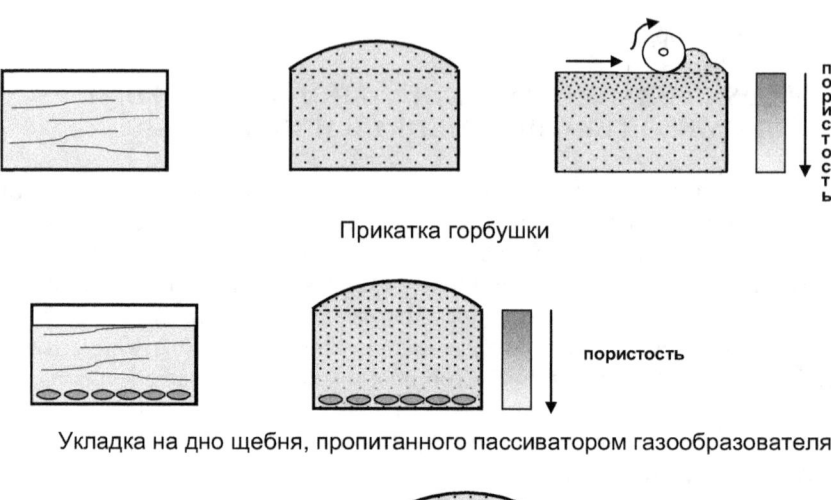

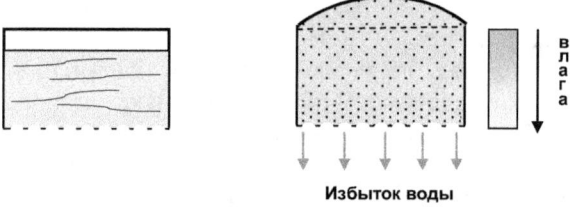

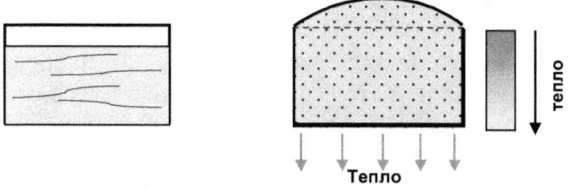

Рисунок 1 – Способы формирования вариатропного ячеистого бетона

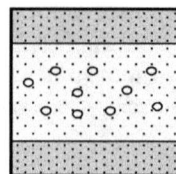

Рисунок 2 – Формирование горизонтальной вариатропной структуры

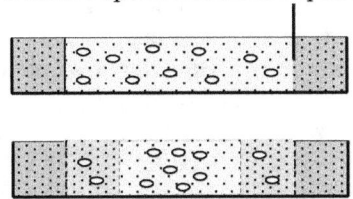

Рисунок 3 – Формирование вертикальной вариатропной структуры

Массы для наружных слоев состоят из магнезиальношлакового вяжущего с содержанием 50% шлака.

В качестве внутреннего высокопористого слоя предложены ячеистые смеси, содержащие гранулированный пенополистирол, а также пеногазобетонные смеси, поризованные комплексным методом. Состав формовочных масс для центрального может быть различным: пеномасса магнезиальная или гипсомагнезиальная с гранулами пенополистирола; пеномасса дополнительно поризованная гипсомагнезиальная.

Количество протеинового пенообразователя Унипор 2 %. В качестве затворителя использован раствор $MgCl_2$ плотностью 1200 кг/м^3.

Образцы вариатропной структуры формовали путем последовательной укладки пеномасс различного состава. Пеномассы готовили отдельно для каждого слоя.

При предпочтительном соотношении наружных и внутреннего слоя (15:70:15) достигается значительное снижение общей плотности, сохраняется достаточно высокая прочность (в среднем 1,5 – 2,5 МПа для пенобетона общей плотностью 300 – 450 кг/м^3).

Вывод. Установлена возможность формирования вариатропной структуры магнезиальных пенобетонов. Разработаны основы технологических решений, отличающихся от традиционно принятых в технологии ячеистых бетонов. Предложено послойное вертикальное и горизонтальное формирование из масс, отличающихся вещественным составом, пористостью. Результаты испытаний свидетельствуют о надежном контакте различных по структуре слоев.

Литература

1. Ахметов, Д.А. Ячеистые бетоны (газобетон и пенобетон) / Д.А. Ахметов, А.Р. Ахметов, К.А. Бисенов. – Алматы: Ғылым, 2008. – 384 с.

2. Чернов, А.Н. Автофреттаж в технологии газобетона / А.Н. Чернов, Г. Аминев // Строительные материалы. – 2003 . – № 11. – С. 22 – 23.

3. Мирюк, О.А. Ресурсосбережение в технологии строительных материалов: учеб. пособие / О.А. Мирюк. – Рудный: РИИ.– 2011. – 258 с.

Тетиор А.Н.
доктор технических наук, профессор, Московский Государственный Университет Природообустройства
atetior@mail.ru

НОВАЯ СПЕЦИАЛЬНОСТЬ «ПРИРОДООХРАННОЕ ПРОМЫШ-ЛЕННОЕ И ГРАЖДАНСКЛЕ СТРОИТЕЛЬСТВО»

Автор предлагает открыть новую строительную специальность в строительных университетах - «природоохранное промышленное и гражданское строительство». Она может быть создана взамен и в развитие существующей специальности «природоохранное обустройство территорий». В современных условиях глобального экологического кризиса и существенного превышения потребления ряда ресурсов над биологической продуктивностью планеты (недопустимого роста экологического следа) природоохранное обустройство должно рассматриваться значительно шире и глубже, чем в учебных программах и в учебной литературе. Понятие природы, которая нуждается в обустройстве, шире принятого в учебной программе курса. В природу входит весь материально - энергетический и информационный мир Вселенной. В соответствии с этим широким понятием природы в нее включаются все возведенные человеком объекты, в том числе города и их здания и сооружения; все культурные и полностью искусственные городские антропогенные ландшафты - также часть природы, которая нуждается в природоохранном обустройстве. Природа - совокупность естественных условий существования человеческого общества, на которую прямо или косвенно воздействует человечество в процессе хозяйственной деятельности. По Н.Ф. Реймерсу, важнейшей частью природы является «первая» природа - естественные экосистемы Земли [1]. Объекты, рассматриваемые в природоохранном обустройстве в настоящее время, входят во вторую и третью природу, и частично – в первую.

Актуальность новой специальности в строительных университетах подчеркивается тем, что за последние десятилетия стали все более весомы по негативным последствиям и неустранимы признаки глобального экологического кризиса. В жизнь человечества вошли новые проблемы ограниченности природных ресурсов; впервые выявленного на научной основе существенного (~ в 1,5 раза) превышения потребления над биологической продуктивностью планеты (роста «экологического следа»); сокращения природных территорий и почв, сведения лесов, сокращения биоразнообразия, роста загрязнений, и пр. Важнейшей задачей урбанизации стало обеспечение экологического равновесия естественной природы и высококачественной урбанизированной (гармоничной, комфортной и красивой) среды жизни человека. Все эти проблемы решаются новой наукой «архитектурно-строительной экологией (включая экологическую инфраструктуру).

Новая наука в течение ряда лет является дополнением к учебным курсам ряда специальностей в строительных университетах. Но она по своей актуальности и значимости заслуживает того, чтобы быть основой новой специальности – «природоохранное промышленное и гражданское строительство». В нее войдет широкий круг проблем и решений, рассматриваемых в архитектурно - строительной экологии и в экологической инфраструктуре – в двух новых научных экологических направлениях в строительстве. Основные направления природоохранного строительства таковы [2-5].

Обоснованный выбор строительных материалов - возобновимые материалы; повторно используемые материалы и конструкции; материалы, не загрязняющие природу в ходе цикла жизни; материалы, требующие минимума энергии для их производства; местные строительные материалы, использование отходов.

Конструкции зданий с минимальной площадью застройки: подземные здания; надземные здания; обвалованные (полуподземные) здания; здания на неудобъях (на склонах, в лощинах, и пр.); здания в прибрежной зоне.

Конструкции зданий с территориями культурной природы; озеленение поверхностей кровель; озеленение поверхностей стен; здания - «зеленые холмы»; озелененные подпорные и шумозащитные стены; пермакультура; производство сельхозпродукции на озелененных поверхностях; биопозитивные берегоукрепительные сооружения.

Энергоактивные здания: гелиоэнергоактивные здания; ветроэнергоактивные здания; геоэнергоактивные здания; гидроэнергоактивные здания; биоэнергоактивные здания.

Позитивно воспринимаемая внешняя и внутренняя среда; экологическая гармония здания и природы; экологическая визуальная среда; экологическая звуковая среда в здании и рядом с ним; экологическая среда запахов; экологическая комфортность здания и территории; экологическое качество внутренней среды. Контроль загрязнений.

Полифункциональные здания и сооружения: полифункциональные гражданские здания; полифункциональные производственные здания; полифункциональные инженерные сооружения.

Материалосберегающие конструкции: пространственные, преднапряженные, многопустотные конструкции; решения разборки и демонтажа при минимальных потерях; минимизация расхода материалов путем повторного использования.

Энергосберегающие здания: эффективные теплозащитные свойства ограждающих конструкций; планировка энергосберегающих зданий; эффективные системы поддержания микроклимата; эффективное освещение; энергосберегающее оборудование; пассивное отопление.

Эффективное водопотребление: вторичное использование дождевой воды, воды из ванн и кухонь; минимизация затрат на санитарную обработку воды; система хранения воды в процессе эксплуатации здания.

Природоохранные технологии: исключение негативных воздействий при строительстве; исключение негативных воздействий при эксплуатации; «нулевые» отходы; исключение негативных воздействий при разборке.

Согласно словарю русского языка, обустройство - создание необходимых условий для обеспечения чего–либо (в рассматриваемой в статье проблеме - высокого качества трех составляющих природы), для использования чего-либо (всех трех составляющих природной среды). Обустроить - оборудовав, подготовить к эксплуатации, а также вообще привести в порядок (все три «природы»). Сейчас, в условиях кризисного развития мира, в природоохранном обустройстве (экологичной реконструкции искусственных объектов и экологической реставрации компонентов ландшафтов) нуждаются практически все виды природы – от естественной до полностью искусственной. Необходима мелиорация (улучшение) не только земель; нужно сохранять и восстанавливать природу при застройке городов, экологизировать все загрязненные городские территории, восстанавливать экологическое равновесие, создавать экологические каркасы и сети экологических коридоров, сокращать «экологический след», и т.д. Все это возможно на основе знания законов экологии, положений общей экологии.

В этих условиях, видимо, нельзя замыкаться в природообустройстве на узких направлениях. Нужно расширить и углубить понятие природоохранного обустройства до обустройства всех трех «природ» и сред – естественной, квазиприродной, артеприродной. Это – как раз тот круг вопросов, которым занимается новая наука – архитектурно-строительная экология. Интересно, что расширение и углубление понятия природоохранного обустройства является логичным движением к более широкому, новому научному направлению – природосберегающему строительству, архитектурно - строительной экологии. Это – широкая наука, сформировавшаяся в последние годы, и направленная на решение многочисленных экологических проблем застроенных территорий и природы планеты. Начиная с 1991 г., автором создано и развивается новое научное направление экологизации строительного образования – архитектурно - строительная экология. За этот период изданы и используются в учебном процессе 17 учебных пособий и монографий [например, 2 - 5]. В МГУП и ряде других университетов читаются курсы «Экология в строительстве» (архитектурно-строительная экология), «Экологическая инфраструктура». Сейчас подобные курсы с разными названиями читаются во многих строительных университетах мира.

Литература

1. Реймерс Н.Ф. Природопользование. - М.: Мысль, 1990. - 366 с.
2. Тетиор А.Н. Городская экология. - М.: Академия, 2006. – 336 с.
3. Тетиор А.Н. Архитектурно-строительная экология. - М.: Академия, 2008. – 272 с.
4. Тетиор А.Н. Экология городской среды. - М.: Академия, 2012. – 349 с
5. Тетиор А.Н. Экологическая инфраструктура. – М.: Колосс, 2004. – 254 с.

Тетиор А.Н.

доктор технических наук, профессор, Московский Государственный Университет Природообустройства

atetior@mail.ru

ЭКОЛОГИЗАЦИЯ МЫШЛЕНИЯ И ДЕЯТЕЛЬНОСТИ – АКТУАЛЬНАЯ ЗАДАЧА 21 ВЕКА

Экологизация – новое понятие, возникшее в связи с поисками путей выхода из состояния глобального экологического кризиса как следствия быстрого и успешного научно - технологического развития человечества в XX веке и в начале XXI века, и настолько же неэффективного взаимодействия с природой. Наиболее крупные достижения человечества были сделаны именно в это время. Но природа планеты не выдержала техногенного давления в ходе этого развития. Эффективные разработки человечества (такие, как повышение качества жизни, рост числа и сложности удовлетворяемых потребностей, повышение скорости передвижения, новые информационные технологии, решение проблемы питания и одежды, и пр.) сопровождались загрязнением среды и вытеснением естественной природы, исключением экологического равновесия человечества с природой.

Возникновение в XX веке явных признаков глобального экологического кризиса вызвало интерес к избавлению от него с помощью экологизации. По-видимому, первую небольшую монографию «Экологизация» написал выдающийся исследователь Н.Ф. Реймерс [1]. Но понятие экологизации не исследовано более точно, многие его определения не полны, в них отсутствуют важнейшие аспекты – такие, например, как переход к негэнтропийным технологиям, без которых немыслимо восстановление природы, и др. Нами предлагается считать, что экологизация – это иерархическая система (от глобальной до локальной) знаний, мероприятий и решений по экологическому образованию и воспитанию, сохранению среды жизни, поддержанию экологического равновесия, сокращению негативных воздействий человеческой деятельности на природную среду и постепенному переходу к позитивному взаимодействию, направленному на сохранение и восстановление природы и среды жизни, с использованием природосберегающих и природовосстанавливающих методов хозяйствования, с повышением эффективности использования ресурсов и преимущественным потреблением возобновимых ресурсов, с постепенным переходом на негэнтропийные технологии [2, 3].

Важнейшей нерешенной проблемой взаимодействия человека и природы, приведшей к актуальности всеобъемлющей экологизации, является принципиальное отличие большинства созданных и создаваемых человеком технологий и объектов техники от природных. Это отличие заключается в энтропийности подавляющего большинства решений, созданных человеком, и в негэнтропийности живой природы. Энтропия (от др.-греч. ἐντροπία - поворот, превращение) в естественных науках - мера беспорядка системы, состоящей из многих элементов. Энтропия - это хаос, саморазрушение и саморазложение. Живая природа противостоит энтропии. Во взаимодействующей системе «человечество - природа» необходимо достичь обратимости процессов, чтобы не повышать уровень энтропии.

Противоположная ей негэнтропия - упорядочивание, организация системы. Чтобы не погибнуть, живой организм борется с окружающим хаосом путем организации и упорядочивания последнего, импортируя негэнтропию. Так можно объяснить поведение самоорганизующихся систем. Свойство живых систем противостоять необратимости природных процессов – это негэнтропия. Она имеет отношение к живым системам, которые гораздо более упорядочены и более определенны в сравнении с системами неживой природы, в том числе с искусственным миром (большинством объектов техники и технологий), созданным человеком. Принципиальное отличие объектов живой природы от большинства технических объектов и технологий состоит в том, что живая природа находится в гомеостатическом равновесии с окружающей средой, все живые организмы и экосистемы как высокоорганизованные системы обладают значительной негэнтропией. Самоорганизация и саморегуляция природных систем направлены на достижение равенства нулю их энтропии, при относительной неизменности подсистем и надсистем. Для поддержания обратимости процессов, возникли механизмы саморегуляции, в том числе иерархия природных систем. Практически все системы обладают энтропией и негэнтропией, большое значение имеет соотношение (баланс) общей энтропии и общей негэнтропии.

Генезис (процесс становления) экологизации тесно связан с научно-техническим прогрессом и возникшими при этом крупными проблемами взаимоотношений с природой. Рост технического разнообразия привел к отступлению природы при росте технического разнообразия. Возникли растущие проблемы планеты: загрязнения природы и ее отступление; катастрофический рост экологического следа; близящееся исчерпание природных ресурсов; экологически необоснованный рост потребностей; неравенство, конфликты, низкая вероятность достижения устойчивого развития. Возможная экологизация делится на рекомендуемую (учет экологических постулатов) и обязательную (принуждающую): (учет законов РФ, экологической сертификации, экспертизы, мониторинга) [2, 3].

Экологизации подлежит вся материальная культура: ландшафты и поселения; индустрия, энергетика, транспорт; лесное, сельское, водное, рыбное хозяйства; вооружения; использование ресурсов; система отходов; экологический след с выравниванием его в масштабах планеты.

Экологизации подлежит духовная культура; философия; познание и науки; искусств; мораль (нравственность), этика, эстетика; образование и воспитание; социально-экономическая и социально-психологическая среды; потребности; спорт.

В основе экологизации наряду с экологическими постулатами должны лежать положения фундаментальной религии.

Самые сложные проблемы глобальной экологизации необходимо решать в 21 веке: среди них - исключение чрезмерных богатств и бедности; ликвидация чрезмерных вооружений; запрет на создание чрезмерно эффективных вооружений; обеспечение социального равенства, равноценного развития и сохранения отдельных рас, этносов, народностей; введение запрета на непроверенные по последствиям крупномасштабные вмешательства в природу и в человека; оптимизация расселения людей на планете; оптимизация доступа жителей Земли к ресурсам; проблема экспансии человечества во Вселенной; переход к нулевому росту и к оптимизации развития; проблемы экологизации отдаленного будущего.

В отдаленном будущем наиболее актуальными могут стать проблемы экологизации жизненно важных для человечества направлений деятельности и потребления ресурсов, которые ранее не подвергались экологизации и истощительно эксплуатировались. Среди них – экологизация городов и всей деятельности в них, экологизация (реставрация) ландшафтов, создание универсальной непрерывной системы экологизации нарушенных ландшафтов планеты, возврата обоснованной части освоенных ландшафтов в прежнее природное состояние; создание универсальной непрерывной системы экологизации застроенных (освоенных) территорий планеты.

Актуальна глобальная экологизация всех направлений искусственности окружающей среды, жизни и общения. Антропогенная эволюция мира вызвала его развитие в нежелательном для природы и человечества направлении, сопровождающимся ростом искусственности среды жизни (всех аспектов жизни и деятельности человека). Антропогенная эволюция (в итоге - техногенный кризис) взамен естественной эволюции Земли, ее природы, человека как элемента природы заключается в быстром техногенном изменении естественных процессов, в ускоренном воздействии человека на естественную эволюцию, в техногенных и «жестких» вмешательствах человека на самых разных уровнях – от локального до глобального, от генетического и клеточного - до популяций и экосистем [3].

Литература

1. Реймерс Н.Ф. Экологизация. – М., РОУ, 1992. – 121 с.
2. Тетиор А.Н. Экологизация. М.: Palmarium, 2014. – 389 с.
3. Тетиор А.Н. Концепция развития человечества. – М.: РИОР, 2010. – 200с.

Якубович Е.А.

доцент, к.т.н., Самарский государственный технический университет
eyakubovich@mail.ru

ОЦЕНКА ТРЕЩИНООБРАЗОВАНИЯ В НЕПРЕРЫВНОЛИТЫХ СЛИТКАХ НА ОСНОВЕ МОДЕЛИРОВАНИЯ НАПРЯЖЕННО-ДЕФОРМИРОВАННОГО СОСТОЯНИЯ

Образование трещин в слитках, возникающее при непрерывной разливке металлов, является одним из характерных дефектов, снижающих технико-экономические показатели процесса формирования слитка. Причиной трещинообразования является развитие сложного напряженно-деформированного состояния в ходе кристаллизации в условиях интенсивного внешнего охлаждения, осевые усилия вытягивания, давление тянущего устройства на боковые поверхности, давление столба жидкого металла. Значимость этих воздействий зависит от способа литья. В случае литья в электромагнитный кристаллизатор определяющими являются температурные напряжения, поскольку усилия со стороны направляющего и вытягивающего устройств незначительно, давление столба жидкого металла, зависящее от глубины жидкометаллической лунки, невелико. Экспериментальные методы оценки напряжений и деформаций в слитках чрезвычайно сложны и неэффективны. В этой связи актуальной является задача расчетного определения параметров напряженно-деформированного состояния с выходом на выбор наиболее рациональных технологических режимов охлаждения слитка и устройств для их реализации.

В работе [1,72] получена математическая модель развития упруго-вязкопластического напряженно-деформированного состояния непрерывного слитка, основанная на совместном анализе тепловых процессов, напряжений и деформаций в процессе кристаллизации. Температурное поле принимается квазистационарным. Система уравнений модели решается численно по явной конечно-разностной схеме. Оценка напряженно-деформированного состояния слитка производится по критериям, которые следуют из полуэмпирических теорий предельного состояния. Сопоставляя расчетное распределение напряжений и деформаций с предельными характеристиками материала можно получить прогноз формирования зон возможного растрескивания слитка. На основе изложенного осуществлен поиск рациональных режимов охлаждения при непрерывном литье медных слитков [2,108]. Сравнение теоретических прогнозов с экспериментальными результатами дает основание сделать вывод о том, что применяемая методика адекватно описывает явление трещинообразования в слитках.

Известные требования к промышленной реализации режимов и систем охлаждения непрерывнолитых слитков алюминиевых сплавов позволяют очертить область режимов охлаждения, не сопровождающихся возникновением зон растрескивания у поверхности слитка [3,29]. Для частной постановки задачи применительно к упругому поведению материала проанализировали распределение компонент упругих напряжений по поперечному сечению круглого слитка сплава Д16 в условиях типичной оценки возможности разрушения слитка по критерию растрескивания $KR = б_i / б_{кр}$, где $б_i$ - интенсивность напряжений в данной точке, $б_{кр}$ - критическое (разрушающее) напряжение. В случае чисто упругого состояния материала разрушение происходит в том случае, если интенсивность напряжений превосходит критическое значение, т.е. опасным является значение $KR \geq 1$.

Исследовали режимы охлаждения, отличающиеся различным характером изменения температуры охлаждаемой поверхности слитка. Для наиболее интенсивного охлаждения, характеризующегося снижением температуры поверхности слитка до 100^0 С на уровне глубины лунки, характерно существование двух зон, в которых $KR \geq 1$. Особенно опасна зона, расположенная в непосредственной близости от поверхности слитка в месте начала затвердевания. Небольшие размеры зоны указывают на наличие высоких градиентов напряжений, способных вызвать возникновение и развитие поверхностных трещин. Установлено, что высокая интенсивность температурных напряжений, соответствующая $KR \geq 0,9$, наблюдается в этом случае в довольно значительном объеме слитка, а в центре и на середине радиуса выходит к фронту кристаллизации.

Режим охлаждения, приводящий к менее интенсивному падению температуры поверхности слитка, может считаться более благоприятным, т.к. не сопровождается образованием критических областей у поверхности слитка, хотя аналогичен предыдущему по уровню KR в центральной зоне. При дальнейшем снижении интенсивности охлаждения вновь наблюдается довольно протяженная зона с $KR \geq 1$ в поверхностном слое, кроме того этот режим характеризуется неприемлемой с технологической точки зрения глубиной лунки.

Литература

1. Позняк А.А., Берзинь В.А. Развитие упруговязкопластического напряженно-деформированного состояния слитка при затвердевании //Изв.АН Латв.ССР, сер.физ. и техн. наук, №5, 1979.
2. Позняк А.А. Поиск рациональных режимов затвердевания непрерывных слитков на основе исследования развития их термонапряженного состояния. – В кн.: Теплофизические явления при кристаллизации металлов. Новосибирск: ИТФ СО АН СССР, 1982.
3. Клявинь Я.Я., Позняк А.А., Черепок Г.В., Якубович Е.А. Расчет напряженного состояния круглых слитков при непрерывном литье // Технология легких сплавов, №9, 1983.

Boiprav O.V., Belousova E.S., *Lynkou L.M., *Borbotko T.V.
Graduate student, Belarussian state university of informatics and radioelectronics, Minsk
*Doctor of Technical Sciences, Professor, Belarussian state university of informatics and radioelectronics, Minsk

ELECTROMAGNETIC SHIELDING PROPERTIES OF COMPOSITE MATERIALS BASED ON PERLITE AND SHUNGITE

Composite materials are widely used for electromagnetic shields creation nowadays. As a rule the physical and electromagnetic shielding properties of composite materials are better then the similar properties of these materials components. There are two components in composite materials. The first is the binder. The second is fixed in binder filler. The binder type selection for composite materials creation is defined of the application area and required physical properties of them (weight, strength, operating temperature range etc.). The filler type selection for composite material creation is defined of required electromagnetic shielding properties of them (in case when these materials are assumed to use for electromagnetic shields creation). There are conductive, magnetic and dielectric powders as fillers in composite materials for electromagnetic shields creation. Composite materials with the conductive fillers (carbon containing powders) are more often used for electromagnetic shields creation nowadays. These materials main advantage is the high electromagnetic attenuation value. But at the same time these materials may be characterized the high value of reflection coefficients. To exclude said disadvantage it's might be used in carbon containing fillers of composite materials the additional component characterized of dielectric properties. It proposed to use the powdered perlite as it additional component in this work. The perlite main advantage is the low weight (50–500 kg of 1 m^2 depending of the perlite grade). For comparison, the weight of 1m^2 shungite is equaled of 2250–2840 kg.

The purpose of this work is research of composite materials with filler based on powdered perlite grade M150 and shungite mix electromagnetic shielding properties (electromagnetic interference reflection and attenuation characteristics). The next tasks were solved for this purpose achievement:

– the binder type for researched composite materials samples creation was selected;

– the optimal proportion of binder and filler for researched composite materials samples creation was selected;

– the proportions values of powdered perlite and shungite in fillers for researched composite materials samples creation was selected;

– the optimal proportion value of powdered perlite and shungite in fillers of researched composite materials (the selection was realized on the basics of created samples electromagnetic shielding characteristics comparison) was selected.

The emulsion paint was selected as the binder for composite materials samples creation on this work. The choice is motivated by the low weight of obtained composite materials in this case. The most optimal volume proportion of emission paint and powdered perlite and shungite mix is equaled 2:1. The powdered perlite and shungite are distributed evenly in emission paint in such proportion. The common quantity of created samples in this work is equaled to 5. Every sample contained two layers. The first layer was the radiotransparent substrate. The second layer was the composite material of defined type. The thickness of the second layer in every sample was ~1 mm. The volume proportions values of powdered perlite and shungite in created samples are presented in table 1. It was established that the increasing of shungite percentage (more than 50 vol. %) in filler of created composite material led to this material strength properties degradation.

Table 1 – The volume proportions values of powdered perlite and shungite in created samples

Number of sample	Perlite percentage, vol. %	Shungite percentage, vol. %
№ 1	90	10
№ 2	80	20
№ 3	70	30
№ 4	60	40
№ 5	50	50

The parameters of electromagnetic reflection and attenuation characteristics were measured according to the method described in [1, 100].

The process of electromagnetic wave interaction with created samples is the similar with process of electromagnetic wave diffraction on a small conductive grating, because the values of fraction size of perlite and shungite are equaled of 1 mm and 20 microns accordingly and less than the wavelength of electromagnetic radiation of frequency range where the measures are carried out (8–12 GHz). In the moment of diffraction the incident electromagnetic wave leads to the redistribution of electric charges and currents in conductive grating. This redistribution is characterized of dipole electric and magnetic moments and leads to the electromagnetic waves dispersion. Electromagnetic radiation attenuation is the result of this emission. It was established that the sample № 5 was characterized by the highest values of electromagnetic radiation attenuation. These values are equaled to 5–6 dB. At the same time electromagnetic radiation attenuation values of other researched samples were not more than 4.9 dB. This is due to that sample № 5 contains more shungite than other samples. At the same time samples № 3 and № 5 mounted on the metal substrate had the lowest values of electromagnetic radiation reflection coefficients. This is due to the interference suppression effect of electromagnetic waves, reflected from the metal substrate and dissipated by the conductive grating. The electromagnetic reflection coefficients frequency dependences of samples № 3 and № 5 are shown in figure 1. The lines 1 in figure 1 are electromagnetic reflection coefficients frequency dependences of samples mounted on the metal substrate. The electromagnetic reflection coefficients values of samples № 3 and № 5 mounted on the metal substrates are less than the similar parameters values of sample created on the basics of composite material with emulsion paint binder (2 part of volume) and powdered shungite filler (1 part of volume). The electromagnetic shielding properties of sample created on the basics of emulsion paint and powdered shungite were analyzed in work [2, 105].

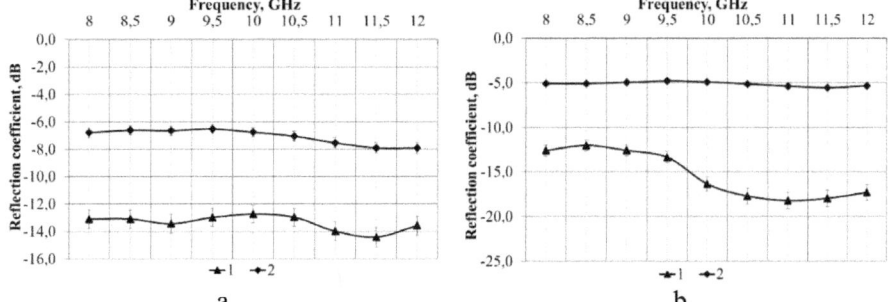

Figure 1 – electromagnetic reflection coefficients frequency dependences of samples № 3 (a) and № 5(b)

The researched in this work composite materials can be used for forming of multi-layered electromagnetic shields. Herewith the first layer of these shields has to be the radiotransparent substrate covered by the composite material with filler containing 50 vol. % of perlite and 50 vol. % of shungite. The metal foil has to be the second layer of these shields. The connection of these shields layers might be realized with spray glue. Electromagnetic radiation attenuation of these shields will be more than 40 dB and electromagnetic radiation reflection coefficients value will be equaled −13 − −18 dB. The weight value of this shield 1 m^2 will be equaled of 5.3 kg. Such shields might be used for the radioequipment protection from inside electromagnetic interferences (for example, for the protection of equipment which utilized for data transmission systems designing)

References

1. Boiprav, O.V Materialy na osnove denaturirovannogo kollagena i poroshkoobraznyh othodov proizvodstva chuguna dlja zashhity sredstv vychislitel'noj tehniki ot vneshnih jelektromagnitnyh vozdejstvij / O.V. Boiprav, T.V. Borbot'ko, G.A. Puhir // Jelektronika-info. – 2013. – № 6. – P. 99–101.

2. Belousova, E.S. Ognestojkoe jekranirujushhee pokrytie na osnove shungitsoderzhashhej kraski / E.S. Belousova, N.V. Nasonova, L.M. Lyn'kov // Nanotehnologii v stroitel'stve: nauchnyj Internet-zhurnal. M.: CNT «NanoStroitel'stvo». – 2013 – Vol. 5, № 4. – P. 97–109.

УДК.531.39

Бабенко А.Е.
Д.т.н., проф., babenko.ae@gmail.com
Боронко О.А.
Д.т.н., проф., boronko@gmail.com
Лавренко Я.И.
ассистент, lavrenko.iaroslav@gmail.com
Национальный технический университет Украины «Киевский политехнический институт», г. Киев, Украина

МЕТОДИКА ОПРЕДЕЛЕНИЯ ДИНАМИЧЕСКИХ ХАРАКТЕРИСТИК ЦЕНТРИФУГИ

Введение. Центрифуги используются для разделения смесей, состоящих из веществ разной плотности на фракции. Высокоскоростные центрифуги работают при скоростях до 15000 оборотов в минуту. Определение динамических характеристик центрифуги необходимо для определения сил, действующих на конструкцию. Так как центрифуга работает при высоких скоростях, необходимо при определении динамических характеристик учитывать гироскопические эффекты.

Актуальность. Анализ литературных источников показал, что центрифуги рассматриваются как одномассовая система [1, 62; 2, 124]. Анализ конструкции и экспериментальные исследования показали, что центрифуга является многомассовой системой. Реальные центрифуги состоят из нескольких тел, поэтому описать систему при помощи уравнения движения одного тела невозможно. Естественным подходом к решению задач динамики многомассовый систем является использование уравнение Лагранжа второго рода.

Целью работы является определение динамических характеристик лабораторной центрифуги с учетом ее конструктивных особенностей.

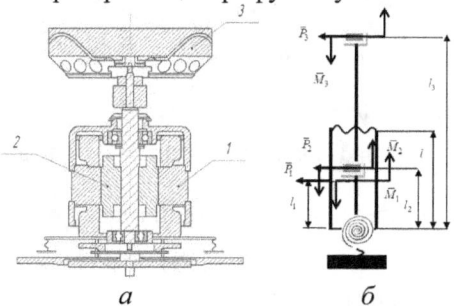

Рис.1. а) эскиз центрифуги Pico 21, б) расчетная схема центрифуги

Центрифуга PICO21 состоит из цилиндра (ротор) 3, вращающегося вокруг вертикальной оси, который приводится во вращение электродвигателем, якорь (анкер) которого 2, сидит на том же самом валу, вал закреплен в корпусе, а корпус 1 закреплен на упругих опорах. Из показанных трех тел (Рис.1,а) вращаются вокруг оси только два (анкер и ротор), поэтому при дальнейших расчетах угловая скорость корпуса равна нулю, закручивание вала не учитывалось. Исследуемый механизм при сделанных допущениях имеет 14 степеней свободы. Расчетные схемы для каждого тела приведены на (Рис.1,б).

При аналитическом описании движения твердого тела и гироскопов используются Декартова система координат и углы Эйлера-Крылова.

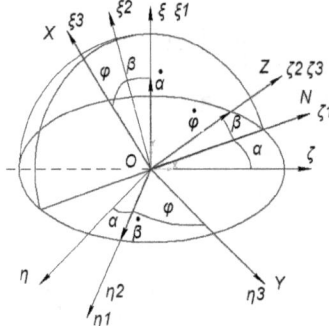

Рис.2. Углы Эйлера-Крылова

Выбор их в кинематике произвольный и определяется только характером движения вращающегося тела. Введем условно неподвижную или абсолютную систему координат $\xi\eta\zeta$ с началом в некоторой крайней точке вала (рис.2).

Упругие опоры центрифуги представляют собой резиновые цилиндры. В связи с тем, что перемещения и углы являются малыми, то упругие силы, которые действуют со стороны опор, можно считать линейными или слабо нелинейными с мягкой характеристикой.

Для решения задачи использовалось уравнение Лагранжа второго рода $\frac{d}{dt}\frac{\partial L}{\partial \dot{q}_i}-\frac{\partial L}{\partial q_i}=0$, где $L=T-\Pi$ - функция Лагранжа, T - кинетическая энергия, Π - потенциальная энергия [3, 167]. Потенциальная энергия системы состоит из потенциальной энергии деформации вала, упругих опор на которых закреплен корпус и потенциальной энергии деформации подшипников, которые рассматриваются как упругий элемент, то есть $\Pi = \Pi_{val} + \Pi_O + \Pi_P$. Потенциальная энергия вала состоит из суммы потенциальных энергий каждого участка вала за счет изгиба вала:

$$\Pi_1 = \frac{1}{2EI_1}\int_0^{b_1}(M_3+P_3\cdot x)^2\,dx, \quad \Pi_2 = \frac{1}{2EI_1}\int_{b_1}^{b_2}(M_3+P_3\cdot x - X\cdot(x-b_1))^2\,dx,$$

$$\Pi_3 = \frac{1}{2EI_1}\int_{b_2}^{b_3}(M_3+P_3\cdot x - X\cdot(x-b_1)+M_2+P_2\cdot(x-b_2))^2\,dx.$$

Потенциальная энергия подшипника, как упругой опоры, вычисляется $\Pi_P = \frac{X^2}{2\cdot C_\Pi}$, а потенциальная энергия упругой опоры $\Pi_O = \frac{1}{2}Q_0\eta_0 + \frac{1}{2}M_0\theta_0 = \frac{Q_0^2}{2C_Q} + \frac{M_0^2}{2C_M}$, где C_M и C_Q — жесткость опоры при повороте и перемещении, соответственно.

Выражения угловых скоростей в главных осях

$$\omega_{\xi 2} = \dot{\alpha}\cos\beta, \quad \omega_{\eta 2} = \dot{\beta}, \quad \omega_{\zeta 2} = \dot{\varphi}+\dot{\alpha}\sin\beta$$

Кинетическая энергия системы равна сумме кинетических энергий тел с которых состоит система, то есть кинетических энергий статора и корпуса центрифуги, ротора двигателя (анкера), ротора. Тогда кинетическая энергия системы запишется в виде:

$$T = \frac{1}{2}\left[\dot{\xi}_1^2 + \dot{\eta}_1^2\right] \cdot m_S + \frac{1}{2}I_{AS} \cdot (\dot{\psi}_1^2 + \dot{\theta}_1^2) + \frac{1}{2}\left[\dot{\xi}_2^2 + \dot{\eta}_2^2\right] \cdot m_A + \frac{1}{2}I_{AA} \cdot (\dot{\psi}_2^2 + \dot{\theta}_2^2) + \frac{1}{2}I_{PA} \cdot \dot{\gamma}^2 + \frac{1}{2}\left[\dot{\xi}_3^2 + \dot{\eta}_3^2\right] \cdot m_R + \frac{1}{2}I_{AR} \cdot (\dot{\psi}_3^2 + \dot{\theta}_3^2) + \frac{1}{2}I_{PR} \cdot \dot{\gamma}^2.$$

Взяв производные от функции Лагранжа составлялась систему уравнений для определения собственных частот колебаний.

Для численного расчета использовались следующие параметры центрифуги: $I_R = 882 кг \cdot мм^2$, $I_{R0} = 1529 кг \cdot мм^2$, $I_A = 93 кг \cdot мм^2$, $I_{A0} = 425 кг \cdot мм^2$, $m_A = 0,6 кг$, $l = 86 мм$, $I_S = 0,018 кг \cdot мм^2$, $m_R = 0,507 кг$, $m_S = 2,4 кг$, $l_1 = 45 мм$, $l_2 = 32 мм$, $l_3 = 120 мм$

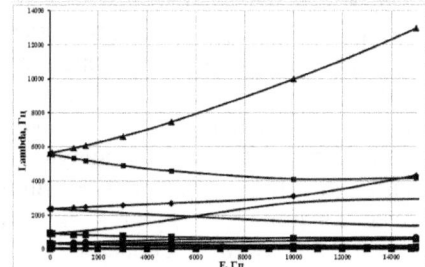

Рис.3. Результаты определения зависимости собственных частот от частоты вращения

В результате получаем уравнения движения. Так как нас интересуют колебания, то задаем перемещения в виде гармонический функций и получаем однородную систему линейных алгебраических уравнений. Из условия того, что ее детерминант равен нулю, определяем собственные частоты и их зависимости от скорости вращения ротора, то есть гироскопических эффектов (Рис.3).

Выводы:
1. Предложена новая расчетная модель, которая в отличии от существующих, отображает реальную конструкцию и динамическое поведение центрифуги Pico 21и дает возможность найти все основные частоты с достаточной точностью.
2. Аналитическим путем на основании использования уравнений Лагранжа второго рода и использования параметров модели, получены зависимости влияния гироскопических эффектов на собственные частоты колебаний центрифуги.

Список литературы:
1. Нестеренко В.П. Автоматическая балансировка роторов проборов и машин со многими степенями свободы / В.П. Нестеренко. – Томск: Изд-во Томского ун-та, 1985. – 84 с.
2. Філімоніхін Г.Б. Зрівноваження і віброзахист роторів авто балансирами з твердими коригувальними вантажами / Г.Б. Філімоніхін. – Кіровоград: КНТУ, 2004. – 352с.
3. Бабенко А.Є., Лавренко Я.І., Куренко М. Вплив гіроскопічних ефектів на коливання валу центрифуги. Вісник НТУУ "КПІ", Машинобудування. — К.: НТУУ "КПІ". - 2012 . — Вип. 65. - с.166-174.

Гравченко Л.А., Геллер Л.Н., Коженко М.А.
кандидат фармацевтических наук; доктор фармацевтических наук, профессор; интерн. Иркутский государственный медицинский университет, кафедра управления экономики и фармации

ОЦЕНКА ЛОКАЛЬНОГО ФАРМАЦЕВТИЧЕСКОГО РЫНКА ИММУНОМОДУЛЯТОРОВ, ПРИМЕНЯЕМЫХ В КОМПЛЕКСНОЙ ФАРМАКОТЕРАПИИ ЗАБОЛЕВАНИЙ РЕПРОДУКТИВНОЙ СИСТЕМЫ

Иммуномодуляторы (ИМ) – лекарственные препараты (ЛП), обладающие иммунотропной активностью, в терапевтических дозах восстанавливающие иммунную систему. Данные ИМ применяют при заболеваниях иммунной системы: иммунодефицитах, аллергических реакциях, вторичных иммунодефицитах, проявляющихся как в виде хронических, вялотекущих процессах, так и рецидивирующих инфекционно-воспалительных заболеваниях любой локализации. Наличие таких процессов свидетельствует о существовании в иммунной системе того или иного дефекта, и, следовательно, служат основанием для назначения ИМ [3,331-332].

Согласно действующему «Регистру лекарственных средств» к группе иммуномодуляторов относится 1182 ЛП по торговым наименования. Обширная номенклатура ИМ представлена следующими фармакотерапевтическими группами (ФТГ) :

- Колониестимулирующие факторы
- Интерфероны
- Интерлейкины
- Другие иммуномодуляторы.

В ходе исследования нами установлена значительная востребованность врачами данных ЛП [1,47]. В этой связи, нами был проведен мониторинг локального фармацевтического рынка (ФР). Как показали результаты исследования, основная часть рынка ИМ занята оральными и инъекционными формами выпуска, совокупность которых составляет почти 80% всего ассортимента (47% – оральные, 33% – инъекционные).

Для изучения степени востребованности ИМ ЛП со стороны пациентов нами проведен социологический опрос конечных потребителей. Полученные результаты позволили установить структуру продаж ИМ по основным ФТГ (рис.1)

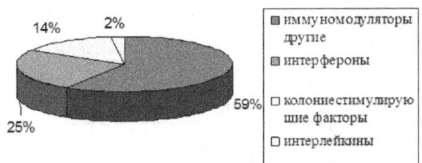

Рис.1 Структура продаж ИМ по группам

Как следует из рис.1 лидерами продаж являются – иммуномодуляторы другие – 59%, интерфероны – 25%, колониестимулирующие факторы – 14%, интерлейкины составляют только 2%.

В ходе дальнейшего исследования нами установлена структура ИМ ЛП по формам выпуска (рис.2).

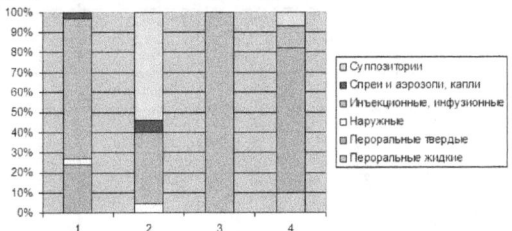

1-колониестимулирующие факторы
2-интерфероны
3-интерлейкины
4-иммуностимуляторы другие

Рис.2 Структура ЛП ИМ по формам выпуска

ИМ ЛП, как видно из рис.2, представлены следующими лекарственными формами: пероральные жидкие 2,75% (капли, настойки, соки, растворы); пероральные твердые 23,75%(таблетки, капсулы, пастилки); наружные 1,75% (растворы, мази); инъекционные, инфузионные 53,75%; спреи и аэрозоли, капли 2,25%; суппозитории 15,75%. ИМ ЛП характеризуются большим разнообразием лекарственных форм.

С целью экспертной оценки уровня использования ассортимента ИМ ЛП нами разработана специальная анкета для 18 врачей-экспертов [2,87-89]. Анкета включала 13 вопросов, сгруппированных в блоки, позволяющие выявить следующие параметры: 1) тактика назначения ИМ ЛП в целом и по возрастным группам пациентов; 2) номенклатура назначаемых ИМ ЛП в статике и динамике; 3) степень взаимодействия с аптеками и другими ЛПУ; 4) уровень информационного обеспечения врачей-гинекологов по вопросам, связанным с использованием ИМ ЛП. Анкета включала балльную оценку в диапазоне от 1 до 5 баллов.

Таблица 1
Оценка уровня использования ассортимента ИМ ЛП

Наим. ЛП	1	2	3	4	5	6	7	8	9	10	11	12	13	14	15	16	17	18	Среднее значение
Виферон	17	25	18	18	5	17	15	15	21	24	19	19	25	22	22	19	25	24	3,89
Генферон	17	20	18	18	18	19	16	16	22	23	19	19	25	18	22	15	21	24	3,89
Иммунал	17	20	14	17	14	17	15	14	18	20	17	15	25	20	22	15	19	24	3,58
Кипферон	17	25	15	17	5	17	14	14	19	21	19	19	25	22	22	16	20	22	3,66
Лавомакс	16	25	18	18	5	17	15	15	21	19	15	15	25	18	22	17	25	24	3,67
Полиоксидо-ний	17	17	14	5	19	18	14	15	21	24	19	19	25	18	22	17	18	21	3,59
Циклоферон	16	15	15	17	21	15	15	18	23	25	17	18	25	21	22	18	20	21	3,80

Как следует из табл.1, наибольшее предпочтение ЛП из ФТГ ИМ в регионе респонденты отдают следующим ИМ ЛП (рис.3): генферон – 3,89 баллов, виферон – 3,89 баллов, циклоферон – 3,8 баллов.

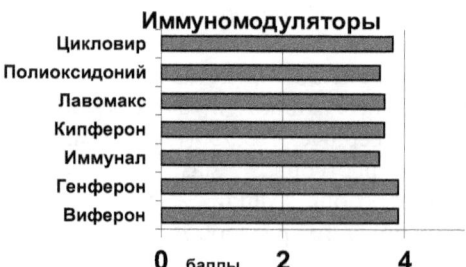

Рис.3 Предпочтения респондентов в группе иммуномодуляторов

Объемы поставок ЛП ИМ на региональный ФР с учетом стран производителей представлен на рис.4

структура стран-производителей ИМ

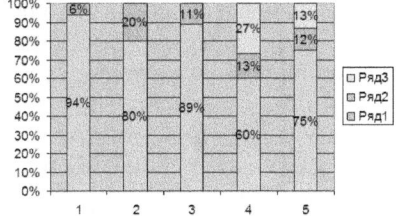

1-колониестимулирующие факторы
2-интерфероны
3-интерлейкины
4-иммуностимуляторы другие
5-иммуномодуляторы

Ряд 1-Россия, Ряд 2-Зарубежные страны, Ряд 3-Восточная Европа.

Рис.4 Структура стран-производителей ИМ

Как видно из рис.4, лидирующее место по производству и поставкам ИМ ЛП занимает Россия.

На завершающей стадии исследования нами был проведен VEN-анализ. Его результаты и данные экспертной оценки позволили на заключительном этапе обосновать рациональный ассортиментный портфель ИМ ЛП (табл.2).

Таблица 2

Результаты VEN-анализа ИЛС для фармакотерапии ЗРС

Группа VEN	Интервалы средневзвешенных оценок, баллов	Торговые наименования ИМ ЛП
Vital (V) – жизненно важные	1,98-2,39	Виферон
Essential (E) – важные	1,54-1,98	Генферон, Кипферон, Лавомакс, Полиоксидоний, Циклоферон
Non- essential (N) - второстепенные	1,11-1,54	Иммунал

Как следует из табл.2, к Vital (V)- жизненно важным ЛП относится виферон с интервалом оценок от 1,98 до 2,39 баллов; к Essential (E)- важным ЛП относятся: генферон, кипферон, лавомакс, полиоксидоний и циклоферон с интервалом оценок от 1,54 до 1,98 баллов; к Non- essential (N)- второстепенным ЛП относится иммунал с интервалом оценок от 1,11 до 1,54 балла.

Таким образом, результаты проведенного мониторинга иммуномодуляторов позволили с позиции доказательной медицины обосновать контур ИМ ЛП для комплексной фармакотерапии заболеваний репродуктивной системы.

Однако разработанный перечень является рекомендательным, так как решающее слово в выборе тактики фармакотерапии ЗРС остается за врачом-гинекологом.

ЛИТЕРАТУРА

1. Овод, А.И. Разработка методологии фармацевтической помощи некоторым категориям больных (на примере урологии). – Автореф. дис. ... д-ра фармац. наук. – М., 2006.
2. Кобзарь Л.В. Организационно-информационные подходы к проведению фармакоэкономических исследований / Л.В. Кобзарь, Е.Г. Алещенкова //Экономический вестник фармации. – 2001. - №4.
3. Дремова Н.Б. Фармакоэкономические исследования в практике здравоохранения:уч.-метод.пособие/ Н.Б. Дремова, А.И.Овод, В.А. Солянина, С.В. Соломка, Т.М. Литвинова/ Курск: КГМУ, 2006.

Зайцева Н.В.
ассистент кафедры высшей математики и математического моделирования Института математики и механики им. Н.И. Лобачевского Казанского (Приволжского) федерального университета
queen-natalya@mail.ru

СМЕШАННАЯ ЗАДАЧА ДЛЯ НЕОДНОРОДНОГО ГИПЕРБОЛИЧЕСКОГО УРАВНЕНИЯ С ОПЕРАТОРОМ БЕССЕЛЯ

Актуальность исследования нелокальных задач для дифференциальных уравнений в частных производных обусловлена тем, что многие задачи, возникающие при исследовании физических процессов различной природы, нередко приводят к данным задачам. Потребность теоретического обобщения классических задач для уравнений математической физики также делает актуальным исследование нелокальных задач с интегральными условиями.

Выделяют два класса задач: задачи, в которых интегральное условие задается вдоль характеристик и смешанные задачи с классическими начальными данными и нелокальными условиями вместо стандартных граничных условий. Данная работа посвящена исследованию смешанной задачи для неоднородного гиперболического уравнения с оператором Бесселя с интегральным условием первого рода.

Результаты настоящей работы являются продолжением исследований смешанных задач с нелокальными интегральными условиями для гиперболических уравнений [1; 2; 3; 4].

Рассмотрим в области $D = \{(x,t) | 0 < x < l, t > 0\}$ уравнение вида

$$\Box_B U \underset{Df}{=} \frac{\partial^2 U}{\partial t^2} - B_x U = f(x,t), \qquad (1)$$

где $B_x = \frac{\partial^2}{\partial x^2} + \frac{k}{x}\frac{\partial}{\partial x}$ - оператор Бесселя, $k > 0$.

Уравнение (1) будем называть уравнением колебания струны с оператором Бесселя.

Постановка задачи: требуется найти функцию $U(x,t)$, удовлетворяющую условиям

$$U \in C^2(D) \cap C(\bar{D}) \cap C^1(\tilde{D}), \qquad (2)$$

$$\Box_B U \underset{Df}{=} f(x,t), \quad (x,t) \in D, \qquad (3)$$

$$\frac{\partial U(0,t)}{\partial x} = 0, \quad t > 0, \qquad (4)$$

$$U(x,0) = \varphi(x), \quad U_t(x,0) = \psi(x), \quad 0 < x < l, \qquad (5)$$

$$\int_0^l x^k U(x,t)\,dx = g(t), \quad t \geq 0, \qquad (6)$$

где $\bar{D} = \{(x,t) | 0 \leq x \leq l, t \geq 0\}$, $\tilde{D} = \{(x,t) | 0 < x < l, t \geq 0\}$, а φ, ψ, g – заданные, достаточно гладкие функции, удовлетворяющие условиям согласования

$$\int_0^l x^k \varphi(x)\,dx = g(0), \quad \int_0^l x^k \psi(x)\,dx = g'(0). \qquad (7)$$

Теорема. Задача (2)-(7) не может иметь более одного решения.

Доказательство теоремы единственности проводим методом от противного, в результате чего можно показать, что два предполагаемых решения задачи тождественно равны $U_1 \equiv U_2$.

Для нахождения решения задачи (2)-(7) рассмотрим вспомогательную задачу: найти функцию $U(x,t)$, удовлетворяющую условиям (2)-(5) и граничному условию

$$U(l,t) = g(t). \qquad (8)$$

Решение задачи (2)-(5),(8) будем искать в виде

$$U = V + g(t), \qquad (9)$$

где V – новая неизвестная функция. Подставляя ее в уравнение (3), начальные и граничные условия, получим следующую задачу относительно новой неизвестной V:

$$\Box_B V = f_1(x,t), \qquad (10)$$

$$\frac{\partial V(0,t)}{\partial x} = 0, \qquad (11)$$

$$V(x,0) = \varphi_1(x), \quad V_t(x,0) = \psi_1(x), \qquad (12)$$

$$V(l,t) = 0. \qquad (13)$$

В работе показано, что если $w(x,t)$ – решение задачи:

$$\Box_B U = 0,$$

$$\frac{\partial w(0,t)}{\partial x} = 0,$$

$$w(x,0) = \varphi_1(x), \quad w_t(x,0) = \psi_1(x),$$

$$w(l,t) = 0,$$

а $\omega(x,t)$ – решение задачи:

$$\Box_B \omega = f_1(x,t),$$

$$\frac{\partial \omega(0,t)}{\partial x}=0,$$
$$\omega(x,0)=0, \quad \omega_t(x,0)=0,$$
$$\omega(l,t)=0,$$

где $f_1(x,t)=f(x,t)-g''(t)$, $\varphi_1(x)=\varphi(x)-g(0)$, $\psi_1(x)=\psi(x)-g'(0)$, то их сумма $V(x,t)=w(x,t)+\omega(x,t)$ будет решением задачи (10)-(13).

Литература

1. Гордезиани Д.Г., Авалишвили Г.А. Решение нелокальных задач для одномерных колебаний струны. Математическое моделирование. Т. 12. №1, 2000. – 94-103с.
2. Пулькина Л.С. Нелокальная задача с интегральными условиями для гиперболического уравнения. Дифференциальные уравнения. 2004. – Т.40. - №7. – 887-892с.
3. Beilin S.A. On a mixed nonlocal problem for a wave equations. Electronic Journal of Differential Equations. – 2006. - №103. – 1-10pp.
4. Bouziani A., Benouar N.E. Probleme mixte avec conditions integrals pour une class d'equations hyperboliques. Bull. Belg. Math. Soc. – 1996. - №3. – 137-145pp.

УДК 629.735.45.064

Касумов Е.В.

к.т.н. (КНИТУ-КАИ, Казань)
ev_kas@rambler.ru

РАСЧЕТ РАЦИОНАЛЬНЫХ ПАРАМЕТРОВ ТОНКОСТЕННЫХ КОНСТРУКЦИЙ МЕТОДОМ КОНЕЧНЫХ ЭЛЕМЕНТОВ

Предлагается методика проектировочного расчета рациональных параметров конструкции с применением метода конечных элементов. Проводится анализ выбранного критерия оптимизации на примере решения тестовых задач. Рассматриваются результаты расчета некоторых рациональных параметров элементов тонкостенных конструкций при воздействии аэродинамических сил.

Ключевые слова: анализ напряженно-деформированного состояния, численный эксперимент, проектирование, прочность.

Введение

Основной целью данной работы является разработка алгоритма численного определения рациональных параметров конструкции из композиционных материалов под воздействием системы внешних нагрузок.

Для достижения поставленной задачи необходимо систематизировать возможные решения задач автоматизированного поиска рациональных параметров конструкции с точки зрения формулировок метода конечных элементов (МКЭ).

В процессе проектировочного расчета необходимо получить такую конструктивно-силовую схему (КСС), у которой наиболее оптимально подобранные параметры жесткости (распределение толщин, углы армирования и т.д.) дают возможность получить в целом наиболее низкий уровень напряжений, наиболее сглаженное поле их распределения.

Было бы удобно в рамках конечно-элементного расчетного комплекса определить заранее возможные подходы решения задачи поиска наиболее рационального варианта конструкции, исходя из формулировок, применяемых в расчетном комплексе для конечных элементов различного типа, и методов решения основной системы уравнений при реализации задач статики и динамики.

1. Система уравнений рациональной конструкции в рамках МКЭ

Задачи оптимизации конструкций имеют достаточно условный характер, отличаются обилием подходов к решению и выбираемых критериев оптимальности. Это обусловлено многообразием требований, предъявляемых к конструкции: функциональных, конструкторских, технологических.

Во многих работах по этой теме математически задача сводится к оптимизации целевой функции некоторой группы проектных переменных:
$$F=F(X), \qquad (1)$$
где $X(X_1, X_2 ...)$ - вектор проектных переменных.

Для определения проектных параметров устанавливается экстремальное значение этой функции. Оптимизации подвергаются такие характеристики, как минимальный вес, максимальная жесткость, а также могут быть одновременно введены такие экономические проектные переменные, как минимальная стоимость. Граничными условиями может быть нежелательная деформация, неразрушаемость, ограничивающий диапазон проектного параметра и т.п.

Численная модель КСС представляет собой сложную схему распределения усилий между элементами конструкции. В общем случае она является статически неопределимой системой, конструктивные доработки которой трудно провести безошибочно без применения расчета, учитывающего наиболее полно взаимосвязи ее элементов. Как правило, на ранних стадиях проектирования конструктор при доработках КСС руководствуется разработанными им гипотезами жесткости для данной схемы. Например, в схеме крыла растяжение-сжатие может воспринимать лонжерон, а обшивка работает на сдвиг. Вклад замкнутой тонкой обшивки в изгибные деформации можно попытаться не учитывать за счет достаточной жесткости продольно-поперечного набора каркаса. Избыток полученного веса на начальной стадии можно представить запасом прочности конструкции и перепроверить на стадии стендовых испытаний. В данном случае запас прочности фактически определяет степень незнания конструктора о поведении КСС как статически неопределимой системы. При подобных «упрощенных» гипотезах жесткости конструкции ее доработки приводят к нежелательным деформациям и концентраторам напряжений, которые трудно логически описать без применения методов решений статически неопределимых задач. Картина усложняется при проектировании моноблочного крыла, где элементы каркаса и обшивки имеют еще более сложную взаимосвязь. Здесь для более точного исследования взаимосвязи элементов конструкции требуется алгоритм автоматизации подбора наиболее рационального конструктивного параметра, что удобно реализовать с применением МКЭ.

Разработка алгоритмов поиска рациональных параметров проводится с учетом того, что при построении конечно-элементной модели расчетчик оперирует такими параметрами как: геометрические данные, количество степеней свободы конструкции и граничные условия, условия нагружения, толщины материала в элементах конструкции и распределение масс по узлам конечно-элементной сетки, модули упругости материала, коэффициент Пуассона, плотность применяемых материалов в конструкции и т.д

Оперируя перечисленными параметрами, расчетчик стремится получить конечно-элементную модель, адекватную силовой схеме проектируемой конструкции. При проектировании элементов механической системы поиск рациональной конструкции разделен на две группы:

- подбор рациональной конструктивно-силовой схемы,
- подбор рациональных параметров элементов КСС.

Исходными данными для формулировки задачи оптимизации приняты перечисленные выше параметры. Чтобы обеспечить такую возможность и в силу строения конечно-элементных расчетных комплексов, задача поиска рациональных параметров (и КСС, и рациональных параметров элементов КСС) сводится к схеме (рис. 1,а), которая основана на двух основных этапах:

1. Решение геометрической задачи по пошаговому распределению заданного параметра оптимизации (толщина оболочки в узлах сетки конечных элементов, плотность материала в узлах сетки и т.п.). На данном этапе фактически реализуется решение уравнения (1);

2. Решение основного уравнения (2) для определения НДС, траектории движения.

Матричное уравнение движения конструкции имеет вид:
$$M\ddot{v} + C\dot{v} + Kv = P. \qquad (2)$$

Здесь K - матрица жесткости конструкции;

M - матрица масс конструкции;

C - матрица демпфирования;

P - сосредоточенные, объемные и поверхностные силы, действующие на конструкцию;

$v_i v_j ... v_n$ - матрицы перемещений отдельных узлов, n - общее число узлов конечно-элементной модели, т.е. $v = \{v_i v_j ... v_n\}$.

Некоторые возможности определения нагрузок при решении уравнения (2) рассматривались в публикациях раннее [1, 2].

Для более подробного пояснения схемы решения задачи оптимизации в составе конечно-элементного расчетного комплекса необходимо пояснить следующее:

- Алгоритмы поиска оптимальных (рациональных) параметров конструкции итерационные и делятся на два этапа;

- Первый этап является решением геометрической задачи распределения значений параметра оптимизации по узлам сетки конечных элементов. При этом параметр оптимизации (толщина оболочки, угол укладки армирующего слоя, значения масс, плотность материала и т.п.) рассматривается как некоторая функция по линии, поверхности или объему в параметрическом виде;

- Второй этап является решением уравнения (2) (в зависимости от поставленной задачи реализуется решение статики или динамики) относительно данных, присвоенных полученной на первом этапе сетки конечных элементов.

После решения задачи по второму этапу результат оценивается относительного заданного критерия (нежелательные деформации, заданная частота собственных колебаний, нежелательный уровень напряжений и т.п.) и при необходимости повторяется первый этап. Процесс повторяется итерационно до достижения значений параметров, близких к желаемым.

Если попытаться описать алгоритм поиска рациональной конструкции в виде системы уравнений, то в общем случае задача поиска рациональных параметров конструкции по узлам конечно-элементной сетки в соответствии с заданным критерием может быть выражена следующей системой уравнений:

$$\begin{cases} M\ddot{v} + C\dot{v} + Kv = P \\ M\ddot{v} + Kv = 0 \\ n_i = n_i(\alpha,\beta) \\ m_j = m_j(\alpha,\beta) \\ i = 1 \div k \\ j = 1 \div l \end{cases}, \quad (3)$$

где α, β - параметрические координаты расчетной сетки;

$n_i=n_i(\alpha,\beta)$, - закон распределения параметра оптимизации при решении однокритериальных задач, которым может быть плотность материала (ρ), модуль упругости (E), толщина лицевой панели (δ), радиус-вектор узла конечно-элементной сетки ($\bar{r}$), момент инерции сечения (J), степени свободы в узлах (три перемещения и три поворота в узле КЭ) и т.п. (например, $E=E(\alpha,\beta)$, или $\delta=\delta(\alpha,\beta)$);

$m_j=m_j(\alpha,\beta)$ - функции взаимосвязи параметров оптимизации, которые формулируются в случае решения многокритериальных задач;

k - количество параметров оптимизации;

l – количество функций взаимосвязи параметров оптимизации.

Выше отмечалось, что во многих работах задача поиска рациональных параметров конструкции математически сводится к оптимизации целевой функции некоторой совокупности проектных переменных $F=F(X)$, где $(X_1, X_2 ...)$ - вектор проектных переменных. В выражении (3) целевой функцией является $m_j=m_j(\alpha,\beta)$, $j=1\div l$. Это может быть нелинейная функция или функционал, описывающий зависимость заданного параметра оптимизации от нескольких других. Однако, на сегодняшний день, в многочисленных работах по оптимизации конструкции никому не удалось получить такое соотношение $m=m(\alpha,\beta)$, при котором все перечисленные выше параметры взаимоувязывались так, что система (3) сводилась к виду:

$$\begin{cases} M\ddot{v}+C\dot{v}+Kv=P \\ M\ddot{v}+Kv=0 \\ m=m(\alpha,\beta) \end{cases} \qquad (4)$$

и имела единственное решение. Иными словами, в общем случае решения задач оптимизации при выборе систем уравнений $n_i=n_i(\alpha,\beta)$, $m_j=m_j(\alpha,\beta)$ отсутствует такое выражение $m=m(\alpha,\beta)$, которое однозначно описывает взаимосвязи всех возможных параметров оптимизации. Выражение (3) является неполным при любых вариантах формулировок.

По этой причине, при решении системы уравнений (3) мы всегда получаем комплекс математических моделей поиска рациональных параметров. Выбор набора параметров оптимизации и набора математических моделей остается всегда результатом субъективного решения конструктора. Оценка полученного набора решений и их обобщение также субъективно с точки зрения конструктора-расчетчика и, как правило, имеет множество вариантов решений, часто не достигающих полностью оптимальных значений.

В итоге, множество получаемых математических моделей является средством максимально возможного всестороннего исследования проектируемой конструкции на ранних стадиях разработки с последующим их уточнением в сравнении с результатами различных видов испытаний.

В зависимости от поставленной при проектировании задачи состав системы уравнений (3) может усложняться или упрощаться. К примеру, при решении задачи поиска рациональных параметров оболочковой конструкции при распределении материала система уравнений сводится к виду:

$$\begin{cases} M\ddot{v}+C\dot{v}+Kv=P \\ M\ddot{v}+Kv=0 \\ \delta=\delta(\alpha,\beta) \end{cases} \qquad (5)$$

Необходимо дополнить, что с точки зрения общего строения расчетного комплекса конечных элементов системой уравнений конструктивно-силовой схемы будет:

$$\begin{cases} M\ddot{v}+C\dot{v}+Kv=P \\ M\ddot{v}+Kv=0 \end{cases} \qquad (6)$$

КСС будет выражаться сочетанием конечных элементов различного типа, описывающих идеализированно закон распределения энергии деформации между элементами конструкции. Оптимизация КСС в данном случае будет выглядеть как оптимальное сочетание конечных элементов различного типа (с различными степенями свободы в узле и различными кинематическими гипотезами), позволяющих наиболее точно отразить выбранный проектировщиком закон распределения энергии деформации в КСС, определяя тем самым гипотезу прочности разрабатываемой конструкции. Матрицы ***M***, ***C***, ***K*** имеют блочную структуру.

2. О реализации алгоритмов поиска рациональных параметров конструкции

В качестве примера рассмотрим задачу рационального распределения толщины материала $\delta=\delta(\alpha,\beta)$ относительно НДС конструкции.

Основная суть задачи заключается в том, что изначально толщины оболочковой конструкции задаются постоянной величиной $\delta(\alpha,\beta)=const$, где (α,β) - локальные координаты расчетной поверхности. После статического расчета толщина панели перераспределяется в зависимости от величины удельной энергии упругих деформаций материала

$$\Delta W = \frac{1}{2}\sigma^{\alpha\beta}e_{\alpha\beta} \qquad (7)$$

что эквивалентно выполнению критерия минимума потенциальной энергии деформирования. Далее проводится новый расчет с неизменной геометрией и нагрузкой до достижения сходимости. Полученную функцию $\delta(\alpha,\beta)$ можно принять за функцию рационального распределения материала в проектировочном расчете.

Решение задачи проводилось на различных типах конечных элементов и при различных вариантах нагрузок для простейших примеров, реальных конструкций и их элементов продольно-поперечного набора в отдельности. Ниже приведены примеры решений с применением оболочковых конечных элементов, соотношения которых построены с учетом кинематической гипотезы Тимошенко С.П.

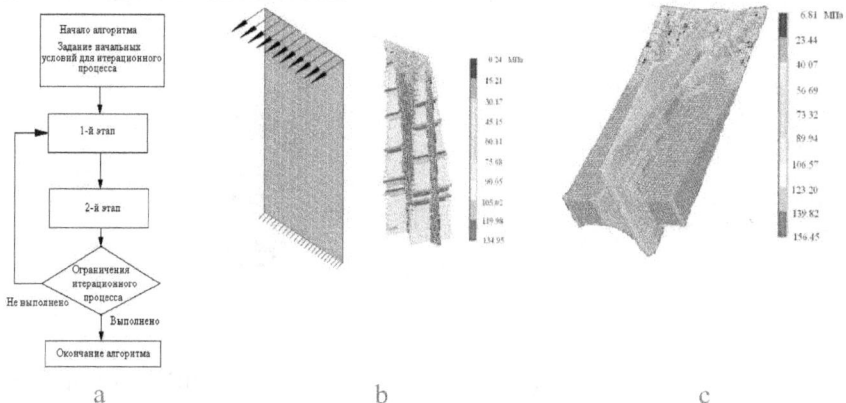

Рис. 1 – расчет распределения толщин материала

На рис. 1,b представлена расчетная модель консольно закрепленной пластины под воздействием на консоли распределенной по линии поперечной нагрузки и результаты расчета перераспределения материала. Первоначально, до проведения расчета толщина пластины постоянна по всей ее площади. После статического расчета толщина панели перераспределяется. Далее проводится новый расчет с неизменной геометрией и нагрузкой до достижения необходимого значения интенсивности напряжений по

Мизесу. В результате итерационного процесса пластина перестраивается в конструкцию, близкую к равнонапряженной, и состоит из двух ребер в форме параболы, объединенных тонкой срединной поверхностью. Геометрические размеры пластины и характеристики материала – длина 400 мм, ширина 200 мм, начальное значение толщины 0.1 мм, модуль Юнга 72000 Н/мм^2, коэффициент Пуассона $\mu = 0.33$.

Для исследования влияния видов нагружения на итерационный процесс распределения материала нагружение пластины менялось с распределенной нагрузки по линии на распределенную нагрузку по поверхности. На рис. 1,с приведены расчеты перераспределения материала. Из расчетов видно, что перераспределение материала под воздействием распределенных нагрузок по поверхности приводит плавному изменению толщин пластины по всей ее площади. Расчеты показывают, что при $\mu = 0$ распределение толщин по площади пластины близко к линейному закону.

На рис. 2 показано изменение формы сечения по длине и уровень напряжений после перераспределения материала защемленной с обоих концов балки под действием распределенной поперечной нагрузки. Геометрические характеристики сечения меняются в зависимости от уровня напряжений по длине конструкции, переходя из несимметричного двутаврового сечения в прямоугольное и затем снова в двутавровое. До выполнения процедуры перераспределения материала сечение балки прямоугольное, толщина прямоугольника 0.1 мм. Характеристики материала те же, что и в приме выше.

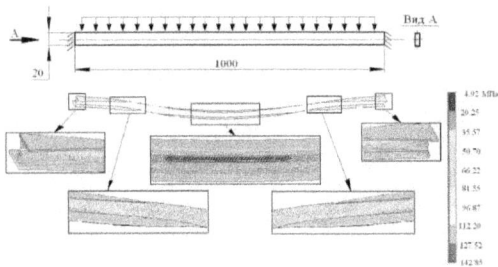
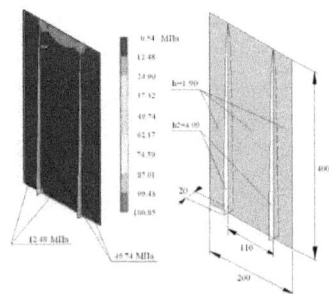

Рис. 2 – расчет рациональных параметров сечений балки под воздействием поперечной распределенной нагрузки

Рис. 3 – НДС и геометрические параметры консольно закрепленной пластины под воздействием распределенной по линии поперечной нагрузки.

h – толщина пластины.

h2 – толщина продольных ребер.

В рассмотренных задачах значение начальной толщины можно задавать двумя способами. В первом варианте задается минимальное значение толщины, которое затем наращивается и уменьшается в процессе итераций в зависимости от заданного критерия (например, уровень максимальных напряжений, равный $k \times \sigma_B$, где k –можно принять как коэффициент запаса прочности). Во втором варианте задается значение толщины с учетом неизменного объема материала оболочки, и происходит в процессе итераций лишь перераспределение изначально заданного объема. В этом случае по окончании итерационного процесса оценивается уровень напряжений и при необходимости начальное значение толщин можно уменьшить или увеличить с последующим пересчетом закона распределения толщин.

Необходимо отметить особенности порядка определения исходных данных. При решении задачи поиска рационального параметра рассматривается не отдельный расчет статического нагружения, а итерационный процесс в целом. По этой причине целесообразно задавать начальное значение искомого параметра исходя из размерности задачи несколькими способами. Первый – подразумевает задание значения максимально малым, как это делается для значения толщины в показанных выше примерах. При этом значение толщины выбирается столь малой величиной, при которой решение задачи статического нагружения на каждой итерации выполняется (т.е. граничные условия, нагрузки и геометрические характеристики конечных элементов удовлетворяют решаемой системе уравнений). Начальная толщина материала не обязательно должна отражать реальные ожидаемые конструктивные параметры и должна лишь обеспечивать решение первоначальных итераций. При этом в процессе итераций толщина материала будет наращиваться до достижения в конструкции необходимого уровня интенсивности напряжений (например, по значению σ_B). Второй способ подразумевает задание параметра (толщины материала) максимально большим (завышенным), исходя из особенностей конструкции и размерности расчетной сетки. Третий способ – это подбор начального значения исходного параметра (в данном случае толщины) исходя из статистических данных о конструкции прототипов. В этом случае после завершения итерационного расчета конструкция может оказаться близкой к равнонапряженному состоянию, но уровень напряжений будет превышать несущую способность материала. Тогда итерационный процесс придется повторить с увеличением начального значения толщин.

На рис. 3 показана пластина, геометрические характеристики которой построены по результатам расчетов, приведенных на рис. 1,b. По сравнению с результатами расчетов на рис. 1,b геометрические параметры новой пластины упрощены (не предусмотрены изменения толщин h по поверхности пластины от места нагружения к защемленному концу пластины, форма продольных ребер не предусматривает никаких изгибов). На рис. 1,b показана качественная картина распределения толщин после итерационного перераспределения материала, а на рис. 3 справа геометрические размеры полученной пластины с двумя продольными ребрами в виде параболы.

На рис. 3 слева показано НДС полученной итерационным расчетом пластины. Граничные условия и нагружение соответствуют рис. 1,b. По сравнению с консольно закрепленной пластиной постоянной толщины полученное решение (см. рис. 3) дает выигрыш в весе 25-30%. Рассмотренные выше примеры решения позволяют оценить скорость сходимости итерационных алгоритмов и оценить возможности применения алгоритмов поиска рациональных параметров с учетом свойств конечных элементов по точности решения при различной густоте расчетной сетки и различных видов нагружения.

Рассмотренный алгоритм решения опробовался на нескольких экспериментальных моделях различных видов конструкций (центробежного компрессора, крыльев большого и малого удлинения, элементах конструкции легких вертолетов) и с различными типами конечных элементов (осесимметричные, треугольные КЭ с кинематической гипотезой Тимошенко С.П. и Кирхгофа-Лява, многоузловые КЭ многослойных оболочек с кинематической гипотезой Тимошенко С.П.). В качестве иллюстративного примера на рис. 4 представлена качественная картина изменения НДС крыла цельнометалического планера большого удлинения после проведения оптимизации (ширина корневой хорды – 670 мм, концевой – 300 мм, размах 18000 мм). Расчеты показали возможности снижения уровня напряжений в конструкции, выбора геометрических параметров продольно-поперечного набора (рис. 4,a,d), желательное положение лонжерона переменного по длине сечения. Первоначально крыло рассматривалось как оболочка с учетом геометрических характеристик заднего лонжерона, которые продиктованы технологией изготовления. Конфигурация сечений основного лонжерона рассматривалась отдельно. После итерационного расчета перераспределения материала сечения лонжерона упрощались исходя из условий его изготовления (см. рис. 4,d).

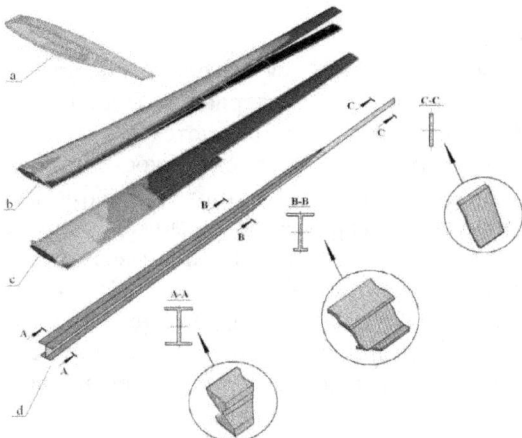

Рис. 4 – качественная картина изменения НДС крыла и распределения материала элементов продольно-поперечного набора цельнометалического планера большого удлинения после проведения оптимизации.
a – распределение материала по поверхности нервюры после применения алгоритма рационального распределения материала.
b – НДС консоли крыла под воздействием аэродинамических сил до проведения перераспределения материала.
c – НДС консоли крыла под воздействием аэродинамических сил после проведения перераспределения материала (уровень напряжений значительно снижается а поле распределения интенсивности напряжений сглаживаются).
d – изменение сечений по длине основного лонжерона крыла после перераспределения материала под действием распределенной по линии поперечной нагрузки геометрические параметры сечений осреднены по значениям аналогично задаче на рис. 1,b и рис 3).

Анализируя результаты расчетов для конструкций из различных видов материала (изотропных и ортотропных), проводилась оценка эффективности решения для различных типов конечных элементов. Качественно проявление погрешностей расчета для четырехугольных конечных элементов (КЭ) хорошо видны на рис. 1,b,c в виде концентраторов напряжений высокого уровня на поверхности пластины, модель закона рационального распределения материала имеет дискретный характер и зависит от выбранной густоты расчетной сетки с учетом условий сходимости решения к точному для данного типа КЭ.

Несмотря на высокую эффективность метода решения, при расчете конструкции под действием распределенных нагрузок требуются достаточно большие затраты расчетного времени (например для задачи определения НДС с системой в 1000000 уравнений требуется около 7000 итераций). Для уменьшения времени решения имеет смысл применять многоузловые конечные элементы оболочки.

3. Заключение

В данной работе предлагается методика проектировочного расчета конструкций из композиционных материалов. Проводится анализ выбранного критерия оптимизации. Рассматриваются результаты расчета некоторых рациональных параметров элементов тонкостенных конструкций в виде тестовых задач и реальных конструкций. Предлагаемый подход к решению поиска рациональных параметров возможен к реализации на любом программном комплексе по МКЭ при наличии возможности его программирования (например, таких, как ANSYS).

Предлагаемые алгоритмы поиска рациональных параметров наиболее просты в применении для инженера-конструктора с применением метода конечных элементов на ранних стадиях проектировочных расчетов.

Литература

1. Голованов А.И., Касумов Е.В., Шувалов В.А. О методике численных экспериментов в проектировочных расчетах механических систем вертолета //Ученые записки ЦАГИ. 2010. T.XLI, № 4 с. 86-104

2. Касумов Е. В. Численное моделирование конструкции на ранних стадиях проектирования вертолета //Ученные записки ЦАГИ, 2013 Том XLIV, № 2 с. 74-83

3. Гайнутдинов В.Г., Касумов Е.В. Об алгоритме построения упругих моделей и расчете некоторых рациональных параметров несущих поверхностей из композиционных материалов. //Изв. вузов. Авиационная техника. 1999. № 4. с.13-15.

4. Гайнутдинов В.Г., Касумов Е.В. Алгоритм определения рациональных параметров конструкции несущей поверхности с учетом воздействия системы внешних нагрузок и заданного поля температур //Вестник Казанского государственного технического университета им.А.Н.Туполева, 2013. №3, с. 21 - 25

Белякова Л.Ф.
доцент кафедры русского языка Волгоградского государственного технического университета, кандидат филологических наук
lorabella11@gmail.com

БЕЗЭКВИВАЛЕНТНАЯ ЛЕКСИКА И АНТРОПОНИМЫ В РОМАНЕ Р. ХАРРИСА «АРХАНГЕЛ» (MISCELLANEA)

Роман современного английского писателя Роберта Харриса «Архангел», прочитанный почти сразу после его выхода, во втором издании [1], привлёк автора предлагаемых лингвистических заметок особенностями функционирования русской безэквивалентной лексики и использования личных имён русских персонажей.

Главный герой романа – экстравагантный профессор Келсо, историк и политолог, специалист по России, практически свободно, по замыслу автора, владеющий русским языком. В романе будет эпизод в Центральном отделении милиции, где Келсо напишет показания аккуратной кириллицей [1, 159]. В описании прибывших в Москву участников симпозиума в Институте марксизма–ленинизма он противопоставлен профессору Филу Дьюберстайну из Нью-Йоркского университета, не без иронии называемому «воителем» холодной войны. В советской прессе употреблялось клише «трубадуры холодной войны». Видимо, он и был одним из таких «трубадуров», считавшимся мировым авторитетом по советскому коммунизму, хотя так и не удосужился выучить русский» *(«What's he saying?» – demanded Dubershtein? Who was considered a world authority on Soviet communism even though he had never quite gotten around to learning Russian»)* [1, 43].

Физиологическое восприятие русского, России, Москвы, которое может показаться странным русскому читателю, не мешает ностальгии главного героя или даже является её непременной составляющей: «*Московский воздух пах Азией: пылью, копотью, восточными пряностями, дешёвым бензином, «чёрным табаком», потом* (*«The Moscow air tasted of Asia – of dust and soot and Eastern spices, cheap gasoline, black tobacco, sweat»* [1, 53]).

Вот Флюк (fluke – это прозвище героя, полисемант, в зависимости от ситуации обозначающий и счастливчика, победившего в азартной игре, и неудачника, потерпевшего поражение), покинувший надоевший симпозиум, подходит к Ленинской библиотеке, которую, как и Институт марксизма, переименовали, но все по-прежнему называют её Ленинкой. Здесь мы могли бы ожидать в тексте транслитерацию *Leninka,* учитывая тенденцию автора к идиоматизации названий дорогих герою реалий, воскрешающих студенческие годы, однако этого не происходит *(<...> everyone still called it the Lenin»)* [1, 54]. Он проходит сквозь знакомые трёхстворчатые двери, отдаёт сумку и пальто *бабушке* в гардеробе. *(«to the babushka»)*. Слово *бабушка,* пронизанное теплом воспоминаний о добрых, трудолюбивых, отзывчивых, всех жалеющих наших бабушках, которое до сих пор является частотным в лексиконе иностранных студентов, конечно, не переводится, а транслитерируется. Келсо предъявляет свой старый читательский билет милиционеру в стеклянной будке, двигается в «море каталожных ящичков», как и много лет назад, пробегает пальцами по знакомым названиям в каталожных карточках, затем заказывает книги и вступает в привычный диалог с сотрудницей, которая, как и раньше, не может сказать, сколько придётся ждать заказ. Профессор возвращается в читальный зал № 3, мягко ступая по вытершейся зелёной дорожке, что ведёт к его месту, как будто бы и не прошло восемнадцати лет.

Действие романа разворачивается почти двадцать лет назад. Российская государственная библиотека давно модернизирована, и эти строчки воспринимались бы как ретро уже и сегодняшними посетителями библиотеки. Однако всё это описывается отнюдь не с осуждением – с наслаждением возвращения в молодость, в воспоминания о подружках – *Наде, Кате, Маргарите, Ирине, Ирине с её самиздатом («with her samizdat magazines»* [1, 55]).

Самиздат, как и иные слова, маркеры эпох, автор обычно транслитерирует, иногда сопровождая страноведческим комментарием непосредственно в тексте. Так, в прологе, в рассказе старого грузина, бывшего шофёра-телохранителя Берии, появляются транслитерированные *blizhny, dacha.* Он вспоминает о том вечере, когда позвонил Маленков, потребовал к телефону Берию, сказав, что что-то случилось на Ближней: «Ты знаешь, парень, что значит «Ближней»?– «Да, я ведь преподавал историю СССР в Оксфорде битый десяток лет» («*Know what I mean by Blizhny, boy?» asked the old man. <...> Yes, <...> I did teach Soviet history at Oxford for ten bloody years»*). В околокремлёвских кругах в сороковые-пятидесятые это слово употреблялось как сокращение для Ближней Дачи *(Blizhny is the Russian word for «near». «Near» <...> was shorthand for «the Near Dacha»)* [1, 5].

Таким образом, лексемы *самиздат, бабушка, дача* и некоторые другие функционируют в тексте в качестве безэквивалентных.

Собственно антропонимы употребляются узуально, особенно мужские. Женских имён в романе мало. К уже перечисленным можно добавить редкое имя жены сотрудника ФСБ и дочери советника президента – Серафима.

Патронимы сохраняются как идиоэтнические компоненты, но не всегда транслитеруется правильная форма: с одной стороны – Georgiy Maksimilianovich Malenkov и иные имена-отчества партийно-государственных деятелей, с другой – отчество жены одного из героев –

Liudmilla *Fedorova* (вместо *Fedorovna)* Mamantova (хотя, возможно, это просто опечатка).

Фамилии, за отдельными исключениями – Askenov (намеренная или случайная перестановка согласных в фамилии Аксёнов), Mamantov (в написании отражается либо произношение, либо искажается произношение с иным ударением на второй гласный), – аутентичны. Однако, отражая знакомство с именами известных людей различных временных пластов и сфер, а также выступая в необычных сочетаниях с именами и отчествами, они создают юмористический эффект (как у Гоголя в «Невском проспекте» – сапожник Гофман и жестяных дел мастер Шиллер, немцы-мастеровые, где этот эффект подразумевался).

Метросексуал, представитель золотой молодёжи, блондин с васильковыми глазами, пользующийся французским одеколоном после бритья (небольшая машина благоухала запахом Sauvage), восходящая звезда нового поколения ФСБ майор Феликс Степанович Суворин – тёзка «железного» Феликса с фамилией известного журналиста и издателя начала XX в. Сотрудник, осуществляющий слежку за профессором, оказывается Буниным. Лейтенант Виссарион Нетто, которого в домашней обстановке абсолютно неузуально сокращают до Висси, сочетает имя «неистового» Виссариона с фамилией погибшего дипкурьера, а скорее – с фамилией «парохода и человека» Владимира Маяковского.

Полковник Юрий Арсеньев (по следам Дерсу Узала) своего закадычного друга (vodka-partner) Николая Оборина (куда же без классических музыкантов в России) называет Ники (Niki) (вот и до домашнего имени самодержца добрались). Телохранитель Виктор Бубка напоминает о спортивных триумфах. Наконец, Блок – хранитель библиотеки на Лубянке. Ирина, женщина, на которой когда-то женился главный герой и о которой ему известно, что она работает помощником стоматолога где-то в Южном Уэльсе, оказывается Ириной Михайловной Пугачёвой.

Сформировался своеобразный художественный антропонимикон, за каждым компонентом которого для носителя русского языка тянется шлейф культурологических ассоциаций и, возможно, не всегда предполагаемых автором коннотаций. Если такой выбор антропонимов в широком смысле слова определяется художественным замыслом, то это усиливает сатирическую окрашенность политического детектива. Однако юмористический эффект может быть и побочным «продуктом» неполной лингвокультурологической компетенции.

В заключение – несколько наблюдений над употреблением практически клишированных фраз, транслитерированных в тексте «Архангела».

Герой забирается в бывший дом Берии, затем посольство одной из мусульманских стран, а в романном времени – пустующий особняк в центре Москвы. Не зная, есть ли кто в доме, он кричит, чтобы его не приняли за вора, *«Pree-vyet! Kto tam?»* [1, 90] вместо «Есть кто-нибудь?». Так должен кричать входящий, а «Кто там?» обычно кричит человек, находящийся внутри дома. Тот, кто находится в доме, спускается в вестибюль, но никого не обнаруживает, так как Келсо уже поднялся наверх. Думая, что на втором этаже кто-то есть, охранник кричит «Кто идёт» (*«Kto idiot?»*) [1, 91], хотя это, конечно, ошибочное клише многих иностранных фильмов о России. В этой ситуации охранник-то и должен был бы кричать «Кто там?» или «Есть там кто?».

Представленные в статье отдельные наблюдения над функционированием языковых явлений, которые не становятся предметом анализа обычного читателя, могут быть интересны, как нам кажется, не только лингвистам, но и преподавателям русского языка как иностранного, отражая в определённом ракурсе специфику усвоения инофонами лингвокультурологического и собственно языкового материала.

ЛИТЕРАТУРА

1. Harris, R. Archangel. – New York : Jove books, 2000. – 416 p.

Заболотских А.А.
ассистент кафедры романской и классической филологии
Таврического Национального Университета им. В.И. Вернадского
a.zabolotskykh@gmail.com

НЕОЛОГИЗМЫ КАК СРЕДСТВО ОБОГАЩЕНИЯ ЯЗЫКА (НА ПРИМЕРЕ ТЕРМИНОЛОГИИ ФРАНЦУЗСКОГО ЯЗЫКА)

Политические, экономические, социальные изменения, научно-техническая революция 20-21вв. постоянно вызывают появление новых понятий, переосмысление старых, а вместе с ними и возникновение новых слов.

Словарный состав - наиболее проницаемая, изменчивая и подвижная сторона языка, которая "непосредственно реагирует на то, что происходит в мире реалий", в ней непосредственно отражаются наши представления о различных явлениях внеязыковой деятельности"[3, 37]. Характерной особенностью словаря является его способность бесконечно разрастаться за счёт новых слов и новых значений, которые образуются различными путями. Создание неологизмов - свидетельство жизни языка, его стремление выразить всё богатство человеческих знаний, прогресс цивилизации.

Неологизмы (греч.- neos – новый и logos – слово) – новые слова, возникающие в языке в связи с развитием общественной жизни и возникновением новых понятий [6].

Одними способами образования новых слов являются суффиксация, префиксация и парасинтез. Однако, к активным явлениям образования существительных неологизмов можно отнести: переосмысление слов (11,1%от количества всех неологизмов); заимствования, среди которых преобладают английские заимствования, означающие экономическую терминологию; сложные слова, большинство имён существительных относится к бытовой лексике; телескопные слова и различные способы сокращения, которые отражают тенденцию экономии языковых средств.

Словари обычно отстают в фиксации неологизмов. С целью преодолеть это отставание, во Франции с 1980 г. выходит «Словарь современных слов» Пьера Жильбера, который был задуман автором как переиздание вышедшего в 1971 г. его же «Словаря новых слов». Однако в процессе работы над словарём П. Жильбер изменил свой первоначальный замысел. Оставив принцип построения словаря неизменным, он значительно (более чем на 50%) расширил его объём. Число словарных статей увеличено на одну треть.Автор указывает, что задача словаря – представить, а в некоторых случаях детально охарактеризовать лексические единицы (слова и словосочетания), которые присущи тому или иному аспекту французского языка второй половины 20 века. Словарь включает морфологические, семантические неологизмы, заимствования.

Отмечая влияние экстралингвистических факторов на пополнение словарного французского языка, Жильбер подчёркивает, что в настоящее время существует ряд притягивающих всеобщее внимание проблем, которые часто комментируются на страницах газет. Список этих тематических групп (centre d`intérêt) представлен в алфавитном порядке: 1.автомобиль и уличное движение; 2.атомная энергия; 3. аудиовизуальные средства; 4. досуг; 5. медицина; 6.наркомания; 7. повседневная жизнь; 8.политика; 9. социально-профессиональная жизнь; 10. теория информации; 11. экология и окружающая среда; 12. экономика и финансы. Автор считает, что основная часть появляющихся в языке неологизмов принадлежит к одной из перечисленных групп. Во французском языке термины строятся по традиционным словообразовательным моделям, а некоторые слова употребляются и в общем значении, как специальные термины (corbeau-1.ворон; 2.кронштейн; также-1. рукав; 2. шланг). Этот пласт лексики, несомненно, нуждается в серьёзном исследовании, что представляет интерес не только в практическом, но и в теоретическом плане, так как определение терминов непосредственно связано с пополнением словарного запаса языка. Особенно много неологизмов появляется в научно-техническом языке в результате бурного прогресса науки и техники. Так, например, в русском языке в период появления и развития авиации возникли слова: самолет, летчик, приземляться, воздушная яма и др.Появление радио привело к возникновению таких слов, как: радиоприемник, радиопомеха, радировать и др.В Развитие атомной энергии принесло с собой новые термины: атомоход, дезактивация, английском языке примерами неологизмов могут служить слова, появившиеся сравнительно недавно: телезритель-telespectateur (m); атомный реактор -reacteur (m) atomique; атомоход –navire (m) atomique; меченые атомы – atomes marques. Очевидно, что такие слова воспринимаются как неологизмы только до тех пор, пока выражаемые ими понятия не станут привычными, после чего они прочно входят в словарный состав и уже не воспринимаются как новые. Следует отметить, что неологизмы, как правило, возникают на базе существующей языковой традиции, используя имеющиеся уже в языке словообразовательные средства.

Источники:

1. Гак В.Г. Французский язык в современном мире //Российская франкофония. М., 2001. Вып. 2.
2. Сушков И.П. К вопросу о создании французской терминологической лексики. МГПИ им. Ленина, 1984

3. Мурадова О. А. О путях пополнения словарного состава французскогоязыка. Калинин, 1979
4. Колесник И.Т. К вопросу образования терминов в современном французском языке. М., 1988
5. Корчагина М.А. К вопросу о русских заимствованиях во французском языке. М., 1986.
6. http://philology.ru Лингвистический энциклопедический словарь.(Электронная публикация) М., 1990.

Тетиор А.Н.
доктор технических наук, профессор, Московский Государственный Университет Природообустройства
atetior@mail.ru

ФИЛОСОФИЯ БИНАРНОЙ МНОЖЕСТВЕННОСТИ РАЗВЕТВЛЯЮЩЕГОСЯ И СХОДЯЩЕГОСЯ МИРА

Наиболее общая концепция Универсума, учения о Бытии, по нашему мнению, заключается в том, что динамичный целостный мир, состоящий из бинарного (двойственного) множества предметов и явлений с противоположными свойствами, развивается с разветвлениями, увеличивающими множество (примеры – древо эволюции Вселенной от суперадрона к множественному космосу; древо эволюции живой природы Земли) [1, 2]. Разветвляющаяся эволюция и рост множественности не могут быть бесконечными: они должны переходить к замедлению, прекращению роста, стабилизации, и к деволюции; деволюция природы на Земле инициируется также антропогенными воздействиями. Деволюция в космосе определяется сроками жизни объектов и явлений.

Целостность бинарно множественного мира выражается в динамичном сочетании взаимно уравновешивающих предметов и явлений, составляющих общую картину целостности, в т.ч., например, в наличии «норм» тех или иных видов ландшафтов, в уравновешивающем сочетании человеческих качеств – например, в болезненном уравновешивании гениальности, и пр. Детерминизм бинарной множественности мира, как правило, не воспринимается человеком, так как для него характерна склонность к упрощенному дуальному и эмоционально окрашенному восприятию мира, к оценке предметов и явлений с двух сторон («да – нет», «хорошо – плохо»). Причина этого в том, что кратковременная память человека ограничена по объему ввиду надобности быстрого реагирования предков в критических ситуациях для обеспечения выживания. Упрощенное восприятие бинарной множественности мира подкрепляется тем, что движущей силой развития большей части человечества является стремление к быстрому удовлетворению потребностей. Древние структуры мозга во многом определяют не только восприятие и мышление, но и эволюцию и деволюцию человека и управляемой им природы Земли. Инициированная человеком антропогенная эволюция природы, общества, человека протекает с разветвлениями, уравновешивающими «позитивные» и «негативные» (с точки зрения человека) ветви. На инициированную человеком техногенную ветвь развития природа отвечает последующим, не зависящим от человека, введением уравновешивающей ответной ветви, с возможной деволюцией природы.

В концепции развития с разветвлениями одной из проблем является возможность односторонне позитивного развития антропогенного мира и человека. Такое развитие, исходя из изложенных законов [1], невозможно.

В бинарно множественном мире красота, целесообразность и множество других позитивных качеств уравновешиваются противоположными (негативными с точки зрения человека) качествами при наличии промежуточных и нейтральных свойств предметов и явлений. Новым явлением в философии ценностей стала «капитализация» среды и жизни (оценка всех предметов и явлений с точки зрения их стоимости, превращения их в капитал). Вследствие «капитализации» сдвигается граница между материальными и духовными ценностями в материальную сторону.

В соответствии с дуальным мышлением человек создавал законы эволюции, основанные, как правило, на дуальных представлениях (закон отрицания отрицания, единства и борьбы противоположностей, перехода количественных изменений в качественные, прогресса и регресса в развитии, и пр.). Все, что не вписывалось в эти закономерности, относили к исключениям (это - признаки ограниченности действия законов). В действительности все правила и исключения должны входить в бинарную множественность. Человеку известны далеко не все исключения и правила. Это подчеркивает неполноту законов, и возможность включения их как частных законов в общие, учитывающие множественность предметов.

В природе нет всеобщей формы бытия как противоречивости, есть множество форм – от гармонии до борьбы, включая и нейтральное взаимодействие, и взаимопомощь. Взаимоотношения носят иногда сложный, не вписывающийся в простые дуальные определения (гармония, борьба) характер. Иногда паразиты оказывают некоторую помощь хозяину, и без паразитов организм не может существовать. Не всегда действует закон отрицания отрицания: последующие формы могут дегенерировать по сравнению с предыдущими, не порождая высшие формы. Иногда формы не изменяются, не отрицая сами себя и не переходя к высшим формам. В поле множественности форм бытия, существования материи, связей и отношений, большинство параметров принимает множество значений.

В соответствии с законом бинарной множественности антропогенного мира, развивающегося с уравновешивающими разветвлениями, все негативное (грехи, зло, ложь, эгоизм, безобразие) не исчезнет как объективная часть антропогенной бинарной множественности. Не будет создана единственно верная философия, единственно верная общественная формация. Все человечество не станет умным, красивым, здоровым, склонным к альтруизму. Пока будет жива бинарно множественная природа, человек будет вынужден бороться с грехами, злом. Добродетели и грехи человечества - это части бинарной множественности. Грехи необходимы как элементы механизмов управления в природе – положительных и отрицательных обратных связей. Наказуемое греховное поведение – это пример управления с отрицательной обратной связью: «греховное поведение – негативный результат – наказание – раскаяние – стремление к добродетели».

Стремление к удовлетворению множества позитивных, негативных и нейтральных с точки зрения человека потребностей – движущая сила развития человечества. Новые и новейшие потребности закреплены в древних структурах мозга, в древних «центрах». Сильное желание и острая тоска являются древнейшими эмоциями, существенно определяющими поведение и всю жизнь человека и человечества.

Человечество существует в неустранимом бинарно множественном пространстве между добром и злом, добродетелью и грехами, красотой и безобразием, смыслом и бессмысленностью, устойчивостью и неустойчивостью развития. Бинарная множественность примиряет с наличием реально существующей и не исчезающей негативной части бытия, которая обычно помещается за непрозрачную ширму. Она показывает реальную причинно-следственную обусловленность не только позитивного, но и негативного в мире и в человеке. Человечество сохранит себя как вид, если оно не осуществит принципиально новый научно - технологический прорыв, уравновешивающий негативный результат которого приведет к невозможности продолжения жизни. Человечество должно осознать эти законы и особенности мышления, чтобы не допустить этого. Для исключения влияния упрощенного мышления на важнейшие решения человечества, возможно, потребуется введение экспертных компьютерных систем, которые будут предлагать более обоснованные пути решения проблем.

В процессе познания выявляются принципиально новые физические закономерности развития Вселенной и Земли, новые фундаментальные представления о материи, физических постоянных, и др., что требует от человека своевременного анализа и действий. Мир до конца не познаваем и никогда не будет до конца познан. Поэтому нужна предельная осторожность при вмешательстве человека в природу.

Вместе с тем человечеству необходимо уделить особое внимание проблеме уже наступившей и будущей деволюции Земли и Вселенной: видимо, нельзя поощрять деволюцию на Земле путем вытеснения природы, роста искусственности среды и жизни, видоисчезновения, и пр. Нужно глубоко исследовать процессы деволюции Земли, солнечной системы, ближнего и дальнего космоса, чтобы выявить направления деволюции и ответные действия человечества с целью его сохранения вместе с природой Земли. Философия бинарной множественности мира с его разветвляющейся эволюцией и сходящейся деволюцией способствует объяснению возможности более объективного взаимодействия человека с миром.

Литература

1. Тетиор А.Н. Философия бинарной множественности разветвляющегося и сходящегося мира. – М.:, Palmarium, 2013. – 698 с.
2. Тетиор А.Н. Целостность, красота и целесообразность мира множественной природы. – Тверь, обл. издательство, 2004. – 443 с.

Савельева М.Н.
канд. филос. наук
ГУМРФ имени адмирала С.О. Макарова

МОНИТОРИНГ КАК КРИТЕРИЙ ЭФФЕКТИВНОСТИ ДЕЯТЕЛЬНОСТИ ВУЗОВ РОССИИ

Новый подход в определении эффективности вузов был заложен в 2012 году, когда в целях реализации п.1 Указа Президента Российской Федерации от 7 мая 2012 г. №599 «О мерах по реализации государственной политики в области образования и науки» [14], перед Правительством была поставлена задача провести до конца декабря 2012 г. мониторинг деятельности государственных образовательных учреждений в целях оценки эффективности их работы и реорганизации неэффективных государственных образовательных учреждений.

По поручению Председателя Правительства Российской Федерации от 17 мая 2012 г. №ДМ-П8-2804 Министерство образования и науки подготовило соответствующий приказ №583 от 03.08.2012 [12], утвердило «Примерный перечень критериев общероссийской системы оценки эффективности деятельности высших учебных заведений» [13], разработало Методику расчета показателей мониторинга эффективности образовательных организаций высшего образования [7].

Первый мониторинг эффективности российских вузов проводился с 15 августа по 15 сентября 2012 года. Оценка эффективности деятельности высших учебных заведений осуществлялась по пятидесяти параметрам Критерии оценки эффективности были сгруппированы по видам деятельности: образовательная деятельность; научно-исследовательская деятельность; международная деятельность; финансово-экономическая деятельность; инфраструктура.

В мониторинге приняли участие 541 государственный вуз и 994 филиала. По итогам мониторинга у 136 вузов и 450 филиалов были выявлены признаки неэффективности. Критерий наличия признаков неэффективности – не достижение пороговых значений для пяти или любых четырех показателей из пяти для головных вузов; для пяти и более показателей из восьми – для филиалов [6].

По результатам работы Межведомственной комиссии и ее рабочих групп 16% образовательных учреждений отнесены к группе образовательных учреждений с признаками неэффективности, связанными со спецификой их деятельности (36 вузов и 59 филиалов); 34,2% образовательных учреждения – к группе, нуждающихся в оптимизации деятельности (70 вузов и 129 филиалов); 49,8% – к группе «образовательные учреждения, являющиеся неэффективными и нуждающиеся в реорганизации» (30 вузов и 262 филиала) [10].

В августе - сентябре 2013 года в соответствии с Приказом Минобрнауки от 1 августа 2013 г. №637 был проведен очередной мониторинг[11].

Несмотря на негативную реакцию общественности, показатели мониторинга по сравнению с прошлым годом фактически не изменились за исключением четырех моментов [9]:

1. Включение в мониторинг негосударственных вузов и филиалов на равных основаниях с государственными.

2. Выделение образовательных учреждений, имеющих специфику деятельности (военные и силовые; медицинские; сельскохозяйственные; творческие; спортивные; транспортные).

Для каждой из групп профильными Министерствами были разработаны дополнительные и скорректированы базовые показатели мониторинга. Решение об отнесении того или иного вуза к группе специфических применяется, если 60% студентов поступает по направлениям (специальностям) подготовки, отражающим специфику образовательного учреждения, вне зависимости от его ведомственной принадлежности.

3. Изменение показателя мониторинга по международной деятельности.

Показатель учитывает численность приведенного контингента иностранных студентов, обучающихся по основным образовательным программам высшего профессионального образования, при этом из расчёта показателя исключены все направления (специальности) подготовки, по которым не допускается приём иностранных студентов.

4. Введение показателя – удельный вес численности выпускников вуза, обучавшихся по очной форме обучения, не обращавшихся в службы занятости для содействия в трудоустройстве в течение первого года после окончания обучения в вузе, в общем числе выпускников.

Вуз или филиал относится к группе эффективных при достижении пороговых значений для любых трех и более показателей.

По мнению ряда экспертов [1;2;4] основные показатели, по которым определялись эффективность или неэффективность вузов, не отражают реальное положение дел, так как не учитывают уровень и качество образовательной деятельности.

Например, критерием образовательной деятельности является средний балл ЕГЭ студентов. Между тем средний балл характеризует лишь уровень подготовки школьников, т. е. работу преподавателей средних учебных заведений страны. Также необходимо отметить наличие определенной связи между результатами ЕГЭ и профилем вуза. Вполне закономерно, что среди 136 неэффективных вузов оказались 30 педагогических и 24 сельскохозяйственных вузов. Таблица 1 наглядно представляет наличие разницы в баллах для вузов разных профилей [3].

Таблица 1 – Динамика средних баллов зачисленных по результатам ЕГЭ в вузы разных профилей (2013)

Профиль вуза	Средний балл зачисленных по результатам ЕГЭ 2013
медицинские вузы	80,0
социально-экономические вузы	75,7
гуманитарные вузы	70,0
классические университеты	68,3
архитектурные вузы	67,6
технические вузы	65,2
педагогические вузы	64,5
аграрные вузы	56,6
вузы всех профилей	67,2

Критерий «научно-исследовательская деятельность» характеризуется исключительно объемом (в денежном исчислении) научно-исследовательских и опытно-конструкторских работ в расчете на одного сотрудника, т.е. измеряется не числом изобретений, патентов, монографий, публикаций в ведущих российских и зарубежных научных журналах индексом цитирования, а затратами на научные исследования. Таким образом, данный показатель отражает научный потенциал учебных заведений, включающий, в том числе, бюджетную субсидию на научную деятельность, отсутствующую у ряда отраслевых вузов.

В России показатель доли иностранных студентов слабо коррелирует с другими показателями качества образования. Конечно, обучение иностранных граждан является важным аспектом международной образовательной деятельности, особенно в условиях вступления России в ВТО. Но задача российских вузов, прежде всего, в том, чтобы готовить кадры для своей страны, поэтому вряд ли такой критерий может входить в число основных для оценки эффективности высшего учебного заведения. Реальную встроенность вуза в мировое образовательное сообщество показывают не 1-2 показателя, а минимум 4: иностранные преподаватели, иностранные студенты, международные публикации и совместные программы [5].

Показатель «инфраструктура» связан с площадью вузовских помещений в расчете на одного студента. Между тем, инфраструктура подразумевает всё, при помощи чего создаются условия для эффективного развития и функционирования вуза, то есть размещенные на площадях аудитории, лаборатории, общежития, спортивные объекты, базы практик.

Этот показатель с одной стороны не учитывает качественное содержание критерия, а с другой стороны стимулирует вузы к увеличению количество метров в расчете на одного студента, т.е. призывает неэффективно использовать государственное имущество.

Критерий пятый – общий объем полученных вузом бюджетных и внебюджетных денег в расчете на одного преподавателя. При этом в показателе не выделены непосредственно бюджетные ассигнования федерального бюджета и внебюджетные доходы вуза. С учетом различных нормативов финансирования технических и гуманитарных вузов; МГУ и СПбГУ, Федеральных и национальных исследовательских университетов данный показатель нельзя рассматривать как эффективный. В условиях резкого сокращения контингента лиц, обучающихся на платной основе, обусловленного демографическим спадом, получается, что сначала Минобрнауки выделяет субсидии на выполнение госзаданий по разным нормативам, а затем осуществляет оценку работу в зависимости от количества выделенных средств.

Вновь введенный критерий оценки трудоустройства предлагает оценивать эффективность вуза по числу выпускников, обратившихся на биржу труда, а не удельный вес выпускников данного вуза трудоустроенных по профилю специальности, поэтому вряд ли получит одобрение в образовательном сообществе.

В соответствии с позицией Минобрнауки России проведение мониторинга эффективности образовательных организаций высшего образования направлено не на выявление эффективных вузов и оценку качества их образования, а на наблюдение за их состоянием и выделение вузов, которые имеют потенциальные признаки неэффективности, то есть имеют определенные проблемы [8]. Это принципиально иная конструкция, отличная от рейтингования, ранжирования вузов. Для определения значения показателя используются медианные значения (средние) показателей вузов. Это означает, что по каждому показателю всегда будут вузы с показателем ниже среднего. Таким образом, мониторинг можно рассматривать как инструмент сокращения числа вузов на основании выделенных критериев, а не как инструмент, отражающий суть понятия «эффективность».

Список использованной литературы

1. Аракелян С. Как измерить «гранит науки»? [Электронный ресурс] – Режим доступа. – URL: http://www.akvobr.ru/kak_izmerit_granit_nauki.html
2. Зюганов Г.А. Мониторинг эффективности российских вузов: академические и социальные риски. [Электронный ресурс] – Режим доступа. – URL: http://www.sspi.ru/?dir=event&page=201212
3. Качество бюджетного приема в вузы разных профилей. [Электронный ресурс] – Режим доступа. – URL: http://www.hse.ru/ege/second_section2013/vuz_stata

4. Кузбасский С. Мониторинг эффективности российских вузов: академические и социальные риски. Аналитическая записка президенту В.В. Путину. [Электронный ресурс] – Режим доступа. – URL: http://www.smolin.ru/news/3/2953/

5. Кузьминов Я. Мониторинг эффективности вузов, реформа вузовского образования. [Электронный ресурс] – Режим доступа. – URL: http://www.osvic.ru/school-abitu/education-reform-62/article16014.html

6. Материалы к заседанию Межведомственной комиссии по проведению мониторинга деятельности государственных образовательных учреждений в целях оценки эффективности их работы. [Электронный ресурс] – Режим доступа. – URL: http//www. минобрнауки.рф/новости/2826

7. Методика расчета показателей мониторинга эффективности образовательных организаций высшего образования. [Электронный ресурс] – Режим доступа. – URL: http://www. минобрнауки.рф документы/3561/файл/2400/13.08.12

8. Минобрнауки ужесточит требования к негосударственным вузам. [Электронный ресурс] – Режим доступа. – URL: http://www.garant.ru/news/417831/

9. Мониторинг вузов и филиалов в 2013 году. [Электронный ресурс] – Режим доступа. – URL: http://www.минобрнауки.рф/новости/3354

10. Об итогах деятельности Министерства образования и науки Российской Федерации за 2012 год и задачах на 2013 год. [Электронный ресурс] – Режим доступа. – URL: http://edu.of.ru/metodkabinet/news.asp?ob_no=127200

11. Приказ Минобрнауки от 1 августа 2013 г. N 637 «О проведении мониторинга эффективности образовательных организаций высшего образования». [Электронный ресурс] – Режим доступа. – URL: http://www.gzgu.ru/naw.php?p=100

12. Приказ Министерства образования и науки РФ от 3 августа 2012 г. N 583 «О проведении мониторинга деятельности федеральных государственных образовательных учреждений высшего профессионального образования». [Электронный ресурс] – Режим доступа. – URL: http://www.garant.ru/products/ipo/prime/doc/70114534

13. Примерный перечень критериев общероссийской системы оценки эффективности деятельности высших учебных заведений. [Электронный ресурс] – Режим доступа. – URL: http://www.uup.samgtu.ru/node/211

14. Указ Президента РФ от 7 мая 2012 г. N 599 «О мерах по реализации государственной политики в области образования и науки». [Электронный ресурс] – Режим доступа. – URL:http://www.kremlin.ru/acts/15236

Ситник Н.С.
к.е.н., доцент,
Львовская государственная финансовая академия

МОДЕРНИЗАЦИЯ ТРУДОВОГО ПОТЕНЦИАЛА И ТРУДОВЫХ ОТНОШЕНИЙ В УКРАИНЕ

Реализация комплекса мер эффективной государственной политики, направленной на модернизацию системы управления в сфере товарного обращения в сложных условиях посттрансформационного этапа развития экономики, должна предусматривать более эффективное использование ее ресурсного обеспечения. В условиях ограниченности ресурсов такой путь роста эффективности является безальтернативным.

Так, для сферы товарного обращения Украины характерными остаются такие проблемы в области эффективности, как неизменная доля валового оборота торговли в валовом выпуске товаров и услуг, большое количество звениев и низкая оборачиваемость продажи товаров и их дальнейшее ухудшение, рост объемов импорта и увеличение доли иностранного капитала, слабая социальная роль торговли, высокая затратоемкость товарооборота и убыточность предприятий, др. [1, с.3,4]. Впрочем, острой из них является недостаточная реализация трудового потенциала , обусловленная , помимо прочего , недостатками в построении и развитии трудовых отношений как на предприятиях , так и в государственном , региональном и местном уровнях. Ведь сфера товарного обращения Украины обладает еще недостаточно реализованными возможностями ее кадрового обеспечения , которые могут быть использованы в целях повышения эффективности и обеспечения расширенного воспроизводства рабочей силы и производственных отношений.

Исследованием модернизационных теорий посвятили свои научные труды А. Барановский , И. Бинько , П. Иванов , А. Ковалев , В. Мунтиян , С. Хантингтон , В. Шлемко и др. . Однако вопрос модернизации трудового потенциала до сих пор остается недостаточно рассмотренным .

Целью статьи является рассмотрение особенностей модернизации трудового потенциала и трудовых отношений .

Задача статьи:

- Рассмотреть группировки регионов Украины по месту по составляющей « Эффективность рынка труда» в рейтинге регионов Украины по конкурентоспособности ;

- Проанализировать показатели занятости и оплаты труда в сфере товарного обращения Украины ;

- Осуществить компаративный анализ тенденций изменения численности работников и производительности труда в сфере торговли

Как видно по результатам группировки регионов Украины по индексу конкурентоспособности « эффективность рынка труда» , наблюдается обратная зависимость между повышением эффективности и гибкости рынка труда , мобильности работников , эффективности использования персонала , рациональным размещением рабочих мест , улучшением отношений между работодателем и работником и социально - экономическим развитием регионов Украины (табл. 1).

Так , из семи регионов с самым высоким рейтингом по составляющей « эффективность рынка труда» только для г. Киева и Днепропетровской области характерны высокие места в рейтинге конкурентоспособности в целом. Для остальных регионов значение низкие или ниже средних .

Например, Ровенская область заняла в 2011 г. первое место по составляющей « эффективность рынка труда» и семнадцатый в общем рейтинге , Черновицкая область - 4 и 21 места соответственно. При этом при оценке эффективности рынка труда учитывались такие важные для трудового потенциала индикаторы , как сотрудничество в отношениях работник - работодатель , гибкость при установлении заработной платы , устойчивость трудоустройства , коэффициенты приема и увольнения персонала , расходы , связанные с увольнением , влияние налогообложения труда .

Не наблюдается плотного связи между развитием рынка труда и повышением эффективности рынка товаров , а также емкостью товарных рынков в регионах Украины . Например , для большинства регионов с самым низким рейтингом по составляющей « эффективность рынка труда» (Тернопольская и Херсонская области , г. Севастополь , АР Крым) характерны и низкие позиции в рейтинге по составляющим « эффективность рынка товаров» и « размер рынка ». Следовательно , проблема развития сферы товарного обращения в этих регионах более сложная и системная и требует более комплексного подхода к ее решению .

Табл. 1

Группировка регионов Украины по месту по составляющей «Эффективность рынка труда» в рейтинге регионов Украины по конкурентоспособности в 2011 г. [2]

Регионы	Места в рейтинге			
	По составляющей «Эффективность рынка труда»	Общее	По составляющей «Эффективность рынка товаров»	По составляющей «Размер рынка»
1. Регионы с самым высоким рейтингом				
Ровенская	1 - 7	17	11	22
г. Киев		1	10	1

		2	2	2
Днепропетровская		2	2	2
Черновицкая		21	17	27
Винницкая		14	3	13
Черкасская		16	18	13
Ивано-Франковская		19	20	17
2. Регионы рейтингу выше среднего				
Черниговская	8 - 15	25	25	20
Полтавская		9	8	10
Хмельницкая		20	19	19
Киевская		4	4	6
Сумская		15	24	15
Житомирская		23	21	18
Волынская		12	5	21
Донецкая		5	12	3
3. Регионы рейтингу ниже среднего				
Запорожская	16 - 22	6	7	9
Кировоградская		26	22	24
Харьковская		3	15	4
Луганская		13	16	8
Закарпатская		18	1	16
Львовская		10	13	7
4. Регионы с низким рейтингом				
Тернопольская	23 - 27	24	23	25
г. Севастополь		7	9	26
Одесская		8	14	5
АР Крым		22	26	11
Херсонская		27	27	23

О необходимости более эффективного использования трудового потенциала отмечается и в Ежегодном Послании Президента Украины в Верховную Раду Украины , где отмечается , что восстановление экономического роста в Украине не сопровождается увеличением количества специалистов и высококвалифицированных рабочих , изменения в структуре занятости свидетельствуют о ее росте среди представителей простых профессий , а отсутствие условий для эффективного использования национального трудового потенциала приводит к распространению бедности среди работающего населения и снижение показателей эффективности хозяйствования отечественных предприятий [3] .

Если проанализировать показатели занятости и оплаты труда в сфере товарного обращения Украины , то в течение последнего периода времени наблюдались такие тенденции , как , во-первых , увеличение количества занятых в торговле (табл. 2). Так , только в 2011 г. до 2010 г. численность занятых в розничной торговле увеличилась на 3,1 % и достигла 528,6 тыс. человек , а к 2007 г. прирост составил 3,6 %. В 2000 г. в сфере торговли ; ремонта автомобилей , бытовых изделий и предметов личного потребления было занято 3,1 млн человек , а в 2011 г. - уже 4,9 млн человек, что на 58,1 % больше. Количество наемных работников за этот же период увеличилась с 1,2 до 1,3 млн человек.

Табл. 2

Показатели занятости и оплаты труда в сфере товарного обращения Украины в 2007-2011 гг [4, с.96, 97,99]

Показатели	Годы					Темпы роста 2011 г. к,%	
	2007	2008	2009	2010	2011	2007 р.	2010 р.
Численность занятых в сфере розничной торговли, тыс. чел.	510,0	531,1	508,2	512,7	528,6	103,6	103,1
Доля занятых в сфере торговли в общем количестве занятых,%	5,6	5,9	6,2	6,6	6,9	+1,3	+0,3
Численность занятых в среднем на одном предприятии розничной торговли, чел.	34,9	36,9	37,9	38,8	40,9	117,2	105,4
Фонд оплаты труда в сфере розничной торговли, млрд грн	4,9	7,4	6,9	8,3	9,7	197,9	116,8
Доля фонда оплаты труда в торговле,%	1,8	2,0	1,9	1,8	1,9	+0,1	+0,1
Среднемесячная заработная плата в розничной торговле, грн	814	1163	1146	1343	1524	187,2	113,5

Во-вторых , это увеличение доли занятых работников в сфере торговли в общей численности занятых в экономике . Так , в 2011 г. показатель составил 6,9 % , тогда как еще в 2007 г. - 5,6 %. К 2010 г. доля занятых в сфере торговли увеличилась на 0,3 п.п.

В-третьих , это увеличение занятых в расчете на один субъект хозяйствования в торговле . Если в 2007 г. в среднем на одном торговом предприятии работало 34,9 работники , то в 2011 г. - 40,9 чел. , Что на 17,2 % больше. Только за 2010-2011 гг численность работников торговых предприятий увеличилось 2,1 работники или на 5,4 %.

За анализируемый период увеличивался и фонд оплаты труда в сфере товарного обращения . Так , в розничной торговле в 2011 г. было выплачено почти вдвое больше заработной платы по сравнению с 2007 г. и 16,8 % - по сравнению с 2010 г.

Эти и другие тенденции привели и к увеличению среднемесячной заработной платы на предприятиях розничной торговли . В 2011 г. среднемесячная заработная плата одного работника достигла уровня 1524 грн , что на 13,5 % больше , чем в 2010 г. и на 87,2 % - до 2007 г.

Итак , большинство из охарактеризованных тенденций является свидетельством постепенного наращивания трудового потенциала отечественной сферы товарного обращения . Однако , парадокс заключается в том , что численность занятых в торговле увеличивалась за анализируемый период на фоне активного уменьшения численности наемных работников в экономике в целом . Так , численность наемного персонала в экономике Украины уменьшилась в 2011 г. до 2000 г. на 24,4 % , а численность занятых за этот же период увеличилась лишь на 0,7 %. Соответственно, торговля ли не единственная отрасль , где количество работников продолжает увеличиваться. Очевидно , это обусловлено не столь ростом возможностей экономических агентов , как снижением экономического потенциала в других видах экономической деятельности, в частности в реальном секторе экономики .

Кроме того , несмотря на рост средней заработной платы и фонда их оплаты в сфере товарного обращения , доля выплаченной заработной платы в торговле за период 2007-2011 гг почти не увеличивалась , что свидетельствует о посредственный на данный потенциал финансирования торгового персонала .

Несмотря неоднозначные тенденции к накоплению трудового потенциала отечественной сферы товарного обращения эффективность его использования остается не реализованной . Это подтверждается компаративный анализом тенденций изменения численности работников и производительности труда в сфере торговли (рис. 1). Так , если тенденция к увеличению численности занятых в сфере торговли восходящая , то производительность труда - в основном нисходящая , несмотря на довольно существенный рост производительности труда в послекризисные 2010-2011 гг Однако , это было механическим следствием спада товарооборота в 2009 г. , ведь базисные темпы роста производительности труда в 2010-2011 гг демонстрировали несколько иную тенденцию.

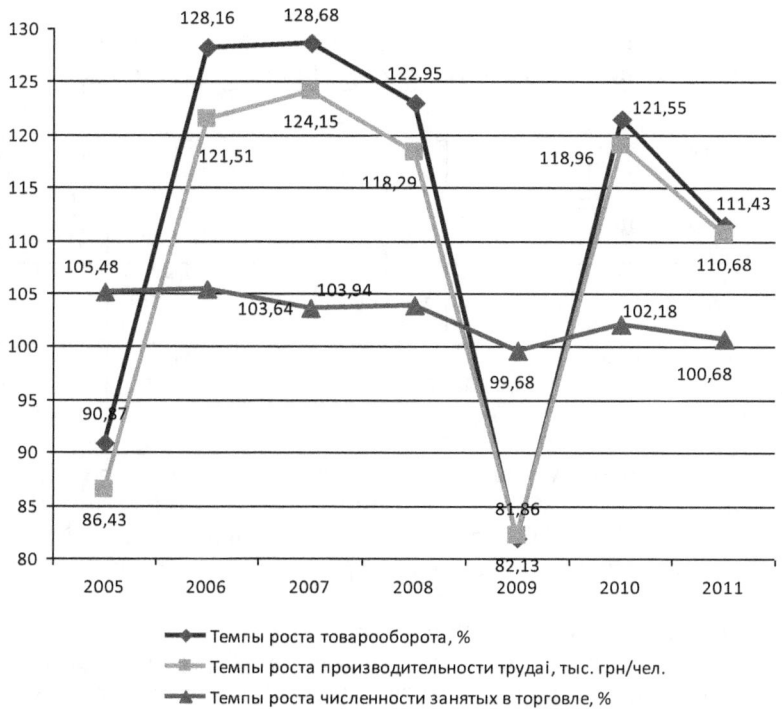

По [5 , с.271 , 280,353]

Из графика замечаем также значительно большую зависимость производительности труда от изменения объема товарооборота , а чем изменения численности занятых. Причинами невысокой на данный производительности труда является не только негативные последствия финансово -экономического кризиса 2008-2009 гг , но и отставание темпов роста товарооборота по сравнению с темпами роста численности занятых , уменьшение количества объектов торговли , упадок оптовой торговли , тенизация сферы товарного обращения , ухудшение конкурентной среды .

Несмотря на то , в период 2000-2011 гг в Украине наблюдалась устойчивая тенденция к улучшению показателей эффективности , в том числе трудового потенциала сферы товарного обращения (табл. 3). Розничный товарооборот на душу населения населения составил в 2011 г. 7,7 тыс. грн . и превысил значение показателя 2010 г. на 25,4 %. К 2000 г. показатель увеличился в 13,1 раза.

Табл. 3
Отдельные показатели эффективности розничной торговли Украины в 2000, 2006 - 2011 [6, с.51, 68,96,106,112,131,145,149, 7, с.219; 8, с.17, 82]

Показатели	Годы							Темпы роста, %	
	2000	2006	2007	2008	2009	2010	2011	2011 до 2010	2011 до 2000
Розничный товарооборот на душу населения, грн	585	2777	3832	5338	5015	6123	7677	125,4	13,1 р.
Розничный товарооборот на один кв. торговой площади, тыс. грн	4,1	19,0	23,8	30,5	28,8	33,3	38,8	116,5	9,5 р.
Розничный товарооборот в расчете на одного работника, тыс. грн / чел.	81,0	246,8	349,5	464,9	454,5	547,9	753,9	137,5	9,3 р.

Высокими темпами улучшалась и значение показателя « розничный товарооборот на одного работника ». Темпы роста в 2011 г. до 2010 г. составляли 137,5 % , а к 2000 г. - 9,3 раза. Увеличивался и розничный товарооборот на один метр квадратный торговой площади - на 16,5 % в 2011 г. до 2010 г. и в 9,5 раза к 2000 г.

Полученные результаты группировки регионов Украины по месту по составляющей « Эффективность рынка труда» в рейтинге регионов Украины по конкурентоспособности свидетельствуют не только невысокую эффективность развития сферы товарного обращения в Украине и ее негативное влияние на социально - экономический рост в регионах , но и недостаточное использование трудового потенциала в системной модернизации экономических отношений .

Выявленные тенденции изменений показателей розничного товарооборота нужно расценивать положительными и способствующими развитию отечественной сферы товарного обращения , большей реализации ее трудового потенциала . Но , отметим , что они не однозначны для всех регионов Украины и еще больше не равномерные по сравнению городских и сельских поселений. Так , если розничный товарооборот в расчете на одного человека населения составил в 2011 г. в городских поселениях 8,2 тыс. грн . , То в сельской местности - лишь 1,7 тыс. грн . , То есть коэффициент дифференциации составил 4,8 раза .

Источники

1 . Система регулирования внутренней торговли Украины : Монография / [В. В. Апопом , И. М. Копич , А. Г. Белая и др. .] ; Под ред . В. В. Апопия и И. М. Копича . - К. : Академвидав 2012. - 424 с .

2 . Отчет о конкурентоспособности регионов Украины в 2011 году. На встречу экономическому росту и процветанию . - М.: Фонд « Эффективное управление », 2011 . - 198 с .

3 . Модернизация Украины - наш стратегический выбор: Ежегодное Послание Президента Украины к Верховной Раде Украины . - К. : НИСИ 2011 . - 432 с .

4 . Розничная торговля Украины в 2011 году : Статистический сборник . - К. : Государственная служба статистики Украины 2012. - 178 с .

5 . Статистический ежегодник Украины за 2011 год / Государственная служба статистики Украины . - К. : Государственная служба статистики Украины 2012. - 558 с .

6 . Деятельность субъектов хозяйствования . Статистический сборник за 2010 год. - Государственная служба статистики Украины . - М.: ГП "Информационно - аналитическое агентство" , 2011 . - 454 с .

7 . Деятельность субъектов хозяйствования . Статистический сборник за 2011 год. - Государственная служба статистики Украины . - М.: ГП "Информационно - аналитическое агентство" 2012. - 468 с .

8 . Розничная торговля Украины в 2000 - 2010 г.г. - Государственная служба статистики Украины . - К. : Государственная служба статистики Украины, 2011 . - 191 с .

Гурьянова И.А.
начальник службы внутреннего контроля
Институт МИРБИС,
доцент Института МИРБИС,
Москва
irina_gourianova@bk.ru

ВЕНЧУРНЫЙ БИЗНЕС КАК ОДИН ИЗ ЭЛЕМЕНТОВ ЭКОНОМИЧЕСКОГО РАЗВИТИЯ

Общемировой экономический кризис и его последствия показали, что современное экономическое развитие должно быть сориентировано на изменение в сторону серьезного и эффективного предпринимательства, которое обеспечивает венчурный бизнес. Сам термин «венчурный бизнес» происходит, с лингвистической точки зрения, от сложения двух слов английского языка *venture* и *business*. Наиболее просто и, можно сказать - уже традиционно, это понятие переводится с английского языка как «рисковый бизнес», то есть, бизнес - осуществляемый в условиях риска. Однако, это упрощенное и не полное его толкование.

Наиболее полный словарь лексики английского языка – Merriam-Webster, в качестве главной трактовки слова *venture* указывает, что это глагол, который появился в средневековом английском языке около XV века и представляет собой сокращение и альтерацию слова *aventuren,* обозначавшего риск, игру, в некотором смысле - опасность. Очевидно, что именно отсюда вытекает прямое толкование понятия венчурный бизнес, ставшее традиционным.[1]

Тем не менее, оно не единственное. Существует совершенно иное лингвистическое толкование этого слова, где оно понимается как существительное и его появление относится к более ранним периодам развития английского языка. Так, профессор Тиделл, известный американский лингвист и библиовед, относил появление этого слова к первым переводам Библии на английский язык. По его мнению, *venture* это существительное, которое появляется в первой Книге Царей, где трактовка этого понятия связана с такими смыслами как шанс, удача, судьба.[2] В этих условиях, понятие «венчурный бизнес» предстает в несколько ином виде. Это уже не рисковый бизнес, а «бизнес на удачу», бизнес - рассчитанный на шанс. В целом, венчурный бизнес рождается из необходимости восполнения недостающего на текущем рынке. Такой потребностью могут быть продукт или услуга запрашиваемые потребителями (необходимые для определенной цели). Как только необходимость определена, венчурный бизнес может быть запущен инвестором или владельцем малого бизнеса, который имеет ресурсы и время для разработки и маркетинга новых товаров или услуг на новооткрытом рынке.

Венчурный бизнес, чаще всего, финансируется первоначально инвестором, который часто владелец малого бизнеса или автор идеи. Как только бизнес создается, другие инвесторы могут подключаться, предоставляя поддержку венчурного капитала для финансирования дальнейшего развития и продвижения продуктов предприятия с целью получить более высокую прибыль, разделяемую между всеми инвесторами. В этом случае, организация на самом деле, является общим венчурным бизнесом, так как в процессе участвует более чем одна из сторон».[3]

Обращаясь к отечественным определениям «венчура», необходимо отметить, что в целом они излагаются в ракурсе устоявшегося традиционного толкования понятия, однозначно связывающего его с риском. Так «Экономический словарь Финам» определяет его как бизнес, ориентированный на практическое использование технических и технологических новинок, результатов научных достижений еще не опробованных на практике. Западный венчурный бизнес работает на основе материалов и информации, полученных от научного центра или вуза, восточный главным образом получает материалы и информацию от крупных фирм.[4]

Венчурный бизнес связан с большим риском неполучения доходов по инвестициям. Им чаще всего занимаются малые предприятия, организованные в основном при наукоемких областях производства, разработчиках новых технологий, научных исследований.[5]

Венчурным бизнесом, таким образом, по их мнению, называется предпринимательская деятельность, в рамках которой капитал подвергается рискам убытков, но инвестируется в расчете на существенную прибыль. Термином «венчурный» стали обозначать как способ и форму финансирования, так и молодую недавно образованную компанию, привлекающую венчурное финансирование для своего бизнеса из внешнего источника.

Переходя к рассмотрению структурных элементов венчурного бизнеса, необходимо отметить, что ключевым из них является «венчурный капитал» (*venture capital*). Венчурный капитал представляет собой финансовый капитал, предоставленный на ранней стадии роста начинающих компаний, обладающих высоким потенциалом доходности, но и высокой степенью риска потери капиталовложений.

Сегодня на практике, как правило, капитал инвестируется в новые технологии и бизнес-модели в высокотехнологичных отраслях, таких как биотехнологии, IT, программное обеспечение и т.д. Типично, вложение венчурных инвестиций происходит после реализации стартового финансирования компании, на этапе роста финансирования. Это обусловлено интересами венчурных инвесторов получения финансовой реакции через возможные варианты реализации предложений компании, таких как IPO или продаже компании в целом. Венчурный капитал, в этих условиях является разновидностью частных прямых инвестиций. Таким образом, любой венчурный капитал является типом частного капитала, но не всегда частный капитал является венчурным.

Рассматривая практику реализации венчурного капитала глубже, необходимо отметить, что его получение существенно отличается от привлечения заемных средств или кредитов. Кредиторы имеют законное право на проценты по кредиту и на его погашение, независимо от успеха или провала проекта. Венчурный же капитал инвестируется в обмен на долю в бизнесе. Как и в случае с акционерным капиталом, возвращение венчурного зависит от роста и прибыльности бизнеса. Наиболее быстро возврат инвестированного венчурного капитала, происходит сегодня путём так называемого «выхода», осуществляемого посредством продажи имеющихся у инвестора акций или продажи бизнеса в целом другому владельцу.

Владельцы венчурного капитала, как правило, весьма избирательны в вопросе капиталовложений. Так, например, венчурный фонд может инвестировать в один из четырехсот возможных проектов. Выискивая в них уникальное соотношение таких качеств как инновационные технологии, потенциал для быстрого роста, хорошо проработанная бизнес-модель, и заслуживающая доверия команда менеджеров. Из этих качеств, инвесторы наиболее заинтересованы в предприятиях с исключительно высоким потенциалом роста, так как только такие возможности, вероятно, способны обеспечить финансовую отдачу и успешный выход в установленные сроки, чего венчурные инвесторы и ожидают.

Важнейшей задачей современного этапа экономического развития России является преодоление углубляющейся в стране стагнации инновационного развития. Выходом из сложившейся ситуации выступает венчурная деятельность. Именно она должна решить проблему создания и использования научных достижений, являющуюся одной из острейших. В наши дни Российская ВУЗовская и академическая наука, с одной стороны, накопила огромное число нереализованных научных открытий и изобретений, а, с другой стороны, наличествует широкое поле потенциального применения инноваций, поскольку технологическая основа почти всех отраслей экономики не только устарела физически и морально, а часто даже и разрушена.

ЛИТЕРАТУРА

1. Dictionary and Thesaurus - Merriam-Webster Online. Онлайн документ: http://www.merriam-webster.com/dictionary/venture?show=0&t=1361177538 Идентичную трактовку см. The American Heritage® Dictionary of the English Language, Fourth Edition, Houghton Mifflin Company, 2009.
2. TIDELL J.B. Bible by Books. 9th ed. BAYLOR UNIVERSITY PRESS, 1986, p. 116.
3. Popular Dictionary. Conjecture corp. 2012, p. 713.
4. Экономический словарь Финам. Онлайн документ: finam.ru/dictionary/wordf00CC4/default.asp?n=7
5. Бизнес-словарь. М.: НЭС, 2001.

Матюшевская С.В.
аспирант Уральского Финансово-Юридического института
e-mail: cascad@tku66.ru

Бутко Г.П.
д.э.н., профессор Уральского государственного экономического университета
e-mail: gpbutko@mail.ru

РАЗНОВИДНОСТИ СТРАТЕГИЙ И ИНСТРУМЕНТЫ ОРГАНИЗАЦИОННО-ЭКОНОМИЧЕСКОГО МЕХАНИЗМА СТРАТЕГИЧЕСКОГО УПРАВЛЕНИЯ УСТОЙЧИВЫМ РАЗВИТИЕМ ПРЕДПРИЯТИЯ

Ключевые слова: стратегия, классификация стратегий по степени риска, уровни стратегии, устойчивое стратегическое управление предприятием, стратегическое планирование.

В настоящее время возрастает роль стратегических подходов к управлению, которые становятся императивом для всех хозяйствующих субъектов. Поэтому важнейшее место в деятельности любой фирмы занимает выработка стратегического плана действия: по повышению конкурентоспособности на всех уровнях народного хозяйства, по развитию фирмы в условиях нестабильной внешней среды.

Стратегическое планирование определяется как деятельность по разработке, обсуждению и принятию стратегии предприятия. Несмотря на наличие многочисленных апробированных схем формирования стратегических планов и работ признанных авторитетов в области стратегического планирования, в этой сфере нет и не должно быть раз и навсегда заданных трафаретов, хотя в ряде случаев сложившиеся представления довольно логичны и могут рассматриваться как постулаты, требующие обсуждения [4, 228].

Выбор стратегии фирмы зависит, в первую очередь, от ее внутренних возможностей, ее кадрового и технологического потенциала. Как показывает практика, только разовая операция может обойтись без учета риска. Когда же речь идет о бизнесе, рассчитанном на перспективу, то здесь учет различных рисков необходим. Перспективные решения в конечном счете принимает собственник, и только он может определить, какую степень риска он считает для себя допустимой.

По степени риска стратегии подразделяются на три класса:

1. Консервативные, ориентирующиеся на минимальную степень риска или полное отсутствие риска, что может одновременно означать ориентацию на минимальную норму прибыли.

2. Умеренные, ориентирующиеся на заранее установленную для себя планку риска и не допускающие ее превышения даже при заманчивых перспективах прибыли.

3. Агрессивные, ориентирующиеся на реализацию рискованных, «венчурных», но высокодоходных проектов [4, 232].

При наличии финансовых возможностей фирма может сочетать реализацию разных проектов с различной степенью риска. Такую стратегию можно назвать взвешенной, она содержит консервативные направления деятельности, гарантирующие устойчивость фирмы, и агрессивные направления, рассчитанные на получение значительной прибыли, сопряженные с риском, но не представляющие глобальной опасности для существования фирмы в случае неудачи. Но агрессивность стратегии вовсе не означает опрометчивости: ни при каких вариантах стратегии нельзя допускать реализации необоснованных программ. Агрессивная стратегия допускает высокую степень риска, который связан с возможным изменением ситуации по сравнению с исходной.

Таким образом, речь не о противопоставлении, а о сочетании различных направлений деятельности в рамках единой стратегии с целью приспособления к рынку («соответствовать» и «реагировать»), воздействия на него («инициировать» и «влиять»). Такое приспособление означает более полный учет сложившихся потребностей покупателей, постоянное и своевременное реагирование на требование рынка: разрабатывать и осуществлять меры стратегического характера по созданию любых новинок, формированию новых потребностей, по влиянию на рынок. Конечно, речь идет не об отдельном предприятии малого бизнеса, а о крупных и средних фирмах, которые обладают потенциальными возможностями серьезно воздействовать на рынок, на покупателей, на конкурентов, на общее направление развития той или иной отрасли или его вида деятельности. В результате стратегический бизнес-план деятельности фирмы содержит мероприятия, направленные как на формирование спроса, особенно на вновь осваиваемую продукцию, так и на приспособление к изменениям существующего сложившегося спроса.

Единой или общепринятой классификации видов предпринимательской стратегии не существует. Изучив ряд источников, мы смогли выделить пять основополагающих уровней стратегии:

1. Корпоративная стратегия – стратегия повышения конкурентоспособности фирмы, как единой коммерческой организации. Корпоративная стратегия должна содержать определение наиболее важных целей развития фирмы:

- на какие рынки или сегменты рынков ориентироваться;

- на какие продукты (услуги) делать ставку и расширять их производство, какие новые виды продуктов, услуг осваивать и продвигать на рынок;

- на каких потребителей или группы потребителей (покупателей, клиентов) делать ставку в перспективе.

2. Деловая стратегия – стратегия развития каждого вида деятельности, если речь идет о диверсифицированной фирме, осуществляющей различные виды деятельности.

3. Функциональная стратегия – стратегия развития функциональных направлений деятельности: маркетинг, производство, сбыт, финансы, персонал.

4. Операционная стратегия – стратегия развития подразделений фирмы: отделов, филиалов, представительств [1, 145].

5. Личностная (персонофицированная) – фундамент стратегической пирамиды.

На наш взгляд, обеспечить стабильное бескризисное развитие предприятия в современных условиях способна только та стратегия, которая связана с обеспечением низких издержек.

Рассматривая возможные пути и способы вывода предприятия из кризиса, можно отметить большое их разнообразие. Однако, говоря о роли финансово-структурных преобразований, особо следует остановиться на значении инвестиционной стратегии в антикризисной программе.

Инвестиционная стратегия носит подчиненный характер по отношению к общей стратегии экономического развития предприятия и конкретизирует последнюю, определяя пути и средства достижения выбранных целей. Сложность формирования инвестиционной стратегии заключается еще в том, что она должна учитывать направления инновационной политики как на предприятии, так и в отрасли, причем не просто им соответствовать, но и несколько их опережать [2, 295].

Также, в последние годы ученые, занимающиеся исследованиями стратегического управления предприятиями, все больше ориентируются на устойчивое развитие, под которым понимают «планомерно организуемый, мотивируемый, контролируемый и корректируемый процесс организационных изменений, представляющий собой совокупность взаимосвязанных ресурсов и деятельности, преобразующей входящие элементы (структуры, технологии, продукты, производственные отношения и др.) в выходящие, характеризующиеся новыми свойствами» [3, 139]. Устойчивое развитие осуществляется в рамках реализации стратегии предприятия и направлено на обеспечение его экономической, социальной и экологической безопасности.

Процесс устойчивого развития представляет собой систему непрерывных мероприятий по управлению организационными изменениями. Поэтому на современном этапе для средних и крупных предприятий необходимо разрабатывать алгоритм проектирования их устойчивого развития. Этот алгоритм является основным инструментом организационно-методического обеспечения управления организационными изменениями и связывает воедино все действия, предусмотренные подготовкой изменений на предприятии. Его содержание включает реализацию следующих этапов:

1-й этап – обоснование программы организационных изменений;

2-й этап – разработка программы нейтрализации сопротивления изменениям;

3-й этап – подготовка ресурсного обеспечения процесса управления изменениями;

4-й этап – создание системы контроля за процессом изменений.

При этом, каждый из этапов должен включать совокупность мероприятий, обеспечивающих пошаговое выполнение данного алгоритма.

Мы полагаем, что сам организационно-экономический механизм стратегического управления устойчивым развитием предприятия является самостоятельным и востребованным инструментом управления. Занимая особую нишу в системе управления на предприятии, он должен выполнять следующие функции:

- определение приоритетов в целях развития;

- выявление законов и закономерностей управления развитием;

- формулирование принципов управления развитием;

- создание соответствующего методического обеспечения и инструментария;

- осуществление процесса проектирования устойчивого развития;

- проведение анализа потенциала развития;

- формирование методики определения стратегии развития и реализация самой стратегии;

- определение эффективности проводимых изменений на прендприятии.

Таким образом, нами выявлены теоретические основы и особенности формирования стратегии управления устойчивым развитием предприятия, что позволяет более качественно подойти к диагностике функционирования и обоснованию проекта стратегического управления средними и крупными предприятиями.

Литература:

1. Бутко Г.П., Бессонов А.Б. Стратегический менеджмент. Учеб.пос. Ек УГЛТУ 2008.- 142 с.

2. Виханский О.С. Стратегическое управление: Учебник для вузов. М.: Экономист, 2006. - 293 с.

3. Горюнова Л.А. Некоторые принципы стратегического планирования развития корпорации//Научно-информационный журнал. Экономические науки. 2012. №12.

4. Малышев Н.И. Стратегия управления молокоперерабатывающим предприятием//Всероссийский научно-практический журнал по экономике. Российское предпринимательство. 2011. №1.

Бармашова Л.В.
кандидат экономических наук, доцент кафедры МЭА филиала ФГБОУ ВПО «МГИУ» в г. Вязьме, barmashova_lv@mail.ru
Матисов А.А.
старший преподаватель кафедры ЕНТД филиала ФГБОУ ВПО «МГИУ» в г. Вязьме

ВОСПРОИЗВОДСТВО ИНТЕЛЛЕКТУАЛЬНОГО ЧЕЛОВЕЧЕСКОГО ПОТЕНЦИАЛА В УСЛОВИЯХ ПЕРЕХОДА К ИННОВАЦИОННОЙ ЭКОНОМИКЕ

Новый экономический тренд мирового развития ориентирован на инновационную парадигму, предполагающую интенсивное проведение научных исследований. Разработку новейших технологий, выход на мировые рынки и развертывание международной интеграции в научно-производственной сфере. Руководством России поставлена перед страной задача построения инновационной экономики. Поэтому актуальным становится вопрос выявления и развития человеческого потенциала. который будет являться адекватным данной задаче и будет способен обеспечить ее решение. Осознание необходимости перехода к человеко-ориентированной экономике в русле новой инновационной парадигмы, сегодня проводится много дискуссии по вопросу этических и экономических аспектов социально-экономического развития, о мерах участия в нем и ответственности государства, частного бизнеса, науки. Все это объясняет актуальность данного вопроса.

Общественное воспроизводство, как известно, представляет собой процесс непрерывного возобновления народонаселения, непрерывного процесса производства материальных и интеллектуальных благ, структурированной совокупности социально-экономических отношений, в том числе экономического (хозяйственного) механизма; общественное воспроизводство состоит из четырех сфер – производства, распределения, обмена (рынка), потребления, оно может быть простым или расширенным, а в отдельных случаях, как например, в современной России, суженным; [1] для общества и государства желательно осуществлять общественный воспроизводственный процесс на качественно совершенствующийся постоянно развивающийся основе; для общественного воспроизводства принципиально важное значение имеют его пропорции и темпы роста, а также его социальная и экономическая эффективность. [2]

Структурная деформация экономики России привела к серьезным проблемам в научно-техническом комплексе страны, в том числе, кадровым. Начиная с 2002 года, вопрос кадрового обеспечения науки и производства был признан государством в числе стратегически важных, стали издаваться концептуальные и программные документы с целью восстановления нормального воспроизводства работников способных заниматься НИОКР.

На сегодняшний день проблема остается пока нерешенной. Финансово-экономический кризис 2008 года значительно затормозил процесс формирования и воспроизводства человеческого потенциала. Многие зарубежные и отечественные ученые-экономисты внесли значительный вклад в разработку данной темы. Это такие экономисты как Абалкин Л.И., Беккер Г., Бухвальд Е.М., Глазьев С.Ю., Добрынин А.И., Дракер П., Иванова Н.И., Кондратьев Н.Д., Кушлин В.И., Лапин Н.И., Новицкий Н.А., Й.Шумпетер и др. Проблемы человеческого потенциала с точки зрения исследования психологических, социальных и экономических аспектов изложены в трудах Заславской Т.И., Соболевой И.В., И.Т.Фролова, Б.Г.Юдина, О.Л.Краевой, А.Сена и др. В оснву исследования теоретико-методологических подходов воспроизводственных процессов человеческого потенциала положены труды классиков политической экономии, таких как К.Маркс и Ф.Энгельс. Проблемы научно-технического развития человеческого потенциала рассмотрены в работах Алейника А.З., Ананьина О.И., Анчишкина А.И., Волковой Т.И., Струмилина С.Г., Тодосийчука Р.А, Фоломьева., А.Н. и др. [3,4]

Как для производства, так и для науки особую значимость и ценность приобретают человеческие ресурсы, которые необходимы развития экономики и перехода ее ни инновационный путь развития. Поэтому протекающие в России демографические процессы заслуживают самого пристального внимания и исследования. Сложившаяся с 1990-х годов драматическая ситуация в экономики России не могла не сказаться негативно на воспроизводстве трудового потенциала, а следовательно и на интеллектуальном человеческом капитале, в основе которой лежит ухудшающаяся демографическая динамика. Происходит процесс снижения доли населения в возрасте моложе трудоспособного. В тоже время возрастает доля населения в возрасте старше трудоспособного. Доля трудоспособного населения увеличилась незначительно, что дает преимущества для экономического роста в краткосрочном и среднесрочном плане экономике и крайне негативно скажется в стратегической перспективе. [5]

В качестве концептуальной основы анализа человеческого потенциала можно выделить системность его свойств, единство и взаимосвязь его функциональных проявлений и условий существования. Исходя из этих соображений, человеческий потенциал науки может быть представлен как часть совокупного человеческого потенциала нации, отдельного феномена с определенными функциональными возможностями в конкретной сфере деятельности. Можно рассмотреть системы воспроизводства человеческого потенциала в виде многоуровнего комплекса взаимосвязанных, непрерывно возобновляющихся процессов и социально-экономических отношений в смысле его формирования, распределения, обмена и реализации. Каждая фаза воспроизводственного цикла человеческого потенциала будет характеризовать определенную упорядоченность образующих ее содержание компонентов и представлять собой отдельную подсистему. Цель воспроизводства человеческого потенциала заключается в наиболее полной реализации внутренних резервов человека в научной и производственной деятельности в соответствии с уровнем потребностей и характером общественного воспроизводства. К основным функциям системы воспроизводства человеческого потенциала можно отнести интегративную, адапционную, стимулирующую, экономическую, социальную, производительную, регулирующую. Относительная самостоятельность системы воспроизводства интеллектуального человеческого потенциала проявляется в особенностях действия экономических законов, закономерностей и тенденций, которые обусловлены спецификой производства и отраслью промышленности. На основе проведенных исследований, были выделены имманентно присущие и не зависящие от характера общественного воспроизводства, закономерности воспроизводства интеллектуального человеческого потенциала, такие как: преемственность знаний, которое обеспечивает поступательное и взаимозависимое развитие индивида производственной и творческой деятельности; стирание границ между рабочим и свободным временем в силу «всепоглощающего» характера творчества; относительная ограниченность резервов пополнения интеллектуального человеческого потенциала ввиду определяющей роли неявных знаний; необходимость своевременного выявления, развития и реализации творческих способностей; эволюция основных функций субъектов научной деятельности: накопление знаний, производство новых знаний, передача знаний следующим поколениям.

К наиболее существенным закономерностям и тенденциям, детерминирующим воспроизводство интеллектуального человеческого потенциала при современном уровне развития производительных сил и производственных отношений, можно отнести: превращение науки в непосредственную производительную силу, капитализация и глобализация науки. Способность человеческого капитала обеспечить необходимое приращение национального богатства на более высоком уровне, обусловила политику многих государств на наращивание интеллектуального человеческого потенциала в научной сфере. Расширенное воспроизводство интеллектуального человеческого потенциала (ИЧК) является общей закономерностью инновационного типа общественного воспроизводства. Сам процесс воспроизводства ИЧК обеспечивается за счет системной интеграции трех основных факторов:

внутренних резервов человека, соответствующих институтов и всех видов необходимых ресурсов. Расширенное воспроизводство ИЧК достигается путем их оптимального сочетания на основе критериев достаточности ресурсов, адекватности институтов и полноты реализации ИЧК. [6]

В качестве решения данной проблемы можно предложить систему принципов, которые обеспечат соответствие процессов формирования, распределения, обмена и реализации интеллектуального человеческого потенциала расширенному типу воспроизводства. Для фазы формирования такими принципами выступают: принцип раннего развития творческих способностей на основе эгалитарного подхода к творчеству; принцип всестороннего образования (интеллектуального, физического, нравственного, духовного, эстетического); принцип интеграции научных, предпринимательских и образовательных процессов; принцип непрерывности обучения и самообразования; формирование опережающего мировосприятия., повышение доступности образовательных ресурсов; единая в своих нравственных принципах культурная, социально-экономическая и научно-техническая политика; развитие разнообразных форм коллективного взаимодействия в науке; повышение общественного статуса ученого.

Основными принципами, обеспечивающими расширенное воспроизводство ИЧК в фазе распределения являются: соответствие свойств потоков ИЧК потребностям производства, науки и общества; адекватность методов распределения ИЧК источникам и направлениям потоков ИЧК.

В фазе обмена расширенному воспроизводству ИЧК способствуют принципы наиболее быстрого распространения передовых научных знаний среди наибольшего числа людей и соответствия мировому уровню системы оплаты труда исследователей.

В заключительной фазе расширенное воспроизводство ИЧК может достигаться благодаря наиболее полной реализации внутреннего потенциала человека в свободном от принуждения труде и востребованности результатов этого труда в общественном воспроизводстве.

Литература

1. См. Экономика России, колл. авторов, М., Союз, 2000.
2. И.В. Годунов, И.К. Ларионов, Политическая экономика, Путь в XXI век, М., Наука, 2006.
3. Катайцева Е. А. Воспроизводство человеческого потенциала науки в условиях перехода к инновационной экономике. Автореферат по ВАК 08.00.01, кандидат экономических наук, М.: 2010.

4. Кондратенко Е. С. Воспроизводство кадрового потенциала в отраслях, непосредственно воздействующих на формирование работника. Автореферат. Диссертации на соискание ученой степени кандидата экономических наук. М.: 2012.
5. Герасина О.Н., Белянина И.В., Бармашова Л.В., Формирование инновационно-ориентированной системы управления производством на базе рационального использования трудового потенциала. Монография. М.: МГИУ, 2009.
6. Бармашов К.С., Бармашова Л.В., Викторова Т.С., Формирование экономического механизма инновационно-инвестиционного процесса в условиях устойчивого развития предприятия. Монография. Вяьма: филиал ФГБОУ ВПО «МГИУ» в г. Вязьме, 2013.

Абрамова О.С.
аспирант кафедры региональной экономики, государственного и муниципального управления ФГБОУ ВПО «Самарский государственный экономический университет»
olga-shirokaneva@yandex.ru

Гусева М.С.
доцент, к.э.н. кафедры региональной экономики, государственного и муниципального управления ФГБОУ ВПО «Самарский государственный экономический университет»
gusevams@yandex.ru

ЭКОНОМИКО-СТАТИСТИЧЕСКАЯ ОЦЕНКА РЕГИОНАЛЬНОЙ БЕДНОСТИ (НА ПРИМЕРЕ САМАРСКОЙ ОБЛАСТИ)

Феномен бедности является острой социально-экономической проблемой современного общества. Избыточное социальное неравенство населения России и ее регионов представляет собой «тормоз» устойчивого развития. Осознание значимости проблемы бедности, необходимость её объективной и комплексной оценки обуславливает повышенный интерес к научным исследованиям в данной области.

Понимание категории «бедность» заключается в рассмотрении этого понятия в двух различных аспектах.

В социологическом плане под «бедностью» понимается отсутствие материальных средств, необходимых для осуществления трудовой деятельности индивидов и характеризующих их положение ниже уровня установленного прожиточного минимума [2,54].

В экономическом аспекте «бедность» определяется как крайняя нехватка ресурсов у человека, семьи, региона, государства для нормальной жизнедеятельности [2,55].

Таким образом, бедность - многомерное социально-экономическое явление, характеризующее в абсолютном плане невозможность удовлетворения базовых потребностей, необходимых для обеспечения нормальной жизнедеятельности, в относительном плане значительное отличие условий жизни отдельного гражданина от общепринятых стандартов потребления и условий жизни в данном обществе, вследствие недостатка материальных ресурсов.

В Стратегии социально-экономического развития до 2020 года экономически развитого региона России – Самарской области одной из приоритетных задач на среднесрочную перспективу является сокращение уровня бедности в два раза [7,92]. В связи с этим можно сказать, что проблема бедности является актуальной для региона и вопросы количественной и качественной оценки уровня и масштабов бедности в настоящее время особенно значимы, так как от них зависит выбор региональных мер, направленных на борьбу с этим негативным явлением современной экономики.

Произведем оценку и сравнительный анализ уровня бедности Самарской области на основе различных методологических подходов.

Официальная оценка уровня региональной бедности в России основана на абсолютной концепции установления черты бедности и сводится к расчету показателя доли населения, имеющего доходы ниже величины прожиточного минимума. Согласно данному подходу с 2000 г. наблюдается стабильная тенденция сокращения в регионе доли населения с денежными доходами ниже величины прожиточного минимума с 31,2 % в 2000 г. до 12,4 % в 2012 г., что связано с переходом в 2000 г. России и ее регионов к более дорогому прожиточному минимуму по сравнению с установленными нормативами в 1992 г. [8].

Показатель уровня бедности является вполне адекватным индикатором, если используется для оценки общего прогресса в динамике масштабов бедности [3,19]. В том случае, когда программа государственной помощи нацелена на поддержку самых бедных, которые в ходе ее реализации не покидают группу бедного населения, но повышают свой уровень доходов, для анализа необходимо использовать показатель дефицита доходов малоимущего населения. В 2000 – 2012 гг. его динамика совпадала с изменениями доли населения с доходами ниже величины прожиточного минимума. По сути, дефицит денежного дохода показывает какую сумму доходов необходимо доплатить всем бедным, чтобы они вышли из состояния бедности и выражается в процентах от общего объема доходов всего населения. Если в 2000 г. для ликвидации бедности в регионе нужно было перераспределить 5,6 % от доходов всего населения в пользу бедных, то в 2012 г. – только 1,1 % [8].

На основе прожиточного минимума учеными Всероссийского центра уровня жизни разработана система нормативных потребительских бюджетов в целях исследования социальной структуры российского общества [6,174]. В работе была предпринята попытка рассмотреть социальную структуру населения Самарской области с помощью данной системы потребительских бюджетов. По приблизительным оценкам на основе данных Территориального органа федеральной службы государственной статистики по Самарской области за 1 квартал 2012 г. в группу наиболее нуждающегося населения с доходами ниже величины прожиточного минимума было включено 13,9 % населения, группа низкообеспеченного населения, с доходами величиной от прожиточного минимума до величины 3 прожиточных минимумов охватила 58,2 % населения региона [4,5]. Третья группа населения с доходами свыше 3 прожиточных минимумов составила 27,9 % населения региона. При этом, потребительский бюджет, равный трем прожиточным минимумам является социально-приемлемым или восстановительным бюджетом, т.е. позволяет удовлетворять основные потребности человека, восстанавливать затраты труда, способствует социальной интеграции в жизнь общества, достаточен для создания семьи и воспитания детей. По методологии, предложенной отечественными учеными Всероссийского центра уровня жизни, первые две группы населения Самарской области (72,1 % населения) входят в состав бедного населения региона. Рассчитанный показатель почти в 6 раз превышает долю населения Самарской области с доходами ниже величины прожиточного минимума, отражающую официальный уровень бедности.

В отличие от России зарубежные страны ориентируются не на абсолютную концепцию измерения бедности, а на относительный и субъективный подходы. Интересным является оценка бедности на основе относительного и субъективного подхода применительно к Самарской области.

По методике Организации экономического сотрудничества и развития монетарная относительная линия бедности устанавливается на уровне 60 % медианного дохода. Авторские расчеты показали, что около 19 % населения Самарской области на 1 квартал 2012 г. получали доходы ниже 60 % медианного дохода в регионе, следовательно, 19 % населения региона можно отнести к бедным.

Европейское статистическое агентство устанавливает границу бедности на уровне 50 % среднедушевого дохода. В рассматриваемый период около 30 % населения региона имели доходы ниже 9376 руб. (половина среднедушевого дохода), а, следовательно, степень монетарной относительной бедности в Самарской области на 1 квартал 2012 г. составляла примерно 30 %.

Оценку субъективной немонетарной бедности можно получить на основе материалов выборочных обследований домашних хозяйств, которые проводятся во многих регионах Российской Федерации. Согласно официальным данным выборочного обследования домашних хозяйств, проведенного Территориальным органом Федеральной службы государственной статистики по Самарской области, в 2012 г. около 16,7 % опрошенных жителей региона оценили свое финансовое положение как плохое – «затруднительно покупать одежду и оплачивать ЖКУ», 0,6 % – как очень плохое «не хватает денег даже на еду» [5,16]. Вышеуказанные группы можно рассматривать как категории бедных и нищих соответственно. К малообеспеченной группе, обладающей характеристикой – «не могут позволить покупку товаров длительного пользования» в 2012 г. можно было отнести 40,9 % опрошенного населения региона.

Сводные результаты оценки уровня бедности в Самарской области на основе различных методологических подходов представлены в табл. 1.

Таблица 1
Оценка уровня бедности в Самарской области

Период времени	Подход к измерению уровня бедности	Доля бедного населения, %	Методология расчета
2012 г.	Официальная линия бедности	12,4	на основе расчета прожиточного минимума
2012 г.	Выборочное обследование домашних хозяйств	17,3	на основе оценки опрошенных жителей региона
На 1 квартал 2012 г	По методологии ОЭСР (в оценке)	19	на уровне 60 % медианного дохода
На 1 квартал 2012 г	По методологии ЕСА (в оценке)	30	на уровне 50 % среднедушевого дохода
На 1 квартал 2012 г.	Система потребительских бюджетов ВЦУЖ (в оценке)	72,1	на уровне от 1 до 3 прожиточных минимумов

С помощью динамики показателей бедности таких как, доля бедного населения, индекс глубины бедности и индекс остроты бедности можно выявить направленность политики преодоления бедности. Следует отметить, что индекс глубины бедности характеризует среднее отклонение доходов бедных от прожиточного минимума, а индекс остроты бедности – средневзвешенное отклонение доходов бедных от прожиточного минимума. В частности, если происходит более динамичное сокращение доли бедного населения, то мероприятия по преодолению бедности направлены на группу населения, которая находится сразу за чертой бедности [1,108]. Эта группа бедного населения может преодолеть свое неблагоприятное положение за счет собственных усилий, если государство создаст соответствующие для этого условия. В том случае, если происходит более высокое сокращение индекса глубины бедности, социальная политика направлена на преодоление бедности среди всех групп бедного населения. Данный вариант политики является дорогостоящим и наиболее эффективным, поскольку подразумевает широкий комплекс мер социально-экономического характера, направленных на борьбу с бедностью. Более высокие темпы сокращения индекса остроты бедности свидетельствуют о том, что меры социальной политики, подразумевающие в основном предоставление социальных трансфертов, адресованы крайне бедной группе населения.

Если проанализировать динамику показателей доли бедного населения, индекса глубины и остроты бедности в Самарской области за 2008 – 2012 гг., то следует отметить, что мероприятия по преодолению бедности были направлены, в первую очередь, на группу населения, находящейся сразу за чертой бедности. Так, доля бедного населения сократилась за указанный период времени на 4,7 % п.п., индекс глубины бедности на 1,76 % п.п., индекс остроты бедности на 0,89 % п.п. [5,3].

Оценка уровня бедности в Самарской области в относительном и субъективном измерении значительно превышает оценку уровня бедности в соответствии с официально принятым подходом и позволяет достоверно определять контингент бедного населения. Поэтому при мониторинге бедности необходимо использовать относительный и субъективный подходы к ее измерению. В свою очередь меры по преодолению бедности должны быть направлены на все группы бедного населения, а не на отдельные категории, что существенно повысит эффективность и результативность проводимых мероприятий.

Литература:

1. Богомолова Т.Ю., Тапилина В.С. Бедность в современной России: измерение и анализ // Социология: методология, методы, математическое регулирование. 2006. № 22. С. 90 – 113.

2. Калмыкова О.А. Социальные причины бедности и их влияние на естественные составляющие жизни человека // Проблема соотношения естественного и социального в обществе и человеке. 2010. № 1. С. 53 – 64.

3. Овчарова Л.Н., Попова Д.О. Детская бедность в России. Тревожные тенденции и выбор стратегических действий. М.: ЮНИСЕФ, 2005. 80 с.

4. О жизненном уровне обследуемых семей Самарской области за 1 квартал 2012 года: аналит. записка. Самара: Самарастат, 2012. 15 с.

5. Различие в уровне бедности городских и сельских семей Самарской области: аналит. записка. Самара: Самарастат, 2013. 20 с.

6. Сазанов И.С. Уровень бедности в России: национальные и международные критерии // Исторические, философские, политические и юридические науки, культурология и искусствоведение. Вопросы теории и практики. 2012. № 12-2. С. 173 – 179.

7. Стратегия социально-экономического развития Самарской области на период до 2020 года: утв. постановлением Правительства Самарской области от 9 октября 2006 г. № 129. Самара: Агни, 2006. 235 с.

8. Территориальный орган федеральной службы государственной статистики по Самарской области [Электронный ресурс]. Самара, 2013. URL: http://samarastat.gks.ru/ (дата обращения: 16.01.2013).

Кошкина Г.М.
к.э.н., доцент
Жукова Е.М.
магистрант
Новосибирский Государственный Университет Экономики и Управления – «НИХН»

ФИНАНСОВЫЙ АСПЕКТ ОЦЕНКИ ПОТЕНЦИАЛЬНОЙ ФИНАНСОВОЙ УСТОЙЧИВОСТИ ОРГАНИЗАЦИИ

В современных рыночных условиях залогом выживаемости и основой стабильного положения организации служит ее финансовая устойчивость.

Анализ степени разработанности используемых методик оценки финансовой устойчивости организаций показывает, что, несмотря на большое внимание отечественных и зарубежных ученых к данной проблеме, многие ее финансовые аспекты до сих пор исследованы недостаточно.

Традиционные способы расчета уровня устойчивости организации имеют общую методологическую базу. Показатели устойчивости рассчитываются на основе фактических данных бухгалтерской отчетности за прошлый период времени. Поэтому показатели традиционных способов расчета финансовой устойчивости отражают все недостатки финансового и производственного менеджмента, которые имели место в прошлом в организации. К таким недостаткам относятся неполная загрузка производственных мощностей; излишние запасы материалов и готовой продукции; просроченная дебиторская задолженность; неэффективно вложенные инвестиции и краткосрочные финансовые вложения. Практически не учитывается рыночная оценка капитала организации, возможности потенциального роста стоимости бизнеса.

В рамках этого анализа не всегда исследуются все три сферы экономической деятельности (операционная, инвестиционная и финансовая).

Контрагентов организации интересуют показатели финансовой устойчивости не только за прошедший период. Собственникам и инвесторам важно знать все неиспользованные в настоящее время возможности организации, т.е. ее потенциал на будущее.

Решение этой проблемы, на наш взгляд, заключено в применении показателей потенциальной финансовой устойчивости организации. Однако отсутствие общепринятого понятия финансового потенциала организации является причиной слабой разработки методов его оценки, и, следовательно, потенциальной финансовой устойчивости. Следует сформулировать определение потенциальной финансовой устойчивости как особого вида финансовой устойчивости, отражающего потенциал повышения при условии использования имеющихся резервов и капитала организации, а также положительного влияния внешних факторов.

Наиболее эффективное использование всех вышеперечисленных возможностей организации означает достижение ей наилучших показателей деятельности, равных или превосходящих те, которые имеют в данной отрасли или регионе организации-конкуренты.

Изучение существующих методов оценки финансового потенциала организации для определения уровня потенциальной финансовой устойчивости позволяет сделать следующие выводы:

- большая часть методов определяет величину финансового потенциала организации только косвенно, оценивая его уровень по отношению к другим экономическим субъектам, что обуславливается отсутствием достоверной информации, ее неопределенностью и вероятностным характером;

- прямая оценка финансового потенциала организации и уровня его использования предполагает расчет ее текущей и рыночной стоимости. Рыночная стоимость отражает ее финансовый потенциал, а текущая стоимость учитывает уровень использования потенциала;

- разность между рыночной и текущей стоимостью организации показывает величину имеющихся у нее резервов, т.е. недоиспользованных возможностей улучшения ее финансовых показателей.

Отметим, что изложенные подходы к оценке финансового потенциала организации создают достаточную теоретическую основу для определения потенциальной финансовой устойчивости. Для оценки потенциальной финансовой устойчивости, отражающей максимальные возможности организации по повышению устойчивости, по нашему мнению, могут быть использованы два подхода:

1. Подход, который основан на коэффициенте использования финансового потенциала организации.

Он позволяет быстро получить примерную величину показателей потенциальной устойчивости, но предполагает наличие предварительной оценки ее рыночной и текущей стоимости в рамках единого подхода VBM-менеджмента. При этом отметим, что расчет рыночной и текущей стоимости предполагает эффективную работу организации для обеспечения устойчивого экономического роста.

Показатели эффективности, которые можно использовать при формировании потенциальной финансовой устойчивости были сгруппированы Морином, Джереллом и Дж. Найтом (Knight, 1998, p. 202) и представлены в таблице 1.

Таблица 1 – Сбалансированные показатели результатов деятельности

Показатель	Формула расчета	Пояснения
Остаточная чистая прибыль (RE)	$RE = E_{j-1} \cdot (ROE - k_E)$	Величина RE определяется величиной собственного капитала организации на начало периода и ее способностью обеспечивать фактическую отдачу на капитал, определяемую показателем рентабельности.
Добавленная экономическая стоимость (EVA)	$EVA = NOPAT - WACC \cdot IC$	Представляет собой прибыль предприятия от обычной деятельности за вычетом налогов, уменьшенная на величину платы за весь инвестированный в предприятие капитал
Добавленная рыночная стоимость (MVA)	MVA = Рыночная капитализация компании – Стоимость чистых активов	Отражает величину превышения рыночной капитализации компании над стоимостью ее чистых активов, показанных в бухгалтерском балансе.
Остаточная прибыль, основанная на рыночных стоимостях (RI^{MV})	$RI^{MV} = E_j^{MV} - k_w \cdot NA_{j-1}^{MV}$	Представляет собой экономический доход организации за вычетом затрат на капитал, измеренный по своей рыночной (фундаментальной) стоимости:
Чистый экономический доход (NEI)	$NEI^{MV} = EI^{MV} - k_w \cdot NA_{1-j}^{BV}$	Определяется как экономический доход за вычетом затрат на инвестированный в организацию капитал на начало периода в балансовой оценке.
Добавленная акционерная стоимость (SVA)	$SVA_n = PV \cdot NCF_n + ([PV \cdot RV_n - PV \cdot RV_{n-1}])$	Величина добавленной акционерной стоимости есть сумма приведенной стоимости чистого денежного потока и разницы между приведенными стоимостями остаточных ценностей, определенных на конец и начало отчетного (прогнозного) года.
Общая акционерная отдача (TSR)	$TSR = q_n \cdot p_n - q_0 \cdot p_0$	Выражает общую отдачу, которую получает акционер компании за все время владения акциями, если он реинвестирует все полученные дивиденды в новые акции компании.

Первый подход к оценке потенциальной финансовой устойчивости предполагает выполнение следующих этапов:

Первый этап. Определение величины финансового потенциала организации методом дисконтированных денежных потоков как рыночной стоимости ее активов ($С_{рын}$) в рамках доходного подхода.

Второй этап. Расчет степени использования финансового потенциала организации на основе оценки ее текущей стоимости ($С_{тек}$). Так как она является стоимостью в использовании, целесообразно степень загрузки финансового потенциала организации определять как коэффициент его использования ($К_{исп.ф.п.}$) на основе соотношения текущей и рыночной стоимости. Отметим, что из-за трудоемкости и сложности расчета текущей и рыночной стоимости целесообразно воспользоваться услугами профессионального оценщика.

Третий этап. Определение коэффициента резерва повышения эффективности использования финансового потенциала ($К_{рез.эфф.исп.}$) по формуле:

$$K_{рез.эфф.исп.} = 1 - K_{исп.ф.п.}$$

Коэффициент резерва повышения эффективности использования финансового потенциала отражает совокупную величину неиспользуемых в определенный момент времени возможностей улучшения его финансовых показателей.

Четвертый этап. Выбор основных показателей финансовой устойчивости, отражающих важнейшие аспекты данного вида устойчивости. По нашему мнению, наиболее нагляден коэффициент финансирования, показывающий соотношение собственных и заемных средств в обеспечении деятельности организации финансовыми ресурсами.

Пятый этап. Определение возможных направлений использования выявленных резервов для повышения финансовой устойчивости организации.

Возможны следующие варианты эффективного использования резервов финансового потенциала организации:
- выявленные резервы полностью направляются на пополнение источников собственных средств;
- выявленные резервы полностью направляются не уменьшение величины заемных средств;
- выявленные резервы могут быть использованы и для пополнения собственных источников, и для уменьшения суммы заемных средств.

Однако чтобы привести в действие имеющиеся резервы с целью более эффективного использования финансового потенциала организации и оценки ее потенциальной финансовой устойчивости, необходимо сначала проанализировать основные факторы, повлиявшие на фактический уровень использования этого потенциала.

В связи с этим рассмотрим второй подход определения потенциальной финансовой устойчивости, который упоминался выше. По нашему мнению, для количественной оценки неиспользуемых организацией резервов и возможностей повышения ее финансовой устойчивости в данный момент целесообразно применить подход, в основе которого лежит пофакторный анализ использования общих и специфических видов потенциала организации (производственного, финансового, рыночного и т.д.) и соответствующих ресурсов, определяющих их величину.

2. Подход, основанный на поэтапном расчете показателей потенциальной финансовой устойчивости.

Этот подход основан на анализе основных факторов, оказывающих влияние на использование финансового потенциала организации. Он позволяет оценить возможности этой организации по эффективному и полному использованию потенциала. Потенциальная финансовая устойчивость отражает наиболее полное использование ее финансового потенциала путем расчета показателя экономической добавленной стоимости (EVA).

В обобщенном виде последовательность шагов для определения потенциальной финансовой устойчивости организации при использовании детализированного подхода следующая:

Во-первых, следует выделить и сгруппировать внутренние факторы, оказывающие наибольшее влияние на использование производственного и рыночного потенциалов, а также всего финансового потенциала организации. Количество факторов в каждой группе не должно быть большим, чтобы не увеличивать чрезмерно трудоемкость расчетов.

Во-вторых, необходимо сформировать информационную базу данных, характеризующих величину и уровень каждого фактора, влияющего на использование различных видов потенциала организации (степень загрузки производственных мощностей, скорость оборота оборотных средств, в том числе материальных запасов, дебиторской задолженности и т.п.).

В-третьих, следует оценить с помощью методов конкурентного бенчмаркинга возможности изучаемой организации по эффективному и наиболее полному использованию своего ресурсного потенциала.

И, в-четвертых, целесообразно свести воедино потенциальные возможности (резервы) организации по увеличению собственных финансовых ресурсов и сокращению заемных средств в пределах имеющихся финансовых ресурсов (возможна также постановка вопроса об увеличении финансового потенциала организации).

Исходя из этих предложений можно определить потенциальную финансовую устойчивость организации как величину, отражающую наиболее полное использование ее финансового потенциала, сохранения ее конкурентоспособности и стабильных темпов экономического роста.

Литература:

1. Грачев, А.В. Финансовая устойчивость предприятия: критерии и методы оценки в рыночной экономике: учебное пособие. – 3-е изд., перераб. – М.: Издательство «Дело и Сервис», 2010. – 400 с.

2. Кайгородов А.Г. Количественна оценка финансового потенциала / Кайгородов А.Г., Хомякова А.А. // Справочник экономиста, 2008. - № 12. с. 23-31

3. Толстых, Т.Н. Проблемы оценки экономического потенциала предприятия: финансовый потенциал / Толстых Т.Н., Уланова Е.М. // Вопросы оценки. – 2004, № 4. – с. 18-22

4. Татаров, С. В. Диагностика финансовой устойчивости предприятия как основа оценки и управления стоимостью фирмы / С. В. Татаров // Известия Таганрогского государственного радиотехнического университета. 2006. Т. 65. № 10. С. 112-117

Волостных Р.С.
аспирант кафедры теории и истории права и государства; истории учений о праве и государстве ГАОУ ВПО Московского государственного областного социально – гуманитарного института

ПРАВОВАЯ ИДЕОЛОГИЯ: ТЕОРЕТИЧЕСКИЕ ВОПРОСЫ ИНТЕРПРЕТАЦИИ ПОНЯТИЯ

Следует отметить, что в настоящее время, в современной юридической науке, понятие «правовая идеология» является не достаточно выработанным и вызывает множество дискуссий. Проблема понимания заключается в некоторой размытости и неточности определения данного феномена. Плюрализм подходов к определению, в значительной степени, дезориентирует и предоставляет возможность для разнообразия толкований. Так что же такое «правовая идеология»? Каким образом появилось данное понятие, наряду с остальными составляющими, в категориальном аппарате правовой науки?

На современном этапе, феномен правовой идеологии, зачастую, рассматривается как совокупность идей, что на наш взгляд, по форме, являет собой, незамысловатое и хаотичное единство составляющих, лишающее его какой - либо упорядоченности. Также предлагается понимать «правовую идеологию», как систему взглядов, что уже хоть и придаёт понятию определённую организованность, но не всегда позволяет до конца раскрыть её сущность. К примеру, феномен рассматривается как «система правовых взглядов, основывающаяся на определенных социальных и научных позициях»[1,279] или же, как «системы взглядов и представлений, которые в теоретической форме отражают правовые явления общественной жизни»[2,204]. На наш взгляд, здесь, стоит заметить, что позиционирование понятия «правовой идеологии» как системы или совокупности идей, теорий, концепций и т.д. - само по себе не несёт той смысловой нагрузки, которая бы функционально характеризовала правовую идеологию, а лишь примитизирует её целевое содержание. В связи с этим, хотелось бы отметить, что в настоящее время существуют достаточно интересные и небезуспешные попытки взглянуть на правовую идеологию, как на механизм. Так, например, А.И. Клименко пишет: «Предлагается понимать правовую идеологию, прежде всего как особого рода механизм воздействия на правовое сознание»[3,2-7]. При таком взгляде правовая идеология, действительно, выделяется как самостоятельная категория, при этом проявляется её прикладной и функциональный характер действующего правового инструмента. В своих рассуждениях И.А. Ильин очень точно замечает, что правовая идеология призвана формировать «здоровое правосознание»[4,230]. Это высказывание в высокой степени позволяет раскрыть именно функциональный характер понятия. Механизм правовой идеологии должен быть направлен на осуществление социально-правового прогресса. Именно эта задача является основополагающей в осуществлении правовой идеологизации общества, имея в своей основе – правовой идеал, как наивысшую и общепринятую ценность. Так, Поляков А.В. в Общей теории права предлагает понимать правовую идеологию как: «…систематизированные представления о правовой действительности, в основе которых лежат определённые ценностные посылки»[5,134]. Наивысшие непреложные истины, выработанные человечеством, лежат в основе и являются образующими для данного понятия. Руководствуясь вышеперечисленными мнениями и собственными творческими изысканиями, мы попробуем предположить что: Правовая идеология – являет собой обособленный механизм, призванный воздействовать на правосознание, содержащий в своей основе правовые идеалы и ценности, выработанные обществом, как неоспоримо истинные и справедливые. Также, к вопросу о самостоятельности понятия, хотелось бы добавить, что существовали взгляды и о том, что «правовая идеология» выполняет функцию надстройки или же вовсе интегрируется в свою основу – идеологию. Так, советский правовед Кечекьян С.Ф. отмечал, что: «Правовая идеология вообще есть часть идеологии, а не правовой надстройки и тем более не составляет особой «формы права»[6,11].

Таким образом, мы можем видеть, что вольность трактовок и отсутствие общенаучного определения, прежде всего, говорит нам о необходимости исследования его зарождения. Современная юридическая литература практически не содержит информации о генезисе «правовой идеологии» как научного термина. Многие исследователи данного понятия пытаются выявить истинное его значение, посредством объяснения и выстраивания конструкций, соединяющих в себе две составляющие: «идеологии» и следующей компоненты – «правовой». Вряд ли представляется возможным сказать, когда и в каком контексте был впервые употреблён исследуемый термин как единое целое. Но всё же есть некоторые источники, очень близко описывающие именно то, что можно называть одними из самых ранних попыток синтеза правовой идеологии, как понятия, в целом.

Второе издание Большой Советской энциклопедии, при поиске определения «правовой идеологии», отсылает нас к термину «правосознание». В свою очередь оно определяется как: «совокупность правовых взглядов людей, выражающих оценку действующего права, существующего общественного и государственного строя, правомерность или неправомерность поведения граждан»[7,362]. Как мы можем видеть, к примеру, в данном источнике правовая идеология не выделялась как один из структурных элементов правосознания и, к сожалению, на тот момент, не была научно разработана и определена как термин, более того – практически уравнивалась с ним.

Советский правовед А.П. Стучка очень хорошо характеризует феномен как: «… внутреннее психическое «переживание», которое по поводу того или иного общественного отношения происходит в голове человека, оценка его с точки зрения «справедливости», «внутреннего правосознания», «естественного права» и т.д., другими словами – идеология»[8,425]. То есть здесь описывается представление об идеологии, выраженное в свете чувственно-мыслительного аспекта на индивидуальном уровне. Оценка человеческих отношений, через призму правовых установок индивида. Такое понимание феномена, как психологического процесса, безусловно, имеет право на существование. Вышинский А.Я. писал, о том, что: «…так называемая «юридическая трактовка» понятия не может быть правильна, если она будет ограничиваться исключительно юридическим аспектом. Это - тоже своеобразное проявление юридицизма»[9,411].

Другой советский теоретик права, Алексеев С.С. в 1966 году пишет: «Советское право обладает большой идеологической силой. Его идеологическая сила основана на том, что юридические нормы являются выражением научной политики, идеологии всего советского народа, руководимого Коммунистической партией. Идеологическая сила права основана и на том, что социалистические правовые нормы едины с принципами коммунистической нравственности»[10,18]. Несмотря на то, что данная выдержка изрядно политизирована, она всё же ярко представляет нам роль идеологической составляющей в советском праве. Это положение определённо показывает нам, что политическая идеология и идеология правовая, действительно, взаимодействуют и оказывают влияние друг на друга, хотя, нет сомнений в том, что их всё - таки стоит разделять и понимать, как разные категории. Весьма интересными представляются нам, достаточно распространённые на то время, взгляды о том, что настоящий марксист должен воспринимать право, как один из подвидов общей идеологии. Такие взгляды были очень широко распространены в советский период, в связи с приматом и огромной силой марксистко – ленинской идеологии, в качестве государствообразующей.

В заключение, необходимо сказать о том, что, посредством, вышеприведённых сравнений, мы можем видеть во всём объёме пласта юридического знания, накопленного несколькими поколениями, целую палитру подходов к определению идеологии как правового термина. Такая игра слов и их взаимозаменяемость, действительно, может дать почву для недопониманий. Исходя из этого, можно заключить, что одной из важнейших задач в правовой науке, на сегодняшний день, является приобретение термином чётких форм, прежде всего для эффективности и ясности научного взаимодействия.

Литература

1) Юридический энциклопедический словарь / Ред. А.Я. Сухарев. М., 1984. С. 279.
2) Хропанюк В.Н. Теория государства и права. — М.: Интерстиль, 1998. — С.204.
3) Клименко, А. И.. Проблема понимания правовой идеологии //Юридическая психология. -2011. - № 4. - С. 2 - 7
4) Ильин И.А. Теория права и государства. - М., 2003. С.230.
5) Поляков А.В. Общая теория права. Курс лекций. – СПб. 2001. С. 134.
6) Кечекьян С.Ф. Правоотношения в социалистическом обществе. – М.: Издательство АН СССР, 1958. С.11.
7) Большая Советская Энциклопедия. Ред. Введенский В.А. – М. 1955. С. 362.
8) Стучка П.И. Избранные произведения. С. 425.
9) Вышинский А.Я. Вопросы теории государства и права. – М. 1949. С. 411.
10) Алексеев С.С. Механизм правового регулирования в социалистическом государстве. – М. Изд: Юридическая литература. 1966. С. 18.

Комаров С.А.
заведующий кафедрой теории государства и права Юридического факультета им. М.М.Сперанского Российской академии народного хозяйства и государственной службы при Президенте Российской Федерации, доктор юридических наук, профессор. E-mail: komarov1951@pisem.net

Панадин И.Е.
студент 2 курса Юридического факультета им. М.М.Сперанского Российской академии народного хозяйства и государственной службы при Президенте Российской Федерации. E-mail: mustmc@yandex.ru

ПРАВОВОЕ РЕГУЛИРОВАНИЕ ОТНОШЕНИЙ В РОССИЙСКОЙ КИНЕМАТОГРАФИИ

Кино давно признано искусством, это средство, при помощи которого деятели искусства и политики часто пытались влиять, и влияют на массы. Кинематограф важная составляющая современного общества, поэтому его законодательное обеспечение требует соответствующего высокого уровня обеспечения. Современная ситуация, сложившаяся с российским кинематографом не может не удручать. Кто-то сетует на отсутствие талантов, кто-то обеспокоен отсутствием должного финансирования, кто-то жалуется на сильное влияние со стороны иностранного кинематографа. Но, если внимательно посмотреть, истоки многих проблем связаны с действующим в России законодательством.

Безусловно, право регулирует многие сферы жизни человека, но если, к примеру, в автомобильной отрасли успех зависит от идей и новаторства конструкторов, то в кинематографе, в первую очередь, не только от талантов и творческих способностей, как бы это странно не звучало, но и от эффективности нормативной правовой базы.

В теории государства и права существуют идеи механизма правового регулирования, механизма правового воздействия, в которых на стадии регламентации общественных отношений имеется такой элемент как норма права. Изучив и сравнив позиции ряда ученых относительно трактовки правого регулирования, механизма правого регулирования [1], предлагается следующее понимание *механизма правого регулирования отношений в кинематографии* – это система собственно правовых юридических средств, направленных на становление и упорядочивание взаимосвязей и взаимодействий в сфере кинематографии, а именно киноискусства, киноиндустрии, кинофильмов и мультипликации.

Более того, можно выделить специфику действия правовых норм в кинематографе: обеспечение защиты и распространения культурно значимых кинофильмов, имеющих художественную ценность, поддержка отечественного кинопроизводства, но при этом нельзя забывать и о выгодном сотрудничестве с зарубежными коллегами. Создавая законопроекты, нужно учитывать тот факт, что область кинематографа в первую очередь творческая сфера, законы ни в коем случае не должны посягать на творческий замысел автора, даже если он выходит за рамки определенного общественного мнения.

Анализируя содержание законодательных актов, следует опираться на мнение профессионального кинематографического сообщества о правовом регулировании в данной сфере общественных отношений. Небольшое отступление: чтобы обратиться к этому мнению, нужно выяснить, кому же оно все-таки принадлежит.

В нашей стране, в настоящее время, существуют две общественные организации, объединяющие кинематографистов России: Союз кинематографистов Российской Федерации и КиноСоюз. Интересен тот факт, что изначально существовал только Союз кинематографистов Российской Федерации, история которого началась еще в 1959 году. В 2008 году произошел раскол организации, причинами которого было недовольство ее членов деятельностью руководства, а также бездействие и никчемность самого союза, не обеспечивающего его развитие и защиту профессиональных интересов сообщества кинематографистов. Именно поэтому в 2010 году из Союза кинематографистов РФ вышли Эльдар Рязанов, Александр Сокуров, Отар Иоселиани, Алексей Герман (старший), Юрий Норштейн и др. Они же и решили организовать новый КиноСоюз.

Нам представляется, что наиболее объективное мнение профессионального кинематографического сообщества представляет именно Киносоюз. В 2011 году Киносоюз провел научно-практическую конференцию «Развитие отечественной киноиндустрии как части национальной культуры», на которой было выделено 5 рабочих групп. В процессе двухдневного мозгового штурма они выработали идеи и предложения, которые затем на пленарном заседании были представлены экспертному сообществу.

Механизм правового регулирования отношений в российской кинематографии предполагает оптимизацию действующего законодательства для изменения современной ситуации в российском кино. Необходимо создание единой, реально действующей общественной организации, которая бы объединяла представителей всех профессий кинематографа и имела бы непосредственное отношение к принимаемым законам в сфере кинематографа. В Федеральный закон «О профессиональных союзах, их правах и гарантиях деятельности» необходимо ввести изменения, позволяющие объединяться в более крупные структуры не только по территориальному признаку [2].

Представляется важным расширить полномочия Департамента кинематографии и модернизационных программ Министерства культуры Российской Федерации, придать ему большую значимость, по примеру

National Center of Cinematography and the moving image, французского агентства Министерства культуры, ответственного за производство и продвижение кинематографических и аудиовизуальных искусств во Франции, находящееся в государственной собственности и имеющее правовую и финансовую автономию.

Несмотря на ряд положительных шагов в сфере охраны интеллектуальной собственности [3], считаем, что давно назрел вопрос создания специального закона об Интернете, который бы эффективным образом охранял авторские права на интеллектуальную собственность, в частности препятствовал распространению пиратского контента, так как из-за этого киноиндустрия несет значительные убытки. Кроме того, необходимо разработать специальный закон о статусе работника в сфере кинематографии или внести соответствующие изменения в Федеральный закон «О государственной поддержке кинематографии Российской Федерации» [4], ввести или трансформировать налог на кино, но не в качестве механизма изъятия средств, а как механизм перераспределения средств внутри системы кинопроката. Важно работать над прозрачностью государственной поддержи и вводить систему оценки её эффективности, чтобы в дальнейшем знать, каким образом лучше расходовать государственные субсидии. Законодателю следует дать четкое определение «социально значимым проектам», которые требовали бы финансирования в первую очередь.

Нужно разработать систему классификации кинотеатров по количеству и качеству показываемых фильмов, сеансов и зрителей. А также определить профессиональные критерии для оценки качества фильмов. Главное, чтобы к созданию подобных систем прямое отношение имело профессиональное сообщество кинематографистов. Необходимо законодательное регулирование фестивального движения, например введение официального классификатора фестивалей, по типу оценки качества фильмов. Для возможности частого и быстрого обмена кинопродукцией во время фестивалей и всевозможных показов, нужно упростить и облегчить процедуры ввоза и вывоза 35 мм копий кинопленок.

Из-за вымывания качественного киноконтента из программной сетки основных федеральных телеканалов, необходимо принять нормативно-правовой акт, определяющий художественную составляющую показываемого материала на телевидении. Инициатором данного законопроекта должно быть, опять же, профессиональное сообщество, а не государство.

Требуется поддерживать те области кинематографа, которые на первый взгляд не имеют коммерческой выгоды, зато имеют культурно-нравственные приоритеты и долгосрочное перспективное развитие. Россия большая страна, важным условием развития киноиндустрии будет являться повсеместное внимание к нуждам регионам. Нужно сделать доступным кино в любом регионе. Следует создать национальный киноархив в цифровом формате, чтобы обеспечить доступ к кинонаследию и повысить зрительскую кинокультуру. Большое значение имеет создание музея кино как инструмента сохранения традиций кинокультуры для профессионального образования и самообразования зрителя.

Необходима большая реформа кинообразования, проведение исследований кадровых потребностях киноиндустрии, создание нового квалификационного справочника, подготовка кадров по недостающим направлениям, а также проведение их переподготовки и повышение квалификации. Министерству культуры совместно с Министерством образования и науки следует решить вопрос о качестве профессиональной практики студентов, особенно, когда речь идет о проектах, финансируемых государством.

Стандарты кинообразования, разработанные киноспециалистами, должны утверждаться Министерством культуры, а не Министерством образования и науки. При совместной работе двух министерств, следует создать Экспертный совет по учебным изданиям, для того чтобы структурировать литературные издания и стимулировать создание новых. Также важно поддерживать существующие авторитетные профессиональные журналы.

Очень важно оптимизировать нормативное правовое регулирование в области кинематографии, чтобы не появлялись органы, имеющие схожие права и полномочия, как это происходит сейчас. Необходимо сделать один канал распространения государственных субсидий, чтобы сообщество знало, где и как можно получить помощь. Следует проводить политику законодательной централизации и укрепления сферы кинематографа.

Актуальность предложений дополнительно можно аргументировать тем, что только в 2013 году запланирован выход всего лишь 21-го российского фильма широкого проката. Причем сразу 7 из них выходят с 27 декабря 2012 г. по 24 января 2013 г., 2 - в феврале, 2 - в марте, 3 - в апреле (из них 2 в один день) и 2 - в мае (также в один день). Со 2 мая по 3 октября прокат российских фильмов широкого проката не запланирован. С 3 октября и до конца 2013 года выходит всего 5 российских фильмов [5].

Данная статистика, приведенная Киноальянсом (некоммерческое объединение российских кинотеатров), указывает, что проблемой является не недостаточное количество сеансов в кинотеатрах, а недостаточность и нестабильность предложения востребованных зрителями российских фильмов. Поэтому в первую очередь нужно принимать нормативно-правовые акты, связанные с успешной реализацией и развитием процесса создания российского кино, которое, в настоящее время, находится в упадке. Если считать, что ограничение присутствия иностранных фильмов как-то повлияет на отечественную киноиндустрию, то это не так. Прежде всего нужно сделать рентабельным российское кино, и тогда оно само сможет бороться с эскалацией западных фильмов.

Литература:

1. Матузов Н.И., Малько А.В. Теория государства и права. – М.: Юристъ, 2004. Гл. 22; Комаров С.А. Общая теория государства и права. – СПб.: Издательство Юридического института, 2012. С. 488-510.
2. См.: Федеральный закон от 12.01.1996 № 10-ФЗ (ред. от 02.07.2013) «О профессиональных союзах, их правах и гарантиях деятельности» // Собрание законодательства Российской Федерации. 1996. № 3. Ст. 148.
3. Федеральный закон от 2 июля 2013 г. № 187-ФЗ г. «О внесении изменений в отдельные законодательные акты Российской Федерации по вопросам защиты интеллектуальных прав в информационно-телекоммуникационных сетях» // http://www.rg.ru/2013/07/10/pravo-internet-dok.html
4. Федеральный закон от 22.08.1996 № 126-ФЗ (ред. от 12.11.2012) «О государственной поддержке кинематографии Российской Федерации» // Собрание законодательства РФ. 1996. № 35. Ст. 4136.
5. URL: http://www.unikino.ru/day-by-day/item/2884-нп

Подковыров Е.А.
студент 5 курса кафедры уголовно-правовых и процессуальных основ безопасности государства Института права, Тамбовского государственного университета им Г.Р. Державина.
PodkovyrovLawyer@yandex.ru

Попова Н.А.
кандидат юридических наук, доцент кафедры уголовно-правовых и процессуальных основ безопасности государства Института права, Тамбовского государственного университета им Г.Р. Державина.
nad-popova-62@mail.ru

КОРРУПЦИОННАЯ ПРЕСТУПНОСТЬ КАК УГРОЗА НАЦИОНАЛЬНОЙ БЕЗОПАСНОСТИ ГОСУДАРСТВА

Проблема коррупционной преступности на сегодняшний день приобретает все более острый характер. В отличие от других видов преступности коррупционная преступность является одним из наиболее важных видов преступности, поскольку она исходит от специальных субъектов – должностных лиц. В последние годы коррупционная преступность становится все более актуальной проблемой, т.к. коррупционные преступления способны подорвать права и свободы граждан, законность, правопорядок, социальную справедливость и т.д. Иными словами, коррупционная преступность становится угрозой национальной безопасности России.

Безопасность – всегда является условием спокойствия, гарантом нормального функционирования общества, состоянием защищенности граждан, а в вопросах обеспечения национальной безопасности приобретает характер государственной важности [1, 147].

В научной литературе существует множество подходов к определению понятия «национальная безопасность». На наш взгляд, целесообразно рассмотреть подход законодателя к данному определению.

В Указе Президента Российской Федерации от 12 мая 2009 г. №537 «О Стратегии национальной безопасности Российской Федерации до 2020 года», понятие национальной безопасности определяется как состояние защищенности личности, общества и государства от внутренних и внешних угроз, которое позволяет обеспечить конституционные права, свободы, достойные качество и уровень жизни граждан, суверенитет, территориальную целостность и устойчивое развитие Российской Федерации, оборону и безопасность государства [2]. По нашему мнению, коррупционная преступность как мы указывали выше, исходит от самих должностных лиц, что составляет «внутреннюю угрозу» конституционным правам и свободам граждан, общества и государства.

В пункте 38 «Стратегии национальной безопасности Российской Федерации до 2020 года» обозначены направления государственной политики в сфере обеспечения государственной и общественной безопасности. В частности, там указано, что необходимо «усиление роли государства в качестве гаранта безопасности личности, прежде всего детей и подростков, совершенствование нормативного правового регулирования предупреждения и борьбы с преступностью, коррупцией, терроризмом и экстремизмом, повышение эффективности защиты прав и законных интересов российских граждан за рубежом, расширение международного сотрудничества в правоохранительной сфере»[2]. Как видим, законодатель прямо указывает на проблему коррупции как на угрозу национальной безопасности, с этим трудно не согласиться.

Для наиболее полной картины состояния коррупционной преступности обратимся к статистическим данным МВД. По данным ведомства за январь-декабрь 2013 года всего было зарегистрировано 2 206 249 преступлений, из них преступления должностной и коррупционной направленности составляют 42 506 (что составляет 14,2% от общего числа преступности)[3]. На наш взгляд, данная статистика свидетельствует о высоком уроне латентности коррупционных преступлений, поскольку сложно изобличить подобных лиц, т.к. они обладают высоким уровнем интеллекта, профессиональными навыками, опытом работы и служебными связями в государственных учреждениях.

Что касается понятийного аппарата «коррупции» то он раскрывается в Федеральном законе от 25 декабря 2008 года №273. В соответствии с этим, под «коррупцией» следует понимать как злоупотребление служебным положением, дача взятки, получение взятки, злоупотребление полномочиями, коммерческий подкуп либо иное незаконное использование физическим лицом своего должностного положения вопреки законным интересам общества и государства в целях получения выгоды в виде денег, ценностей, иного имущества или услуг имущественного характера, иных имущественных прав для себя или для третьих лиц либо незаконное предоставление такой выгоды указанному лицу другими физическими лицами[4]. Как видим, определение изложенное законодателем охватывает целый комплекс преступлений вследствие чего, лицо может совершить подобное противоправное деяние.

На наш взгляд, коррупция – прежде всего социальное явление, которое характеризуется продажностью и подкупностью должностных лиц, которые используют свои служебные полномочия в личных целях.

Резюмируя изложенное, отметим, что коррупционная преступность, безусловно, является угрозой национальной безопасности и приносит целый ряд негативных для последствий.

1) Коррупция оказывает негативное влияние на экономику, государственный бюджет, имущество граждан;

2) Снижает развитие институтов гражданского общества, ущемляет права граждан;
3) Способствует утечки бюджета за рубеж,
4) Дискредитирует власть в глазах общества.
5) Сращивает организованную преступность и должностных лиц и как следствие развивает теневую экономику.

На наш взгляд, правоохранительным органам, государству и гражданам необходимо приложить все усилия для борьбы с коррупционной преступностью. Данная проблема требует более детального исследования и обсуждения. Требуется провести целый комплекс мер для борьбы с данного рода преступностью.

Литература

1. Подковыров Е.А. Злоупотребление должностными полномочиями в Вооруженных силах РФ как угроза национальной безопасности / Национальная безопасность в условиях глобализации: формы и средства реализации: материалы I Международной INTERNET-конференции. Тамбов, изд. ТРОО «Безнес-Наука-Общество», 2013. 223 с.
2. Указ Президента Российской Федерации от 12 мая 2009 г. №537. (в ред. от 12.05.2009г.) «О Стратегии национальной безопасности Российской Федерации до 2020 года» // «РГ» Федеральный выпуск №4912 от 19 мая 2009 г.
3. Главный информационный аналитический центр МВД. Состояние преступности за январь-декабрь 2013 года. [Электронные данные]. URL: http://mvd.ru/upload/site1/document_file/H8NGnfdiEy.pdf режим доступа свободный, (дата обращения 16. 01.2014).
4. Федеральный закон Российской Федерации от 25 декабря 2008 г. №273-ФЗ (в ред. от 30.08.13. № 329-ФЗ). «О противодействии коррупции» // «РГ». Федеральный выпуск №4823 от 30 декабря 2008 г.

Дмитриев В.К.
ассистент кафедры финансового и административного права
Санкт-Петербургского государственного экономического университета
vl-dmitriev@mail.ru

КОНЦЕПЦИЯ ИНФОРМАЦИОННОГО ПРАВОВОГО ГОСУДАРСТВА

Непосредственное влияние на развитие человеческого сообщества в современном мире оказывает тотальная информатизация и компьютеризация. Государство представляет собой сложную форму социальной организации людей. В связи с этим информатизация воздействует не только на развитие собственно новых технологий. Она изменяет форму взаимодействия индивидов между собой, а также модифицирует конструкцию правовых отношений индивида и государства.

Теория правового государства в условиях информационного общества подвергается объективной трансформации. Она связана не только с процессом информатизации, но и с глобализацией и следующими за ней интеграционными процессами [1, 42]. Появляется амбивалентная тенденция, представляющая собой противоборство двух трендов. С одной стороны, возникает феномен транснациональной преступности, усложняется розыск лиц, совершивших преступления [2, 93]. С другой стороны, одновременно происходит объединение мирового сообщества, направленное на борьбу с указанными негативными проявлениями глобализационных процессов.

Индустриальное правовое государство (существовавшее в XX веке как форма реализации классической теории правового государства Нового времени в условиях интенсивного развития промышленности) переходит в парадигму (этап) информационного правового государства.

Информационное правовое государство характеризуется рядом особенностей по сравнению с индустриальной моделью правового государства. Эти особенности позволяют нам сформулировать концепцию информационного правового государства. Основные положения этой концепции следующие.

В условиях информационного правового государства выделяются в качестве самостоятельных информационные права человека. Эта новая группа прав имеет критическое значение для проведения принципов правового государства в жизнь в условиях информационного общества и государства. К числу информационных прав относятся право на информацию, право на доступ к достижениям научно-технического прогресса и др.

Информационный аспект права на доступ к достижениям научно-технического прогресса заключается в следующем. В правовом государстве нормативные правовые акты, затрагивающие права, свободы и законные интересы человека, могут применяться только в том случае, если они доведены до всеобщего сведения при помощи опубликования. Давно стала историей практика провозглашения законов на городской площади. Современные государства официально публикуют нормативные правовые акты не только на бумажных носителях (в средствах массовой информации), но и в сети «Интернет». В Российской Федерации они опубликовываются на официальном интернет-портале правовой информации.

Кроме того, без доступа к современным информационным технологиям сложно получить, например, оперативную и достоверную информацию о состоянии окружающей среды, особенно в динамике. Ее отсутствие или несвоевременное получение может повлечь за собой тяжкие и особо тяжкие последствия для жизни и здоровья индивида и (или) национальной безопасности. Право на информацию, таким образом, не может быть в полной мере реализовано без использования достижений научно-технического прогресса. Обеспечение государством равной формально-правовой возможности доступа к ним становится критерием отнесения этого государства к числу правовых.

Одновременно с этим в информационном правовом государстве особое значение приобретает принцип информационной транспаретности. Это связано с тем, что гражданское общество в информационном правовом государстве приобретает форму «электронной корпорации». Взаимодействие членов гражданского общества происходит не только лично, но и через современные электронные средства общения. К ним можно отнести, в частности, электронную почту, социальные сети, блоги и т.д. Они становятся своеобразным современным аналогом «городской площади», служившей основной площадкой для выражения гражданской позиции по вопросам государственной жизни.

Такая категория теории правового государства как разделение властей в условиях информационного правового государства приобретает усложненную форму. Происходит формирование реальной «четвертой власти», представленной средствами массовой информации (СМИ). Они могут рассматриваться не только как четвертая власть, но и как новый механизм сдержек и противовесов. Его более точно было бы называть экономико-правовым механизмом, поскольку СМИ, используя конкретную информацию в соответствующих условиях, могут влиять не только на правовые, но и на экономические процессы. СМИ как механизм сдержек и противовесов могут находиться в системе одной из классических ветвей власти либо быть независимым от любой из них.

Основой информационного правового государства является информация, понимаемая в правовом смысле, т.е. триединство правовых интересов, прав и обязанностей частных и публичных субъектов права, направленное на поддержание духа правовой государственности. Информация как право – субъективное право лица (например, право на информацию о состоянии окружающей среды). Информация как обязанность – ситуация, в которой физическое или юридическое лицо обязано предоставить информацию (например, для целей налогообложения). Информация как законный интерес представляет собой средство реализации правового интереса обеспечения права как выражения равной меры формальной справедливости.

В условиях информационного правового государства происходит взаимопроникновение права и экономики. Экономическая деятельность предпринимателей, реализуемая на основании закона, означает появление категории «правовая экономика».

Мы предлагаем понимать под правовой экономикой синтез экономических и правовых категорий, позволяющий эффективно вести законную предпринимательскую деятельность. Базовые принципы правовой экономики составляют важнейшие экономические права личности – право частной собственности, право на труд, право на свободное использование своих способностей для реализации деятельности, не противоречащей закону и др.

В условиях современного волатильного рынка, основанного на ожиданиях, законодатель должен учитывать потенциальное влияние принимаемых им законов на экономические процессы. В условиях правовой экономики принятие нормативных правовых актов, прямо или косвенно затрагивающих интересы предпринимателей и особенно стратегических инвесторов, должно сопровождаться реальным экспертным обсуждением проекта таких НПА.

Концепция информационного правового государства представляет собой, по нашему мнению, одно из перспективных направлений развития правовой государственности в современном обществе.

Литература

1. Дмитриев В.К., Новиков А.Б. Реализация конституционной модели правового государства в условиях интеграции // Современные тенденции в образовании и науке: Сборник научных трудов по материалам международной научно-практической конференции 31 октября 2013 г. В 26 ч.: Ч. 8. – Тамбов, 2013. - С. 41-44.
2. Иванец Г.И., Червонюк В.И. Глобализация, государство, право // Государство и право. – 2003. - № 8. – С. 87-94.

Вавилов Н.С.
аспирант Марийского государственного университета

ПРОБЛЕМЫ ОСУЩЕСТВЛЕНИЯ МЕСТНОГО ОБЩЕСТВЕННОГО КОНТРОЛЯ В РОССИИ

Гражданское общество – один из источников легитимности государственной власти, так как именно институты гражданского общества являются носителями информации о состоянии политической, социально-экономической и духовной сферы жизни общества в государстве. Местное самоуправление является связующим звеном государства и гражданского общества, так как смысл самоуправления подразумевает под собой самостоятельное решение населением вопросов местного значения.

В своем ежегодном послании Федеральному собранию Российской Федерации 12 декабря 2013 года Президент РФ В.В. Путин указал следующее: «Мы должны поддержать гражданскую активность на местах, в муниципалитетах, чтобы у людей была реальная возможность принимать участие в управлении своим посёлком или городом, в решении повседневных вопросов, которые на самом деле определяют качество жизни» [2].

Местный общественный конроль не нашел в полной мере отражения в федеральном законодательстве о местном самоуправлении. В статье 70 Федерального закона «Об общих принципах организации местного самоуправления в Российской Федерации» [1] указывается, что органы местного самоуправления и должностные лица местного самоуправления несут ответственность в первую очередь перед населением муниципального образования. Формулировка «ответственность перед населением муниципального образования» дает возможность населению осуществлять непосредственный контроль за деятельностью органов местного самоуправления, данный вид контроля именуется общественным.

Следует отметить, что система общественного контроля на местном уровне должна охватывать деятельность представительного органа, исполнительно-распорядительного органа муниципального образования, деятельность муниципальных предприятий, учреждений, а также деятельность организаций жилищно-коммунального комплекса.

Механизм общественного контроля на местном уровне должен включать в себя, в первую очередь, прозрачность деятельности вышеуказанных органов, во-вторых, включенность населения в деятельность данных организаций, и, в-третьих, реальную возможность обжаловать действия и решения данных органов и учреждений. Принципами общественного контроля на местном уровне должны быть: обязательность ответа на запросы общественного контролера; выборность должности общественного контролера, причем выбран общественный контролер может быть только при наличии рекомендации определенного количества граждан или института гражданского общества. При этом должна приниматься во внимание общественная деятельность лица, инициативность, авторитет в коллективе, возможный опыт работы в общественных объединениях; возможность обязательного взаимодействия в процессе исполнения общественных полномочий с органами государственной власти и местного самоуправления; установление льгот и гарантий для общественного контролера на основном месте работы в связи с исполнением общественных поручений.

Главой 4 Федерального закона «Об общих принципах организации местного самоуправления в Российской Федерации» предусмотрен порядок наделения органов местного самоуправления отдельными государственными полномочиями, предусматривающий помимо процедур наделения органов местного самоуправления данными полномочиями возможностью государственного контроля за исполнением таких полномочий. Однако, считаем, что этого недостаточно и необходимо предусмотреть обязательный общественный контроль за процессом исполнения государственных полномочий органами местного самоуправления ввиду, во-первых, существующих различий в основаниях, порядке и процедурах, а также качестве реализации государственных полномочий и полномочий местного самоуправления; и, во-вторых, возможных проблем в грамотном освоении выделенных муниципальным образованиям на определенные цели материальных ресурсов и финансовых средств. Таким образом, необходимо дополнить Федеральный закон от 06.10.2003 № 131-ФЗ статьей 21.1 следующего содержания:

«Статья 21.1. Общественный контроль за осуществлением органами местного самоуправления отдельных государственных полномочий

1. Население муниципального образования, а также объединения граждан, инициативные группы, некоммерческие негосударственные организации, общественные палаты, общественные советы, общественные наблюдательные комиссии, комиссии по общественному контролю, профсоюзы, попечительские (наблюдательные) советы вправе осуществлять общественный контроль за осуществлением органами местного самоуправления отдельных государственных полномочий, а также за использованием предоставленных на эти цели материальных ресурсов и финансовых средств.

2. Должностные лица и органы местного самоуправления обязаны предоставлять вышеуказанным субъектам документы и иные предметы, связанные с осуществлением отдельных государственных полномочий.

3. Лица, осуществляющие общественный контроль за осуществлением органами местного самоуправления отдельных

государственных полномочий вправе делать замечания и предложения по поводу реализуемых органами полномочий с их обязательным рассмотрением органом местного самоуправления и уведомлением о результатах рассмотрения.

4. Орган местного самоуправления обязан устранить замечания, выявленные в ходе мероприятий по общественному контролю за осуществлением им отдельных государственных полномочий».

В целях законодательного закрепления существования общественного контроля на муниципальном уровне предлагаем также дополнить часть 1 ст. 17.1 Федерального закона «Об общих принципах организации местного самоуправления в Российской Федерации» следующим положением: «В необходимых случаях органами местного самоуправления к участию в мероприятиях муниципального контроля привлекаются население муниципального образования, а также объединения граждан, инициативные группы, некоммерческие негосударственные организации, общественные палаты, общественные советы, общественные наблюдательные комиссии, комиссии по общественному контролю, профсоюзы, попечительские (наблюдательные) советы».

Подводя итог вышесказанному, необходимо отметить, что введение вышеуказанных норм в законодательство о местном самоуправлении поможет создать правовые механизмы контроля местного населения и институтов гражданского общества за органами местного самоуправления, усилит их взаимодействие и усилит общественную составляющую в осуществлении муниципальной политики.

Литература

1. Федеральный закон от 06.10.2003 № 131-ФЗ «Об общих принципах организации местного самоуправления в Российской Федерации» (ред. от 28.12.2013) // Собрание законодательства РФ. 2003. № 40. Ст. 3822.
2. Послание Президента РФ Владимира Путина Федеральному Собранию от 12.12.2013 // Российская газета. 2013. № 282.

www.ingramcontent.com/pod-product-compliance
Lightning Source LLC
Chambersburg PA
CBHW051633170526
45167CB00001B/170